全国测绘地理信息职业教育教学指导委员会
测绘地理信息高等职业教育"十三五"规划教材

# 地图学与地图绘制

## （第 2 版）

| | | | |
|---|---|---|---|
| 主　编 | 王　琴 | 刘剑锋 | |
| 副主编 | 陈　旭 | 胡振江 | |
| | 王双美 | 廖文峰 | |
| 主　审 | 周建郑 | 陈　琳 | |

黄河水利出版社

·郑州·

# 内 容 提 要

　　本书全面、系统地阐述了地图学的基本概念、基本理论及地图绘制的基本技术和方法,介绍了数字地图制图、3S 与地图等新技术。全书分为十个项目,配有相应技能训练,使学生更好地掌握基本的理论知识,提高实践操作的能力。

　　本书可作为各高职、高专院校地学类、测绘类等从事测绘地理信息技术、导航与位置服务、摄影测量与遥感技术等专业的教学用书,也可作为相关专业和工程技术人员的参考用书。

## 图书在版编目(CIP)数据

地图学与地图绘制/王琴,刘剑锋主编. —2 版. —郑州:黄河水利出版社,2019.1

全国测绘地理信息职业教育教学指导委员会

测绘地理信息高等职业教育"十三五"规划教材

ISBN 978 - 7 - 5509 - 2249 - 5

I.①地…　Ⅱ.①王…　②刘…　Ⅲ.①地图学 - 高等职业教育 - 教材　②地图编绘 - 高等职业教育 - 教材　Ⅳ.①P28

中国版本图书馆 CIP 数据核字(2019)第 014899 号

策划编辑:陶金志　电话:0371 - 66025273　E-mail:838739632@ qq. com

出　版　社:黄河水利出版社
　　　　　　地址:河南省郑州市顺河路黄委会综合楼 14 层　　　　　邮政编码:450003
发行单位:黄河水利出版社
　　　　　　发行部电话:0371 -66026940、66020550、66028024、66022620(传真)
　　　　　　E-mail:hhslcbs@ 126. com
承印单位:河南承创印务有限公司
开本:787 mm×1 092 mm　1/16
印张:15.5　　　　　　　　　　　　　　　　审图号:GS(2018)5436 号
字数:377 千字　　　　　　　　　　　　　　印数:8 001—11 000
版次:2008 年 8 月第 1 版　　　　　　　　印次:2019 年 1 月第 3 次印刷
　　　2019 年 1 月第 2 版

定价:39.00 元

# 第 2 版前言

计算机技术、航空航天遥感及地理信息系统等一系列高新技术的发展,使地图制作技术和应用方式发生了革命性的变革。本书紧紧围绕国家示范性高等职业院校、优质高职院校的人才培养目标,根据生产单位对高等职业技术院校地学类、测绘类等从事测绘地理信息技术专业应用性高技能岗位人才的要求,系统地传授先进、实用的地图学知识与技能,传授数字地图制图、遥感制图等新技术、新方法。

本书以现代空间信息技术的发展对地图学基本概念、基本理论与原理的需要和地图制图的基本技术方法的应用为宗旨,在写作上力求概念准确、图文并茂,便于学生理解和学习。既强调基础性,又强调创新性和时代感,按地图编制的要求进行内容组织,以地图数据的获取采集、加工处理、分析应用、地图制作输出为主线,用新思想、新观念重新认识和解释传统理论与知识结构中有用的地图学理论和知识,补充和增加新知识、新技术与新方法。

参与教材编写的老师,都是长期从事教学研究与实践的一线教师,对高职教育要求及高职学生学习能力与自觉性较欠缺的特点较清楚,教材在内容处理上能做到以基础应用为主,强调与试验技能培养有效相结合,达到学生应用知识分析能力与技能应用能力共同提高的目的。

全书由十个项目构成,包括现代地图学、地图的数学基础、地图图型、地图符号与地图内容表示、地图概括、地形图的阅读及应用、地图分析、地图制图概述、数字地图制图和3S与地图,项目中配有相应技能训练,使学生更好地掌握基本的理论知识,提高实践操作的能力。本书可作为各高职、高专院校地学类、测绘类等从事测绘地理信息技术、导航与位置服务、摄影测量与遥感技术等专业的教学用书,也可作为相关专业和工程技术人员的参考用书。

本书编写分工如下:黄河水利职业技术学院王琴编写项目二、项目七,黄河水利职业技术学院刘剑锋编写项目三、项目九,黄河水利职业技术学院陈旭编写项目四,湖北国土资源职业学院廖文峰编写项目五,黄河水利职业技术学院胡振江编写项目一、项目六,黄河水利职业技术学院王双美编写项目八、项目十。本书由王琴、刘剑锋担任主编并负责统稿,由陈旭、胡振江、王双美、廖文峰担任副主编,由黄河水利职业技术学院周建郑教授、陈琳教授担任主审。

由于各方面的原因,书中难免存在一些不足之处,敬请专家、学者和同行批评指正。

编 者
2018 年 12 月

# 第 1 版前言

计算机技术、卫星遥感及地理信息系统等一系列高新技术的发展,使地图制作技术和应用方式发生了革命性的变革。本教材紧紧围绕国家示范性高等职业院校的人才培养目标,根据生产单位对高等职业技术院校地学类、测绘类等地图制图与地理信息系统专业应用性高技能人才的要求,系统地传授先进、实用的地图学知识与技能,传授计算机制图、遥感制图、数字地图制图等地图制作的新技术、新方法。配合每章教学内容安排系列实验,使学生在掌握理论的同时进行实践操作,培养学生的动手与动脑能力。

本教材以现代空间信息技术的发展对地图学基本概念、基本理论与原理的需要和地图制图的基本技术方法的应用为宗旨,在编写上力求概念准确、图文并茂,便于学生的理解和学习。

全书由四部分构成,共分十章:第一部分为地图基础理论,包括地图学概论、地图的数学基础、地图图型、地图符号与地图内容表示和地图概括;第二部分为地图制图,包括地图成图概述、计算机地图制图和3S与地图;第三部分为地图分析与应用,包括地图分析、地形图的阅读及应用;第四部分为课程实验,目的是使学生更好地掌握基本的理论知识,提高实践操作的能力。本书可作为高职高专院校地学类、测绘类等地图制图与地理信息系统专业的教学用书,也可作为相关专业和工程技术人员的参考用书。

本教材由王琴编写第四章,陈琳编写第二章,刘剑锋编写第六章、第七章,聂俊兵编写第九章、第十章,邹娟茹编写第一章、第五章,李金生编写第三章,廖文峰编写第八章,单项实验部分由王琴、陈琳等统编。本书由王琴、刘剑锋统稿,由赵杰副教授、周建郑教授审阅。

由于各方面的原因,书中难免存在一些不足甚至错误,敬请读者批评指正。

编 者
2008 年 6 月

# 目　录

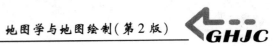

# 项目一　现代地图学

## 项目概述

　　存储和传输信息的形式有很多,常见的如语言和文字等。另外,图形也有传递信息的功能,而且有着语言与文字不可比拟的直观、形象和简洁等方面的优点。"千言万语不如一幅图",地图不仅能反映制图对象的形态、特征和对象之间的相互联系,而且能表示出空间现象的分布规律以及随时间的变化。随着社会需求的发展,地图制图内容不断丰富,制图精度不断提高,表现形式更加多样化,制图理论日趋成熟,制图技术也随着时代的发展而进步。本项目主要介绍地图的含义、分类及特性,地图的作用,现代地图及地图学与其他学科的关系及其发展历史。

## 学习目标

◆知识目标

1.掌握地图的概念及分类。

2.掌握地图的组成及特性。

3.熟悉地图的功能和作用。

4.了解地图及地图学的发展历史及发展趋势。

◆技能目标

1.会判断地图的类型。

2.知道地图的组成、功能和特点。

3.知道地图的特性和功能。

## 【导入】

　　地图在科技高度发展的今天,已成为国民经济建设、日常生活及科学试验等不可或缺的工具。地图学作为一门独立的学科,已经形成了自己完善的理论、技术和应用体系。要弄清什么是现代地图学,必须先弄清什么是现代地图、现代地图的分类与组成、现代地图的作用。

# 单元一　地图与现代地图学

## 一、地图的定义

### (一)国外地图定义的演变

地图的定义是随着人类社会的发展和科学技术的进步而发展变化着的。20世纪中叶

以前,人们把地图说成是"地球表面在平面上的缩写"。该定义简单明了但不确切,因为它同样适合于风景画、地面素描和照片、航片、卫星照片等。这一定义不能充分表达地图所具有的特性,也无法与上述风景画和各种像片明显准确地加以区别。20 世纪中叶以后,有的学者提出:"地图是周围环境的图形表达""地图是空间信息的图形表达"。该定义强调了地图的符号图形抽象功能,但没有重视地图的信息传输等功能。有学者认为,"地图是反映自然和社会事物与现象的形象符号模型",该定义重视了客观世界的模拟功能,但却忽略了地图的信息传输等功能。还有人提出,"地图是信息传输的通道"。该定义强调了地图的信息传输的功能,但未重视地图对客观世界的模拟功能。国际地图学协会( international cartographic association,简称 ICA )于 1987 年成立的地图学定义与概念工作组给地图的定义是:"地图是地理现实世界的表现或抽象,以视觉的、数学的或触觉的方式表现地理信息的工具。"该定义重视了地图的符号模拟、抽象功能和多元表达形式,但从地图的基本特性和功用( 即功能和作用)方面来审视,仍显得不够准确与全面系统。

### (二)国内现代地图定义的发展

我国地图学教科书对地图的定义多年来一直是:"地图就是按照一定的数学法则,运用符号系统,概括地将地球上各种自然和社会经济现象缩小表示在平面上的图形。"这个定义反映了地图的基本特性,但未明确现代地图的各种功能特性。2000 年,地图学家王家耀教授在他的《理论地图学》专著中给地图的定义是:"地图是根据构成地图数学基础法则和构成地图内容的制图综合法则记录空间地理环境信息的载体,是传输空间地理环境信息的工具,它能反映各种自然和社会现象的空间分布、组合、联系和制约及其在时空中的变化和发展。"这个定义明确了地图信息负载和传输的功能,但未概括出地图的其他功能,对地图的符号特性也未提到。作为数字地图的定义尚可,但对众多符号化的电子地图形式就不适合了。

随着对地图学理论的深入研究和对地图实质的逐渐全面理解,结合现代地图制图技术的发展,这里我们将现代地图的概念定义为:现代地图是按照严密的数学法则,用特定的符号系统,将地球或其他星球的空间事象,以二维或多维、静态或动态可视化形式,抽象概括、缩小模拟等手段表示在平面或球面上,科学地分析认知与交流传输事象的时空分布、数量质量特征及相互关系等多方面信息的一种图形与图像。

## 二、现代地图特性及其拓展

### (一)地图的基本特性

风景画、素描画、写景画、地面照片、航片、卫星照片与文字著作等,虽然也是地球在平面上的描绘和缩影,但在表示方法、表达手段与描绘的内容上与地图有着本质的区别,它们不具备地图所具有的如下三个基本特征。

#### 1. 严密的数学法则

目前,地图表现的主要对象是地球,其表面是一个不规则的三维曲面,而一般地图是一个二维平面。当制图区域比较大时,需要考虑地球曲率的影响。要将三维的地球表面转换到地图平面上,而且使得地图上的地理要素与实地保持正确的对应关系,便于量算与分析,必须运用一定的数学法则,建立起地球球面与地图平面之间的变换关系,而且要研究变形的大小与分布,实现这个变换的理论与方法称为地图投影。地图投影、比例尺和坐标系统构成了可量测地图的数学基础。

2.科学的地图概括

地图是以缩小的形式反映客观世界的,它不可能把真实世界中所有现象无一遗漏的表现出来,因而就存在着许多地理事物与地图清晰易读要求的矛盾,这种矛盾随着比例尺的缩小越发显得突出。因此,必须对地图内容进行客观与主观的概括,即舍去次要的、微小的,保留基本的、主要的,并加以概括,从而更好地表现出空间事物的本质与规律性,使地图具有一览性。这种经过取舍、简化等抽象性图形思维和符号模拟综合概括出来的地理图形,与航空像片、卫星图像有很大的差别。所以,地图与航空像片、卫星图像的又一差别在于它的内容是经过了地图概括(即制图综合)得来的。可见,地图内容科学性的核心问题就是地图概括。从这一角度来看可以说地图是一种思维产品。

3.特定的符号系统

地球表面上的事物,在地图上是运用特定的符号系统表示的。为什么地图上要采用特定的符号系统呢?因为地理事物的形状、大小、性质等特征千差万别、十分复杂,如果全部按它们的原貌缩绘到地图上,将会杂乱无章,实际上也是不可能的。因此,采用图形符号这种地图的语言,来传递空间事物的位置、名称、数量和质量特征等信息。

围绕着地图的上述三个基本特性所涉及的内容,实际上构成了地图学的三个重要分支领域:地图投影、制图综合和地图符号系统。同时,它们也是现代计算机制图所必须依据的理论基础。

**(二)现代地图基本特性的拓展**

现代地图一般认为就是指在数字环境下制作的地图。这种数字式现代地图与传统模拟式纸质地图相比较有很大不同。陈述彭认为地图从古代到现代,在信息源和信息获取手段、存储和检索方法、分析加工与制图方法、最终可视化产品的形式等方面都发生了漂移。这表明,随着科学技术的进步与社会的发展,地图从内容到形式、从信息源到成图方法、从编图到用图,都发生了巨大的变化。特别是这种变化对地图的数学法则(地图投影与比例尺)、地图符号系统和地图概括这三条基本特性来说,在数字环境下都有所发展,但这三条基本性质却没有根本改变。如数字地图、屏幕地图、电子地图的比例尺不固定,可以任意缩放;地图符号、注记和色彩的生成与修改十分方便;地图内容可实现自动概括等,地图较文字的形象直观性、地理方位性和几何精确性三项基本特点也有所发展,如由二维静态可视化发展为多维动态可视化;有些地图只要求地理规律性的反映,或能说明问题就行,并不要求几何精度等。但这三个特点也没有根本改变。总之,我们把地图的这种变化只能称为特性的拓展,就是因为其实质没有改变。从这个意义上说,地图是永生的,它还将永远生存下去。

## 三、现代地图学概述

**(一)现代地图学的定义**

地图的出现不亚于文字,但是地图学作为一门学科、独立的学科体系,还是人类社会进入 20 世纪之后才形成的。随着科学技术的进步和人们对地图学研究的不断深入,对地图学的实质研究也不断深入,人们从不同角度对地图学的定义进行了研究。我国学者对地图学的定义也进行了一定的研究。认为现代地图学的定义应为:现代地图学是以地图信息传输与地图可视化为手段,以区域综合制图与地图概括为核心,以地图科学认知与分析应用为目

的，研究地图的理论实质、制图技术和使用方法的综合性大众化科学。

**（二）现代地图学的学科体系**

从现代地图学的定义可以看出，现代地图学研究内容包括三个大的方面，即理论地图学（theoretical cartography）、技术地图学（technological cartography）和应用地图学（applied cartography）。具体内容见表1-1。

表1-1 现代地图学的学科体系

| 一级科学 | 二级科学 | 三级科学 |
|---|---|---|
| 现代地图学 | 理论地图学 | 地图学概论、地图投影理论、地图符号理论、地图信息与传输理论、地图模拟与模型理论、地图认知与感受理论、综合制图理论、地学信息图谱理论等 |
| | 技术地图学 | 地图编制（含普通地图编制、专题地图编制）、遥感制图（含航空、航天摄影测量制图、遥感专题制图等）、数字制图即计算机制图（含数字地图、电子地图、多媒体地图、多维动态地图、网络地图制图等）、地图制印与电子出版、地图可视化、综合制图等技术 |
| | 应用地图学 | 地图选用、地图阅读、地图量算、地图分析、图上作业等 |

注：据廖克1982年提出，2003年修改。

## 四、现代地图学与其他学科的关系

地图学具有区域性学科与技术性学科的双重性质，因此同许多学科都有非常密切的关系。地图学与地球科学和地球信息科学关系更为密切。这两者分别是地图学的科学内容基础和技术基础，而同时地图学又是这两者重要的研究方法与手段。

**（一）现代地图学与地球科学的关系**

地图学作为区域性学科，它的主要科学基础就是地球科学。它的发展与地理学和地质学、生物学、资源环境和海陆空等区域学科有着密切的关系。地图是地理学和地质学等区域性学科的"第二语言"。所有这些区域性学科的野外实地勘测、调查与考察都离不开地图；同时，地图还是地学分析与研究的重要手段，包括利用地图方法进行规律总结、综合评价、预测预报、规划设计以及成果表达。地球科学既是地图学的应用对象又是地图学的研究对象，地图作为科学研究的有效工具，促进了地球科学的发展。

地理学和地质学等区域性学科又是地图学，特别是专题地图学的科学内容基础和主要的资料来源，基本地理要素是所有地图内容的骨架。地理学和地质学、生物学等的许多理论，对地图学，特别是对专题地图学有着十分重要的指导作用。地图工作者必须很好地学习地球科学的基础知识，注意野外实地调查与研究，深入研究制图对象，包括自然和人文现象的地理分布规律及其成因机制与演变过程，只有这样才能设计编制出科学水平和应用价值较高的地图。而地球科学工作者也应该了解和熟悉地图基本知识，掌握好地图这一重要的研究方法与手段。

地图学与地学等区域性学科相结合，形成地球学科各部门或区域的专题地图学，如地质地图学、地貌制图学、土壤制图学、资源环境制图学、农业制图学、经济地图学等。这些部门或区域专题地图学，具有地学或区域性学科与地图学交叉学科的性质。

### （二）现代地图学与测绘学的关系

测绘学包括"测"和"绘"两个方面。"测"是指测量学,它有两个重要分支:一是研究地球的形状、大小和建立测图控制的大地测量学;二是研究测制地形图的普通测量学和航空摄影测量学。前者提供了地球形状和大小的模型与数据,以及平面与高程控制测量成果,从而可以在地图上准确标定出地面点的空间位置;后者可提供各种比例尺实测地形图。所以说,没有精密的测量就没有精确的地图。同样,在测制地形图的过程中,各种成图要素的表示方法、地图概括理论及其编辑工作等,都需要地图学方面的知识。航空航天摄影测量使用的航片、卫片和影像数据在反映地面的真实性和详细程度等方面,具有无可比拟的优越性。所以,它们在地图编制和资源环境调研中,得到广泛的应用。测绘学中"绘"指绘图的意思,即指地图绘图学。

在国内,行政主管部门与学会组织都把地图制图学与测量学结合在一起,统由测绘地理信息局与测绘地理信息学会管理,把地图制图学作为测绘学的一个分支;同样,地理学的科研单位与高等院校以及地理学会也都把地图学作为地理学的组成学科之一。在国家科学分类系统中,地图学作为理科,在地球科学大类中,同自然地理学、地质学、海洋学等并列为二级科学;在技术学科中地图制图是测绘技术中的分支。国际上地图学的国际组织"国际地图学协会"是与"国际地理学联合会""国际遥感与测量学协会"等并列的一级独立学术团体,而且许多国家把测绘学与地理学结合在一起,作为研究与生产的实体。如日本的国土地理院、法国的国家地理院,都包括地理与测绘两大部分,其中全国地形图的测制与专题地图编制都有他们的中心任务。美国的地质调查局(USGS)甚至把地质学、地理学、测绘学组合在一起,除地形图、地质图外,还编制生产其他专题地图。

### （三）现代地图学与3S技术的关系

3S技术是指遥感(remote sensing,简称RS)、地理信息系统(geographic information system,简称GIS)和全球定位系统(global positioning system,简称GPS,现多指global navigation satellite system,即GNSS),属地球信息科学中的地学信息技术范畴。其中,遥感技术的发展给地图制图领域带来了深刻的变化。遥感技术具有多波段、多时相、多尺寸、周期短的特性,为地图内容的修编与更新、专题地图的编制和摄像、地图的制作等提供价廉而准实时的资料。计算机地图制图(computer mapping)极大地提高了地图制图的速度,使大量的制图工作者从烦琐的手工制图工作中解脱出来,提高了地图制作的技术水平,丰富了地图的内容,使地图由模拟地图迈入数字地图时代成为可能。GIS是在计算机地图制图的技术上逐渐发展起来的,它不仅继承了地图学中空间信息的传递功能,更强调了空间数据的分析、处理与应用。GNSS是随时随地无须通视的定位方法,为准确、快速地获取地面点的大地坐标值成为可能,提高了地图的空间数据质量。同时,地图学理论、原则和方法在现代3S技术系统中,仍然是其理论依据。

### （四）现代地图学与其他学科的关系

地图学与其他学科也存在着广泛的联系。自然科学和社会科学为地图制图提供了必要的题材;计算机与信息工程技术的进步,不断地改进制图的技术方法和工艺水平;艺术和色彩学为地图学的表现手段和感染力提供营养;地图投影与地图数学方法从数学那里攫取知识,数学也是实现地图模型理论和计算机地图制图、数字制图的基础。

# 单元二　现代地图的分类与组成

在传统地图概念中,按照它们的某些标志对其进行分类,地图的种类是很多的。随着地图学理论和技术研究的不断深入,也出现一些新的地图类型,使地图的分类标志与类型更加丰富。

## 一、现代地图的分类

### (一)按地图功能和内容分类

按地图功能分类,地图可分为普通地图、专题地图、专用地图和特种地图四大类。按地图内容分类,地图可分为普通地图和专题地图两大类。地图按内容的分类是最主要的分类方法。

1. 普通地图(general map)

普通地图是以同等详细程度全面表示地面上主要的自然和社会经济现象的地图,能比较完整地反映出制图区域的地理特征,包括水系、地形、地貌、土质植被、居民地、交通网、境界线,以及独立地物等。普通地图可进一步划分为地形图和地理图。

2. 专题地图(thematic map)

专题地图是指主要表示自然或社会经济现象的地理分布,或强调表示这些现象的某一方面的特性的地图。专题地图的主题多种多样,服务对象也很广泛。按专题内容可进一步分为自然地图、社会经济地图和环境地图等不同类型的地图。

3. 专用地图

专用地图指根据某一部分的特殊要求编制的具有专门用途的地图。由于专用地图都有一定专门用途,因此地图的内容与形式也有其特点。专用地图的种类主要有教学图、宣传图、航海图、航空图、宇航图、导航图、公路交通图、旅游图、水利图、农业图、环境图、灾害图、规划图、工程图、传媒图、军事图等,此外还有体育、医药、餐饮、住宿、购物、娱乐、少儿、盲人、校园、社区等地图。

4. 特种地图

特种地图是指用非常规形式显示的地图或用特殊材料与介质制作的地图,包括数字地图、屏幕地图、多媒体电子地图、互联网地图、立体地图、触觉地图(盲人地图)、发光地图、塑料地图、丝绸地图、缩微胶片图和工艺品地图等。

### (二)按地图比例尺分类

按比例尺分类,地图分为大比例尺地图、中比例尺地图、小比例尺地图三种。

1. 大比例尺地图

通常称比例尺在 1:500 ~ 1:10 万的地形图为大比例尺地图。它详尽而精确地表示地面的地形和地物或某种专题要素。它往往是在实测或实地调查的基础上编制而成的。作为城市、县乡规划和专业详细调查使用,可进行图上量算或者作为编制中小比例尺地图的基础资料。

2. 中比例尺地图

中比例尺地图是指比例尺小于 1:10 万,大于 1:100 万的地图,如 1:25 万、1:50 万等。

它表示的内容比较简要,由大比例尺地图或根据卫星图像经过地图概括编制而成,可供全国性部门和省级机关做总体规划、专用普查使用。

3.小比例尺地图

小比例尺地图是指 1:100 万和更小比例尺的地图,如 1:100 万、1:150 万、1:250 万、1:400 万、1:600 万、1:1 000 万、1:2 000 万等。这种地图随着比例尺的缩小,内容概括程度增大,几何精度相对降低,用以表示制图区域的总体特点以及地理分布规律的区域差异等,主要用在一般参考及科学普及等方面。

**(三)按制图区域分类**

按制图区域一般分为世界地图、半球地图、大洋地图、分洲地图、分国地图、分省地图、分县地图、城市地图等。另外,不同专业也有不同的分区系统,如按流域分区,有黄河流域地图、长江流域地图等;按地形分区有青藏高原地图、黄土高原地图、华北平原地图等。此外,从扩大了的地图定义来说,还有月球图、火星图或其他星球图等。

**(四)按地图用途分类**

按地图用途进行划分,地图可分为通用地图和专用地图两大类。通用地图即普通地图(地形图、地理图);专用地图有教学地图、军事地图、航海地图、航空地图、公路交通地图、旅游地图、规划地图、参考地图等。这些地图的名称就表明了它们的用途。

**(五)按其他标志分类**

除了上述几种主要分类,还有其他一些分类方法,例如:

(1)按使用方式可分为桌面用图、壁挂图和便携图(折叠图、地图册)。

(2)按感受方式可分为视觉地图(线划地图、影像地图、屏幕地图)、触觉地图(盲人地图)、多感觉地图(多媒体地图、多维动态地图、虚拟现实环境)等。

(3)按特种介质不同可分丝绸图、塑料图、缩微胶片图、发光图、数字图、电子图、网络图、沙盘、地球仪、工艺品等。

(4)按地图幅数分为单幅图、多幅图(系列图、地图集和地图册)。

(5)按综合程度可分为单幅分析图(解析图)、单幅综合图(又可分为组合图、合成图),以及综合系列图、综合地图集或地图册。

(6)按基本图形可分为分布图、类型图、区划图、等值线图、点值图、动线图、统计图、网格图等表示方法不同的基本图形,还有分析图、综合图、组合图、合成图等综合程度不同的基本图形。

(7)按印刷色数可分为单色图、多色图、黑白图、彩色图。

(8)按历史年代分类可分为原始地图、古代地图、现代地图。

(9)按语言种类可分为汉语言地图、少数民族语言地图、外国语言地图。

(10)按出版形式可分为印刷版、电子版、网络版。

随着现代数字技术的发展也出现了一些新型的其他地图类型,例如:

(1)按数模性质可分为模拟地图(实物图、屏幕图)与数字地图(矢量图、栅格图)。

(2)按虚实状况可分为实地图(纸质图、电子图)与虚地图(数字图、心像图)。

(3)按时间状态可分为静态地图和动态地图(动画图、交互图、虚拟现实环境)。

(4)按数据的维数或表现事象的维数可分为二维平面图、三维立体图和多维动态图等。

## 二、现代地图的组成

### (一)地图的组成要素

地图上表现的内容无论多么简单或复杂,从其构成要素来看都由数学要素、地理要素和辅助要素所组成。数学要素是地图的数学基础,地理要素是地图的地理基础。

#### 1. 数学要素

数学要素是用来确定地理要素的空间相关位置,起着地图"骨架"作用的要素,如测量和制图的大地控制(即各种控制点)、地球的缩小程度(即地图比例尺)、用于确定地图上空间事物方向的指向标志、地图投影坐标网(即经纬线网)和平面坐标网等,都属于地图的数学要素。前三者是人类长期以来的认识和总结,是人为规定的,是地图数学基础的框架部分;后者是其原理部分,是地图学的理论之一。

#### 2. 地理要素

地理要素是客观存在于地表的各种地理实体或者现象在地图上的可视表达,是地图表示的主体内容。地理要素可分为自然地理要素、社会经济要素和其他要素三大类。自然地理要素有水系(如河流、湖泊、海洋等)、地形地貌(如山脉、丘陵、平原、高原等)、土质植被(如沙地、沼泽、森林、草地等)、动物等,相对稳定,变化较小。社会经济要素有居民地,以及联系居民地的铁路、公路、航线等交通线路,还有各级行政区划单元的界线,以及农业、工业等要素。其他要素包括环境污染和保护、灾害、医疗、地理、航行、军事行动等内容。

#### 3. 辅助要素

辅助要素是指制图区域以外所表示的要素,有时也称为图外要素,包括为方便使用地图而提供的工具性要素、制图背景说明性要素以及为丰富和深化主题内容而增加的补充性要素等。一般而言,辅助要素具体有工具性辅助要素和说明性辅助要素。

##### 1)工具性辅助要素

工具性辅助要素包括图例、分度带、比例尺、坡度尺等。图例是地图上所有符号的归纳和说明,分度带是对整个图幅范围的经纬度细分,比例尺表明地图对实地的缩小程度,坡度尺可用在等高线图上量算地面坡度。

##### 2)说明性辅助要素

说明性辅助要素包括图名、图号、接图表、出版单位、时间、编图说明,图廓外的其他整饰要素与补充说明等。这些一般都安放在主图内容的外侧,或者图内的空当处,处于辅助地位。它是对主图内容与形式的补充,也是用图的工具或参考。图 1-1 给出了地形图的组成要素。

### (二)现代地图的组成要素

现代地图的内容更加丰富,形式也更加多样化,从其构成要素来看,除构成地图数学基础的数学要素、构成地理基础的地理要素和其他辅助要素外,还应该包括构成现代地图技术基础的技术设备和技术操作。技术设备即为计算机的硬、软件设备,技术操作即为计算机数字制图的技术操作。这在传统制图与用图中都是不存在(不需要)的。也就是说现代地图是由地图和技术设备共同组成的。

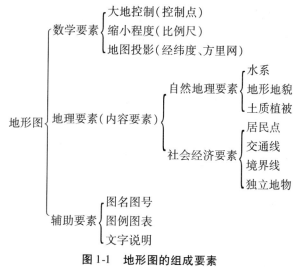

**图1-1 地形图的组成要素**

# 单元三 现代地图的作用

## 一、地图的基本功能

地图的发展几乎与人类的文化史和环境的认识史同步,已有几千年的历史。要揭开地图具有如此巨大生命力的奥秘,仅从地图的基本性质上认识还是不够的,还应该从功能上深入研究地图的本质。

人们把模型论、信息论、认知论等引入地图学的研究中,提出地图的基本功能应该包括模拟功能、信息载负与传输功能和认知功能。

### (一)地图的模拟功能

根据模型理论,当一个系统与另一个系统在某些方面可以建立起某种相似性,那么两者之间就存在着原型与模型的关系。从模型论的观点定义地图,地图是:"反映自然和社会经济现象的空间分布、组合结构、相互联系以及随时间的发展变化,再现客观世界的空间模型"(廖克,2003)。构造地图模型的手段不同,地图模型的形式也不同。它可以是模拟的或数字的、图形的或图像的、精确的或概略的、物质的或概念的、静态的或动态的、平面的或立体的等。地图学界将人脑中形成的对空间环境的认知称为心像地图,它也是一种模型,是一种思维或概念的模型。在计算机中存储的地图称为数字地图,则是一种数字模型。心像地图和数字地图都可以通过可视化的手段再现出来,同样反映了人们对空间环境的认知。

作为模型的地图,人们可以通过它获得对客观地理存在的特征和变换规律的认识。在采用了严格数学法则的物质地图模型上,人们可以量测长度、面积、体积和方位以取代实地的量测与观察,它也可以作为基本建设与规划的工具。所有以地图为工具来认识空间环境的场合都体现了地图模拟客观世界的功能。

### (二)地图的信息载负与传输功能

地图是容纳和储存地球空间信息的载体,或者说是存储地球信息的工具或手段。地图存储着大量的地球信息,它们是通过地图符号来存储、表达和传递的。地图信息包括直接信

息和间接(潜在)信息,直接信息是指由地图符号所明确定义了的信息,如圈形符号表示居民地、粗细渐变的蓝色符号表示河流,它们通过地图符号直接表现出来,而且能被测度;间接信息是由地图符号组合所产生的含义,它需要经过分析解译才能够获得,例如通过河流、道路、港口与居民地的关系,可以获得居民地的交通是否便利的信息。潜在信息主要取决于读图者对地图的认知水平、专业背景和分析推理的能力。

使用地图时地图信息得到了传递。地图信息传递过程与电讯传输相似:信息源的信息经过发送者的编码(如电报编码),通过一定的通道发送信息(如电波传递),信息接收者接到信号,经过译码(如电报译码),把信息传输到目的地。地图制图与应用也是一种信息传输:编图者(即信息发送者)把对客观世界(信息源)的认识经过选择、分类、简化、符号化(即编码),通过地图(即传输通道)传送给用图者(即信息接收者),用图者经过符号识别、分析、解译(即译码),形成再现的对客观世界的认识。地图不像语言文字、电讯信号那样以一维或顺序方式传递,而是以二维或并行方式传递。人们阅读地图可以同时浏览全图,全方位接收信息,因此地图传递空间信息的方式具有更高的效率。

### (三)地图的认知功能

地图的认知功能主要体现在空间认知方面。空间认知是指人们认识自己赖以生存的环境中诸事物和现象的相关位置、依存关系、变化和规律。

制图者从复杂的未经组织的外部环境中选取、抽象和组织空间信息,把它们转变为有组织的知识结构,并采用已被感知的可视化形式产生地图;用图者通过识别不同的符号形式和组合关系,在其头脑中重构空间关系,借助于内在空间认知能力转化为用图者关于环境的认知。这是人们通过地图获得空间认知的一个完整过程,也就说明了地图不仅是地学工作者记录研究成果的手段,也是人们认识世界的工具。

## 二、现代地图功能的拓展

现代地图的基本功能是随着时代的发展而发展的。古代地图和近代地图主要功能是信息负载和信息传输,到 20 世纪前半叶开始,地图除了调查研究成果的表达形式,还是地学分析研究的手段,也就是地图模拟与地图认知的功能出现了。但这两项功能只是到了信息时代才得到了进一步的明确和发展,其中还包括地学和其他区域性学科本身的发展及地图应用的感受与分析功能等。

### (一)拓展的方面和重点

信息论、控制论、模式论与认知论等引进地图学,以及理论地图学的发展,使地图模拟功能和地图认知功能得到进一步拓展。地图载负和传输是信息存储与表达的形式,是初级功能;地图模拟与认知是地学分析研究的手段,是高级功能;一方面地图的信息载负功能与传输功能在很大程度上被遥感和地理信息系统、地图数据库所代替;另一方面对地观测系统、互联网络等手段所获得的海量数据要求数据挖掘与知识发展。因而,作为各部门与各学科分析研究手段的地图模拟与地图认知功能,必然是今后发展的重点,这也就是陈述彭院士提出的"地图功能的重点漂移"(见图 1-2)。

### (二)拓展的条件

需要强调的是,发挥地图模拟与地图认知功能,对地图信息进行深层次加工,必须同时要与对制图对象的深入研究紧密结合。因为地图只是一种研究方法、手段和形式,如果对制

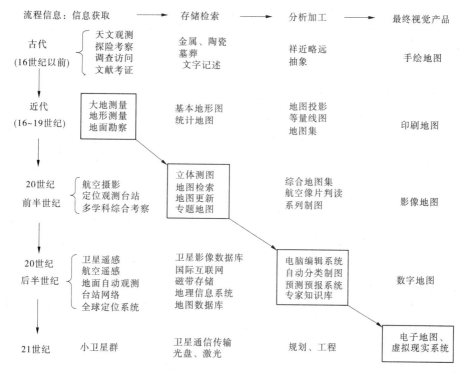

**图 1-2　地图功能的重点漂移**（陈述彭,1991）

图对象本身的分布规律和动态机制了解甚少,就很难进行地图模拟与地图认知。因此,地图工作者必须同专业人员相结合,不仅应掌握制图对象的质量与数量特征、形态结构,而且应当了解和分析其分布规律与动态机制,再运用地图模拟与地图认知的分析研究方法和手段,就有可能发现新的规律或提出有效的实用方案和决策建议。

## 三、地图的作用

### （一）经济建设的科学依据

国家经济建设和社会发展,必须充分合理地利用自然重要条件和自然资源,改造不利的自然因素。要利用和改造自然,首先必须全面了解自然,摸清各种自然条件和自然资源。因此,必须测制出全国范围的大、中比例尺地形图;进行全国规模的地质勘探,查明地质条件和矿产资源;对全国植被、土壤进行调查,包括查清森林、草场、可垦荒地等资源;对全国海岸和海域进行调查,掌握海洋生物和海底矿藏资源;建立全国范围气象、水文台站网络,摸清各地气象、气候、水文条件、水资源与水能资源,以及旱、涝、风、霜、冰雹等不利条件等。我国国土、地矿、农业、林业、气象、水利、电力、海洋等部门的广大科技人员已经或正在从事各种测绘、观测、勘察、考察与调查工作,这是一项规模巨大的长期艰巨任务。由于地图是这些勘察、观测、考察与调查成果的最好表达形式,所有这些工作的最终成果都是测绘和编制出各种不同比例尺和不同内容的地图,如地形图、地质图、水文图、土地图、海洋图等。这些图件都成为中央和地方各部门分析研究全国和各地区自然条件与自然资源,制定开发利用和经济建设长远规划的重要科学依据。

## （二）工程建设的设计蓝图

在工矿、交通、水利等基本建设中，从选址、选线、勘测设计，到最后施工建设都离不开地图。例如矿山和工厂的选址，不但要考虑矿藏和原料条件，还要考虑地质、地形、气候、水文以及交通等多方面因素。而这些条件和因素往往要先通过对各种专题地图的分析，再经过勘测和绘制大比例尺地形图作设计施工用。铁路和公路的选线也是先在地图上经过分析，选定大致的路线，然后进行实施勘测，再绘制大比例尺详细路线带状图，作为设计施工的基础。大中型水利工程也是在地形图上初步选定河流渠道和水库的位置，划定流域聚水面积，计算流量，再测量更详细的大比例尺图作为河渠布设、水库及坝址选择、库容计算和工程设计的依据。

## （三）农业规划的重要基础

地图在农业方面得到越来越广泛的应用。首先为发展好农业而进行一些大规模改造自然的工程，如长江、黄河、淮河、海河等一些大中河流的治理，黄土高原的水土保持，东北和西北地区大面积垦荒造林，西北干旱地区的风沙防治，华南热带作物的发展等，相关部门都曾组织过综合性的勘察调查，并编制了各种自然条件和规划设计地图，地图起了重要作用。我国领土广大，自然条件复杂，区域差异明显，农业的发展必须充分认识各地区的具体条件。例如，采取水土保持、风沙治理、盐碱化治理、旱涝防治等措施，都必须通过调查和制图，摸清水土流失、风沙危害、土壤盐碱化、旱涝等不利条件的具体分布范围、危害程度、形成原因，并结合考察地区的其他具体条件，才能制定具体的防治措施，做出规划。又如，土地利用、土壤改良和施肥、作物和优良品种的推广等，也需要深入了解全国和各省、自治区、直辖市农业自然资源调查和农业区划工作，其结果都要编制整套农业自然条件图，并最后编制农业自然区划图和农业区划图，作为制定发展农业长远规划的科学依据。县和乡一级都可以把地图作为规划和指挥生产的手段，编制各种大中比例尺农业自然条件及其评价图、土地利用现状与农业生产水平图、山水田林路全面规划和农林牧副渔综合发展，以及实现农业"新四化"的远景规划图与设计实施图，从而使农业的计划和管理提高到一个新的水平，与世界接轨来发展精准农业。

## （四）科学研究的主要手段

在科学研究方面，地图更是不可缺少的工具和手段。特别是地学、生物学各门学科都可以通过地图分析自然要素和自然现象的分布规律、动态变化以及相互联系，从而得出科学结论和建立假说，或做出综合评价与进行预测预报。尤其是地质和地理工作常常同地图联系在一起，地质和地理工作者离开了地图是无法开展区域地理与地质调查和研究工作的。有一种通俗的说法：地理和地质区域调查研究工作，是从地图开始到地图结束。因为，在地理和地质调查之前根据已有的地形图可确定调查范围和路线，并初步熟悉区域一般地理、地质情况；在调查中又可以丰富地图内容，纠正原有地图上的错误，同时编制出一系列新的专题地图，并以地图作为主要总结成果，最后通过对新编地图的分析获得地理和地质、矿产规律的新认识和新发现。值得指出，当代人类活动对自然环境的变化产生了越来越大的影响，环境保护问题也越来越引起人们的重视；同样，地图在环境保护中也显示出了其重要的作用。

## （五）宣传教育的良好形式

地图在政治宣传、文化教育等方面也有重要的作用。地图出版部门经常编制出版大量的各种教学地图，以及教师自制的教学地图，成为提高小学、中学和大专院校学生知识水平的直观教具。在报刊上经常配合时事报道刊载各种国际形势地图。在历史博物馆,一幅幅历史地图帮助观众了解当时的历史情况及各个时期的沿革变化。在革命历史博物馆和军事博物馆,各时期形势图帮助观众了解革命发展历程,而"长征路线图"显示出当年红军所走过的艰难曲折的道路。全国农业展览馆各展厅,除了实物、照片及文字说明,还配置各种形式的地图,从而收到更好的宣传教育效果。随着人们物质与文化生活水平的不断提高,国内外旅游事业得到迅速发展,各种形式的旅游地图和交通地图已成为人们出差与旅游不可缺少的工具。

### (六)军事作战的重要工具

众所周知,地图在军事作战方面的作用是很大的。古今中外,不少军事家都非常重视地图。管子著有《地图篇》,指出"凡兵主者,必先审知地图",系统阐明了地图在军事上的作用和使用地图的方法。近现代军事作战中,把地图称作"指挥员的眼睛"。部队各级指挥官在计划组织和指挥作战时,都需要利用大、中比例尺地形图来研究和判断地形,了解河流、道路、居民地、森林等其他条件,以便分析研究我军阵地和敌军区域纵深情况,确定进攻、包围、追击的路线,组织兵力布置与火力配备,选择隐蔽与防御地带,设计军事工程设施等。尤其现代化战争更是离不开地图。例如,炮兵和导弹火箭部队都借助精确的地图量算方位、距离和高差,准备射击诸元,然后进行发射。空军和海军也都是利用地图定航线、找目标。飞机和舰艇离开地图就会迷航。巡航导弹还专门配有以地形数字模型为基础,以数字表示地物点的数字地图,以便随时迅速自动确定航行方向与路线,并通过与实地快速建立的数字地形模型匹配,选择打击目标。

### (七)国家疆域版图的主要形式

一个国家或其行政区划都以地图为自己版图的表现形式,出版的地图还是国际政治和对外关系的重要工具与依据。我国公开出版的《中华人民共和国政区图》在国界画法、政区划分等方面,完全反映了我国政府的主权和严正立场。另外,图上地名也是国家正式法定规范的。我国政府已正式宣布,依据汉语拼音方案拼写我国地名,并出版了《中华人民共和国汉语拼音地图集》,作为中国地名罗马字母拼法的国际标准。

## ■ 单元四　地图学的发展历史

地图发展历史不仅载录了人类对认识环境的执著追求,也反映了不同时期人们思想观念、认识和信仰的变换,以及各个历史时期社会科学技术和生产力的发展水平。了解地图发展历史,有助于理解这一领域的渊源与发展轨迹,并对今后的发展有重要的促进作用,简言之,认识过去才能把握未来。

### 一、地图的演变

根据各个时期地图及其制作特点,可将地图发展历史划分为原始地图、古代地图、近代地图和现代地图四个阶段。

#### (一)原始地图

地图的产生和发展是人类生产和生活的需要。现在能看到的最古老的地图,是大约距今4 700年前苏美尔人绘制的地图和4 500年前制作在陶片上的古代巴比伦地图(见

图1-3)。图上表示了山脉、城镇、河流及其他地理特征,尽管它的内容和表示方法很简单,但已反映出原始地图与人类生产和生活有着密切的关系。

在中国,据记载黄帝打仗曾使用了地图。4 000 多年前,夏禹铸造了九鼎,鼎是当时统治权利的象征。鼎上除了铸有各种图画,还有表示山川的原始地图。后来在《山海经》中,也记载着绘有山、水、动植物及矿物的原始地图。在河南安阳花园村出土的《田猎图》是青铜器时代刻于甲骨上的原始地图,图上刻有打猎的路线、山川沼泽,距今 3 600 多年。在云南沧浪县还发现了巨幅崖画《村圩图》,距今大约也有 3 500 年了。这些都是已发现我国最古老的原始地图。

图1-3　古代巴比伦地图

### (二)古代地图

国外古代地图的发展,比较明显的是在埃及的尼罗河沿岸开始有了农业的时候,当时尼罗河水经常泛滥,淹没农田,破坏田垄地界,每次泛滥后,不得不重新进行土地测量。正是这种实际需要,产生了几何学及测量制图的雏形。"几何"是拉丁文的音译,其原意是"大地测量"。几何思想的出现,使地图制图精度得到很大的提高,地图在空间关系的表达方面变得比以前更准确,为确定地球形状、大小提供了有力的依据,同时它也是建立位置参考系统的基础,因而极大地促进了地图学的发展。在古代地图制作中,只有引进几何学的思想以后,地图才能真正摆脱简单象形的画法,逐步进入实测地图阶段,这样古代地图才慢慢与今天人们普遍所具有的地图概念相吻合。

古希腊学者埃拉托色尼(Eratosthenes,公元前 279—公元前 195 年),第一次计算了地球的曲率与周长,并把经纬线表示在他所编制的世界地图上。之后,古希腊著名学者托勒密(Ptolemy,公元 87—150 年)提出了地球的形状、大小、经纬度的测定方法。为使地球上的经纬线能在平面上描绘出来,他设法把经纬线绘成简单的扇形,从而绘制出一幅著名的"托勒密地图"(见图 1-4)。他也是第一个用普通圆锥投影绘出世界地图的人,他制作的地图是西方古代地图史上划时代的作品,可以认为托勒密是古代西方地图学的奠基人。

在中国,春秋战国时期战争频繁,地图成为军事活动不可缺少的工具。据记载周召公为修建都城绘制了洛邑城址图。《管子·地图篇》指出"凡兵主者,要先审之地图",精辟阐述了地图的重要性。《战国策·赵策》中记有"臣窃以天下地图案之,诸侯之地,五倍于秦",表明当时的地图已具有按比例缩小的概念。《战国策·燕策》中关于荆轲刺秦王,献督亢地图,"图穷而匕首见"的记述,说明秦代地图在政治上象征着国家领土及主权。《史记》记载,萧何先入咸阳"收秦丞相御史律令图书藏之",反映出汉代很重视地图。

在河北平山出土的《兆域图》(见图 1-5),为公元前 310 年在铜牌上用金丝缕嵌在墓葬平面图(宫堂图),图上除绘有"宫""堂""门"规则图形外,还有文字和距离数字,并且绘制得相当精细。

在甘肃天水出土的公元前 239 年的"放马滩"地图,已初步具有水系、关隘、道路和界线等地理要素,这与春秋战国时代人们的地理知识相适应。在长沙马王堆出土的公元前 168

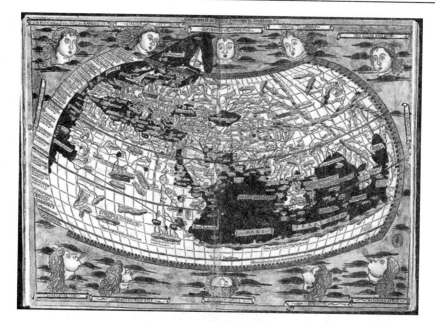

图1-4　托勒密世界地图

图1-5　兆域图

年绘在帛上的地形图、驻军图和城邑图,用方框或圆圈表示城市,用黑色晕线表示山脉,用蓝色勾绘河流湖泊,用红色虚线或实线表示道路。这些图件的内容和现代地图大致相同。它的时间之早、内容之丰富可靠、地图绘制原则和绘制水平及使用价值之高,多处于当时世界领先地位。

　　汉晋时代,由于经济文化的发展,地图的制作和使用也有很大进步,不仅有长沙马王堆出土的西汉时期那样高水平的地图,而且出现了晋朝裴秀这样杰出的地图学家。裴秀(公元223—271年)在晋朝初年担任过司空和地官,后任宰相,负责管理国家的地图和户籍,掌管各种工程、水利、屯田、工匠方面的工作,为创作新的地图理论创造了条件,主持编制了《地形方丈图》和《禹贡地域图》18幅。由他总结了前人的制图经验,在他主持编绘的《禹贡地域图》序文中,提出了著名的"制图六体"的地图学理论:"制图之体有六焉。一曰分率,所

以辨广轮之度也。二曰准望,所以正彼此之体也。三曰道里,所以定所由之数也。四曰高下,五曰方邪,六曰迂直,此三者各因地而制宜,所以校夷险之异也。有图像而无分率,则无以审远近之差;有分率而无准望,虽得之于一隅,必失之于他方;有准望而无道里,则施于山海绝隔之地,不能以相通;有道里而无高下、方邪、迂直之校,则径路之数必与远近之实相违,失准望之正矣。故以此六者,参而考之。"这里的分率即比例尺,准望即方位,道里即距离,高下、方邪、迂直即地形起伏、倾斜缓急、山川分布走向等有关问题。

制图六体是我国1 400年间(西晋至明末)绘画地图的基本理论与方法。也是我国传统的"计里画方"法绘制地图的理论基础,是世界最早的地图制图学理论。

唐代著名地图学家贾耽(公元730—805年)用了16年时间编制了一幅全国地图,即《海内华夷图》。后来南宋人于1136年根据贾耽地图缩小石刻成的"华夷图"和"禹迹图",以及《平江图》(苏州城市平面图),是我国保存最早的石刻地图,先分别保存于西安碑林博物馆和镇江市。禹迹图上的黄河与长江的形状跟现代地图很相似。

唐代诗人王维,于天宝年间在帛、壁上绘制5幅《辋川图》,宋代刻石,明代郭漱六于1617年重摹刻制,表示蓝田辋川王维隐居处沿途风光20景,这是现存最长的早期导游图,藏于陕西蓝田县文化馆。唐代曾组织大力绘制京都《长安图》,是现存最大的古代城市图,藏于西安碑林博物馆。

宋代的地理与地图学家沈括(1031—1095年),查阅资料、去伪存真、实地考查,编制了天下州县图并著有《梦溪笔谈》。郑樵在一书中记有《诸路至京译程图》,这是我国记述最早的交通图。元代的地理与地图学家朱思本(1273—1333年)经10年游历考证,汇编了大幅面的《舆地图》,成为明、清两代地图的范本。明代杰出地图学家罗洪先(1504—1564年)在总结前人朱思本大幅面《舆地图》的基础上,采用画方分幅法,以图集形式,编制了《广舆图》,该图刊印8次,影响时间较长,范围较大。《广舆图》承先启后,对后代的地图学发展产生了巨大影响,延续数百年之久。

明朝著名航海家郑和(1371—1435年)先后7次下西洋,历时20多年,经过了30多个国家,他和同行者共同编著了我国第一部航海图集《郑和航海地图集》,被茅元仪收集在《武备志》一书中,有海图24页,地图20页,本国地名200个,外国地名3 000个。对我国地图学发展做出了重大贡献。

**(三)近代地图**

15世纪以后,欧洲进入文艺复兴、工业革命和地理大发现时期。意大利航海家哥伦布(1451—1506年)发现了通往亚洲和南美洲大陆的新航路和许多岛屿。葡萄牙航海家麦哲伦(1480—1521年)第一次完成了环球航行,证实了地球的学说。16世纪,荷兰地图学家墨卡托(Mercator,1512—1594年)创立了等角正轴投影(后被命名为墨卡托投影),用此法绘制的世界地图,对航海帮助很大,这种地图投影方法至今仍被采用在航空及航海图中。墨卡托所编地图集是当时欧洲地图集发展的里程碑。

17世纪以来,英、法、德、美等国资本主义发展,对地图精度要求提高,过去的概略地图满足不了需要,随着科技的进步,地图学获得了空前发展,世界各国也普遍重视中小比例尺地图编制。

明末(16世纪末至17世纪),正是欧洲各国进入资本主义原始积累时期。西方为开拓世界市场,掠夺财富,开辟了欧亚之间的海上交通并开展传教活动。明万历十年(1582年),

意大利传教士利玛窦来华介绍的西方世界地图和地图制作技术得到中国统制者的重视,从此,新制图方法开始在中国传播。利玛窦对中国科技文化影响最大的是绘制世界地图和测量经纬度。

17～18世纪,随着资本主义的发展,航海、贸易、军事及工程建设越来越需要精确、详细的更大比例尺地图。平板仪及其他测量仪器的发明,和大规模的三角测量方法的应用,为大比例尺地形图的测绘奠定了基础。

这一时期,我国的地图学也取得了非常瞩目的成就。1684～1719年,中国内地测算经纬度630个点,奠定了中国近代地图测绘的基础。我国还是亚洲最早进行地图测绘的国家。1708～1718年,开展了全国大规模测量,康熙年间编制的《皇舆全览图》(见图1-6)陆续测绘完成。该图是我国第一部实测地图,开创了我国实测经纬度地图的先河,对近代中国地图的发展有重要的意义。该图在绘制的方法、精度、范围和内容上,在当时都体现了较高水平,国际上给予了很高的评价。英国自然科学史者李约瑟认为,该图不仅是亚洲也是当时世界上所有地图中最精确的。《乾隆内府舆图》与《皇舆全览图》基本相同,比例尺为1:140万,但制图范围扩大了很多,西至西经90°,北到北纬80°。

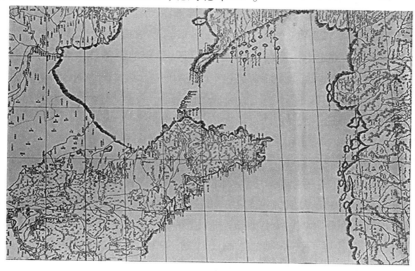

**图1-6　《皇舆全览图》(清内府一统舆地秘图局部)**

清末地理学家魏源(1794—1857年)编制的《海国图志》,完全摆脱了传统的计里画方制图法,采用了经纬控制等与现今世界地图集相类似的地图投影与比例尺选择等,是中国地图制图史上一部世界地图集编制的开创性工作。全图集共有地图74幅,其中有《历史沿革图》8幅(中国和外域各4幅),以及东西半球图,大洲图和各大洲的分国地图。该图集完全不同于以往的"计里画方"旧法绘制的地图,采用了经纬度制图新法,以穿过巴里亚利斯岛的子午线为零子午线,全图东经180°、西经180°。大洲地图采用彭纳投影,分国地图采用圆锥投影。澳大利亚地区采用了适于航行的墨卡拓投影。每幅地图均附有文字说明,左图右文,阅读方便。

公元1886年即清光绪十二年,开始了全国规模的《大清会典舆图》分省图集编制工作,各省用了3～5年时间分别完成省域地图集的编纂。这次图集编绘在中国地图发展史上具有极为重要的意义,它是中国传统古老的计里画方制图法向现代的经纬网制图法转变的标

志。

19 世纪以来,各种专题地图出现。其中,德国伯尔和斯编制出版的自然地图集,对当时专题地图的发展起到了一定的推动作用。

20 世纪初随着飞机的问世,很快研制出航空摄影机和立体测图仪,从此地图的测绘开始用航空摄影测量方法,改变了过去地面测绘速度慢、质量差的局面,使地图学发展进入了一个新时代。

### (四)现代地图

中华人民共和国成立后,地图学发生了很大变化。①成立了国家测绘总局;②在 20 世纪 50 年代开始进行了系统的大规模测绘工作,在完成全国大地控制测量基础上,于 70 年代完成了全国 1:5 万或 1:10 万地图测绘任务;③绘制并不断更新全国各省区不同比例尺系列地图;④出版了国家及各省市地图集;⑤各种不同专业、不同用途的专题地图迅猛发展;⑥各种新技术、新理论受到重视和研究。我国地图制图水平与世界发达国家的差距正在缩小。我国和世界现代地图学的进展主要体现在 4 个方面(廖克,2003)。

1. 专题制图进一步拓宽其研究领域,并向纵深方向发展

20 世纪 30 年代航空摄影测量的出现,标志着地图测绘技术进入了新的发展历程,迈入了现代地图学发展道路。20 世纪 50 年代发展起来的航空遥感技术,使独占鳌头的普通地图发展趋势逐渐转向专题地图,特别是 60 年代以来,专题地图的深度和广度不断发展,其理论和方法也日趋完善。具体表现为:

(1)环境、资源、海洋、城市、人文、旅游、农业等部门专题地图得到迅速发展,各国编制出版了上述领域的系列地图或地图集。

(2)由单一部门专题地图向综合制图与系统制图方向发展,由基础性专题制图向深层次与实用性制图方向发展。

(3)由区域性与全国性专题制图向全球性专题制图方向发展。一方面由于气候与环境变化涉及全球范围,另一方面航天遥感技术的发展,可以在短期内获取全球范围的遥感信息。已经编制出版 1:500 万《世界土壤图》和《世界植被图》、1:100 万《世界人口图》和《世界土地利用图》等,还开展了一系列全球制图计划,如"地球资源制图"(ER Mapping)、"全球制图"(global mapping)计划项目、"数字地球"。

2. 数字制图已广泛应用于地图生产,电子地图与地图集信息系统迅速推广

目前,发达国家的大比例尺地形图、地籍图已经全部采用了数字测图与编图技术,实现了各级比例尺地形图自动生成与适时更新,同时扩大了地形数字信息产品的应用范围。最近十多年,在计算机不断更新换代的同时,国际上一些公司不断研制出高精度、高速度、大幅面的新型数字化与绘图装置。电子地图集具有窗口放大、动态显示、查询检索、统计分析、面积量算等多种功能,具有制作周期短、成本低、功能强等优点,再加上多媒体技术的采用,因此得到迅速推广并展示广阔前景。

3. 地图电子出版系统的推广应用,从根本上改变了地图设计与生产的工艺

20 世纪 80 年代我国推广了计算机照排代替铅排,同时,计算机辅助制图与地理信息系统的发展,也解决了各类地图的辅助编绘与快速成图的技术方法,但要获得高质量的印刷出版地图,仍然需要地图符号、色彩的人工设计、辅助制作与剪贴,需要地图印刷工厂的复照、翻版、分涂、打样工艺、印刷等多道工序才能完成。

20 世纪 90 年代国际上推出了几种地图电子出版系统(electronic pressing system,简称 EPS),并已在地图设计与生产部门广泛使用,取代了传统复照、翻版、分涂、打样工艺,这些地图出版生产都实现了地图设计、编辑和制版一体化处理。我国在该领域也紧追世界先进水平。1992 年中国地质大学研制出彩色地图编辑出版系统(MapCAD),1996 年北京大学研制出方正智绘地图编辑出版系统,标志着我国计算机制图技术与色彩地图出版技术达到了国际先进水平。地图电子出版系统从根本上去掉了传统的地图清绘和地图制版工作,精度和综合效率得到了极大提高,地图印刷质量也得到了提高,成本则降低很多。计算机制图与电子出版生产系统一体化的实现,是地图学领域的重大变革,具有重大社会经济效益。

目前,计算机直接制版技术和无版印刷(即数码印刷)技术日趋成熟,正在进入生产应用阶段,无疑将对地图出版与地图质量的提高起到极大的促进作用。

4.地图学新概念与新理论研究不断深入

20 世纪 70 年代初至 80 年代中期,在国际上提出了地图学的一些新理论,主要有地理信息与传输论、地图模拟与模型论、地图认知与感受论、地图符号学与地图学的结构体系,并对这些理论进行了深入的研究。国际制图协会(ICA)在 70 年代建立了地图学传输委员会,后又在 1987 年专门建立地图学定义与地图学概念工作组,以便对信息时代的地图学定义和概念进行系统深入的研究。近 10 多年 ICA 还成立了 10 个新的委员会,如理论地图学委员会、可视化与虚拟环境委员会、星球制图委员会、地图概括委员会、地图 Internet 委员会等。近几年国际上还对科学计算可视化、地图自动控制(地图自动概括)、空间数据标准化、数字地图应用、虚拟环境等问题开展了研究。

## 二、现代地图学的形成

由于地图学与自然科学、社会科学、系统科学、信息科学、思维科学、人体科学、行为科学、艺术科学等有着交叉及关联关系,它们的研究成果为地图学的发展提供了理论基础和技术支持,并促进了地图学理论研究的进展。

地图信息表现为图形几何特征、多种彩色的总和及其相互联系的差别,可以说地图信息是以图解形式表达制图客体和其性质构成的信息。地图信息论就是研究以地图图形表达、传递、储存、转换、处理和利用空间信息的理论。该理论有助于认识地图的实质,并深化了对地图信息的计量方法的研究。

地图传输论是研究地图信息传输的原理、过程和方法的理论。该理论认为,客观环境—制图者—地图—用图者—再认识的客观环境构成了一个统一的整体。客观环境被制图者认知,形成知识概念,通过符号化变为地图,用图者通过符号识别,在头脑中形成对客观环境的认识。这个过程是一个地图信息流传输的过程,地图制作和使用都包括在这个传输过程中;地图符号能有效传输地理信息,但传输过程中会受到“噪声”干扰。该理论对于地图最佳制作和地图有效使用具有积极作用。

地图符号学是研究地图符号系统的构图基础,感受方式及其设计使用的科学。它提出了六种视觉变量:形状、亮度、色彩、尺寸、密度和方向是地图符号系统的构图基础;四种感受方式:组合感受、选择感受、等级感受和数量感受是制图过程中的视觉特点。该理论对于地图符号设计和地图生产有较大影响。

地图模型论是研究如何建立再现的客观环境的地图模型,并以地图数学模型来表达的

理论。该理论认为地图是客观世界的模型。此模型是制图者的概念模型,并可用数学方法表达,经过抽象概括的制图对象的空间分布结构。该理论对于深入认识地图的实质,并对推动数字制图的发展有重要作用。

地图认知论是研究人类认知地图获取信息的手段、原理和过程的理论。该研究有两项成果。一是"地图认知环"学说,认为用图者首先接受到图像地图客体,进而在头脑中进行信息处理、获取,然后,根据已有知识对所获信息进行加工,从而产生头脑信息图;再进一步通过对实地地理现象进行研究,最后得到所认知的地理实体,完成一轮认知环。二是"多模式感知和认知理论",是指在虚拟地图环境下,用多种认知手段(如视觉、听觉)分别获取知识,并将其加以比较和想象处理,进而形成各自的知识库(如视觉、听觉知识库),最后将各知识库融合,产生综合知识库。该理论对制图手段、多媒体技术、虚拟现实技术的结合使用有重要意义。

地图感受论是研究地图视觉感受过程的物理学、生理学和心理学方法,探讨地图是如何被用图者有效感受的理论。研究内容有分级符号、网纹和等值灰度梯尺的视觉效果,色彩设计客观性、视觉感受与图形构成的规律、特点等,该理论对于地图设计有重要意义。

## 三、地图制图技术的进步与未来地图学展望

### (一)现代制图技术进步

#### 1.地图测绘技术方面

从17世纪以来出现的平板仪、经纬仪、水准仪等传统测绘仪器和大规模三角测量与水准测量方法,广泛地应用于大比例尺地形图的测制,直到20世纪30年代,航空摄影测量的出现,以平板仪、经纬仪、水准仪为主要工具的大面积地形测绘方法才逐渐被取代。现在,全数字摄影测量、全站仪等全数字外业测量和GPS卫星测量正在逐步取代传统的经纬仪与水准测量的方法。

#### 2.专题制图方面

20世纪50~60年代,航空遥感技术成为地质、林业、土壤、植被等各个部门专题地图编制的重要技术方法;70年代,航空遥感为专题地图制图提供全球范围及其丰富的信息源,极大地提高了专题地图的制作功效。

#### 3.地图编制与出版技术方面

传统方法中的地图清绘与分版,不仅繁杂,而且工程量也很大,从20世纪60年代开始的地图制图自动化研究,到80年代全面开展的计算机制图,和90年代形成的计算机制图与自动制版一体化生产体系,从根本上实现了传统的手工制图到计算机数字制图、自动化制版与印刷的根本转变(见表1-2)。

表1-2　现代制图技术

| 项目 | 传统常规技术 | 现代数字技术 |
| --- | --- | --- |
| 测绘工具 | 平板仪、经纬仪、水准仪 | 电子平板仪、全站仪、GNSS接收机 |
| 点位测量 | 平板仪与经纬仪图解交会法 | GNSS测量法、全站仪数字测图系统 |
| 距离测量 | 光电测距仪与视距法 | 全激光测距仪、全站仪自动外业读取 |
| 记录与计算 | 手工记录与计算 | 电子手簿记录与计算机程序化处理 |

续表 1-2

| 项目 | 传统常规技术 | 现代数字技术 |
|---|---|---|
| 地形图测绘 | 平板仪、经纬仪与航测内外成图 | 全数字摄影测量测图、全站仪测图 |
| 专题制图 | 实地调查与航、卫片目视判读成图 | 航空与航天遥感数字图像解译制图 |
| 地图测绘 | 手工清绘作业 | 计算机数字制图系统 |
| 地图制版 | 光学环境：复照→翻版→<br>分涂→挂网→制作印刷版 | 数字环境：数字地图→PS、EPS 文件→<br>出胶片→制作印刷版(或直接制版) |
| 地图形式 | 实地图(纸、丝绸等) | 虚地图(数字、网络)；实地图(多媒体、电子等) |

**（二）未来地图学展望**

21 世纪的地图学是一个大发展的时期。

**1. 未来制图与用图技术将随信息技术与计算机技术发展得到全面提升**

（1）空间数据库技术将连接数字地图、RS、GIS、GNSS 技术而成为地球信息技术或数字地球技术。

（2）网络技术和虚拟现实技术发展将使未来地图走向虚拟化、多维化和多感觉化。

（3）地图信息源信息获取、地图制作过程和地学信息表达更加智能化、模式化、标准化。

（4）地图功能将从模拟表达、空间分析、动态监测走向数据挖掘与知识发现、综合评价与预测预报，使地图的功能更加多极化，产品更加多样化，应用更加直接化与用户化。

（5）地图的制作与应用更加普及与大众化，使地图主体和客体同一化。

（6）全球制作合作与地图的无缝连接，信息、技术与经济的一体化，将促使地球信息研究与利用一体化。

**2. 未来地图学的理论研究会更加深入，许多新理论将不断建立和完善**

（1）地球信息科学理论将随数字地图、RS、GIS、GNSS、数字地球、地学信息图谱、综合制图等技术与应用的发展不断完善。

（2）数字地球理论将随智慧城市、智慧省区、智慧国家、智慧区域等的实践与发展而得到不断的提高和完善。

（3）地球信息图谱理论将随 GIS、GNSS、RS、多维动态可视化和虚拟现实等技术的融合、发展、提高而完善。

地图的发展史说明：地图作为一种文化工具，在人类的知识宝库中，将与语言、艺术持久并存；地图作为一种科学文化工具，是世界各民族共同创造、共同享用的财富，它正在逐渐规范化和标准化，超越文字语言的局限，成为国际交流的一种空间信息传输的重要方式。

# 小　结

本项目主要介绍了地图和现代地图的含义、现代地图的分类与组成、现代地图功能作用以及地图学的发展历史和相关学科的关系。通过本项目的学习，应掌握现代地图的基本知识，知道地图的含义，会判断地图的类型，知道地图的组成、功能和特点，清楚地图学的发展历程。

# 复习思考题

1. 地图具有哪些基本特性和功能?
2. 如何理解反映地面的像片(见图像)、素描图和地图的区别?
3. 结合日常生活,谈谈你是如何使用地图的。
4. 结合你的专业和相关课程,谈谈地图与你的专业和这些课程间的关系。
5. 分析地图学的概念及其学科体系。
6. 地图学和制图技术发展经历了哪几次飞跃发展?
7. 如何理解地图学是空间信息技术基础科学?
8. 未来地图学的发展趋势如何? 你想象中的未来地图是什么样子?

【技能训练】

# 训练一　认识地图

## 一、实验目的

让学生了解和熟悉地图的主要特征,掌握阅读地图的基本步骤,熟悉地图图式符号,逐步学会从地图上获取有关地理信息。在已有的对地图直观认识基础上,得出更为科学、系统和全面的认识,增加学习兴趣。

## 二、实验任务

方向的认识,比例尺的认识,图例的认识,注记的认识;判读地形图,分析地形特点、地物类型。

## 三、实验内容

### (一)方向的认识

内容有:怎样认方向,教学实地认方向及用指北针确定方向,认识四面八方;平面图的认识,学习确定方向的两种方法:①有指向标看指向标。②没指向标用"上北下南左西右东"确定方向;看地图的方向与看平面图方向方法相同,认识经纬线,学会用经纬圈确定方位。

### (二)比例尺的认识

在平面图认识中初步具有图上距离和实地距离及缩尺的认识,知道平面图中的事物比实际事物要小;学会测量和计算,通过量出图上距离算出实际的直线距离。

### (三)图例的认识

在地形图中,颜色也是一种重要的图例,根据红棕色表示高原、绿色表示平原、蓝色表示海洋这三种基本图例颜色,再根据颜色的深浅来辨认海拔的高低、海洋的深浅。

### (四)注记的认识

在地图中,用来说明山脉、河流、国家、城市等名称的文字,以及山高、水深等的数字,都叫注记。注记对图例起一种很好的补充说明的作用。

### 四、采用的教学方法和手段

由指导教师先行展示各种专题地图,课后让学生通过多种途径搜索不同国家、不同主题、不同制图方法的专题地图,让学生感性认识专题地图。

## ■ 训练二　常用计算机制图软件

### 一、实验目的

让学生了解目前市场上常用的计算机制图软件,重点介绍地理信息系统相关软件。

### 二、实验任务

通过本次实验学生能列举出常用的计算机制图软件,区分各种软件的优缺点,重点认识一两种地理信息系统软件。

### 三、实验内容

目前市场上的计算机制图软件种类繁多,例如 AutoCAD、Coreldraw 等。其中,地理信息领域中常用制图软件有美国 ESRI 公司的 ArcGIS、武汉中地推出的 MapGIS、武汉吉奥信息工程技术有限公司推出的吉奥之星等。下面主要介绍国产 MapGIS(见图 1-7)和美国 ESRI 公司的 ArcGIS。

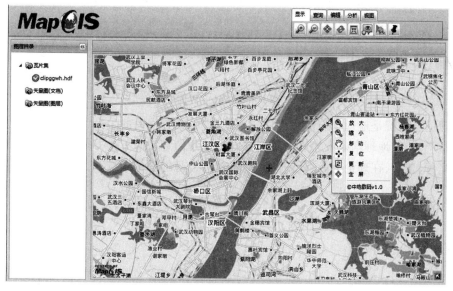

图 1-7　MapGIS K9 用户界面

（一）MapGIS

MapGIS 地理信息系统是一个工具型地理信息系统,具备完善的数据采集、处理、输出、建库、检索、分析等功能。其中,数据采集手段包括了数字化、矢量化、GNSS 输入、电子平板测图、开放式数据转换等;数据处理包括编辑、自动拓扑处理、投影、变换、误差校正、图框生成、图例符号整饰、图像镶嵌配准等方面的几百个功能;数据输出既能进行常规的数据交换、打印,也能进行版面编排、挂网、分色、印刷出高质量的图件;数据建库可建立海量地图库、影像地图库、高程模型库,实现三库合一;分析功能既包括矢量空间分析,也包括对遥感影像、DEM、网络等数据的常规分析和专业分析。MapGIS 不仅功能齐全,而且具有处理大数据量的能力,MapGIS 可以输出印刷超大幅面图件,各种数量(如点数、线数、节点数、区数、地图库中的图幅数等)均可超过 20 亿个,对数据量的唯一限制可能是磁盘的存储容量。MapGIS 还具有二次开发能力,提供了丰富的 API 函数、C＋＋类、组件供二次开发用户选择。

(二)ArcGIS

Desktop 是 ArcGIS 中一组桌面 GIS 软件的总称,它包括功能从简单到全面的 ArcView、ArcEditor 和 ArcInfo 三个级别。这三个级别的 ArcGIS 软件都由一组相同的应用环境组成,即 ArcMap(见图 1-8)、ArcCatalog、ArcToolbox。ArcMap 是 GIS 显示和分析的核心应用,执行基于地图的 GIS 任务:显示、编辑、查询、分析、专题、报表、创建地图文档等。

图 1-8　ArcMap 界面

地理信息系统是地理学与信息科学交叉形成的,具有强大的生命力,业已形成规模化的地理信息产业,是地理学未来发展的重点方向。地理信息系统不是万能的,现阶段作为工具还有待完善、普及,在理论上尚有待开拓创新,建立自身的理论系统。

# 项目二　地图的数学基础

## 项目概述

　　地图的数学基础,是指使地图上各种地理要素与相应地面景物之间保持一定对应关系的经纬网、坐标网、大地控制点、比例尺等数学要素。同时为了不遗漏、不重复地测绘各地区的地形图,为了能科学地管理、使用大量的各种比例尺地形图,必须将不同比例尺的地形图按照国家统一规定进行分幅和编号。本项目首先介绍了地球的形状和大小,之后介绍了地图比例尺、地图投影及坐标系统,最后介绍了地图的分幅与编号。

## 学习目标

### ◆知识目标

1. 掌握地球的自然形体、物理形体和地球椭球体的含义、区别及联系。
2. 掌握地图比例尺的概念、表现形式及作用。
3. 理解地图投影种类和特点,掌握地图投影选择的依据。
4. 掌握我国的坐标系统。
5. 掌握地形图的分幅与编号方法。

### ◆技能目标

1. 会使用和制作地图比例尺。
2. 会选择和使用地图投影。
3. 能判定和使用地图的坐标系统。
4. 能进行地形图的分幅与编号。

## 【导入】

　　地图是以缩小的形式反映客观世界的,要保证地图上的地理要素与相应地面景物之间保持正确的对应关系及比例关系,要科学地测绘、管理和使用大量的各种地图,必须研究地图的数学基础。

## ■ 单元一　地球形状与大小

　　地球的表面是一个不可展平的曲面,而地图是在平面上描述各种制图现象,这给地图工作者提出了一个问题,如何建立球面与平面间的对应关系。要解决这个问题首先必须对地球的形状和大小进行研究。

## 一、地球自然球体

由地球自然表面所包围的形体称为地球自然球体。地球自然表面是一个崎岖不平的不规则表面,有高山、丘陵、平原、盆地和海洋。世界第一高峰珠穆朗玛峰高出海平面8 844.43 m,而在太平洋西部的马利亚纳海沟的斐查兹海渊,低于海平面11 034 m。人们对地球形状的认识曾经历了漫长的过程,古人在实现了环球航行后才发现地球是球形的,近代大地测量发现地球更接近于两极扁平的椭球,长短半径大约差21 km。通过人造地球卫星对地球观察的资料分析,发现地球是一个不规则的"近似于梨形的椭球体",它的极半径略短,赤道半径略长,北极略突出,南极略扁平(见图2-1)。这里所讲的梨形,是一种形象的夸张。因为地球南北半球的极半径之差在几十米范围之内,这与地球的自然表面起伏、极

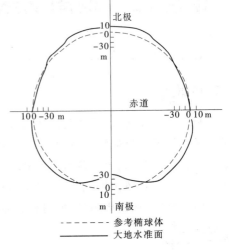

图2-1 地球概略图

半径和赤道半径之差都在20 km左右相比是十分微小的。所以,地球自然表面是一个极复杂而又不规则的球形曲面,不能用数学公式表达。

## 二、大地体

当海洋静止时,自由水面与该面上各点的重力方向(铅垂线)成正交,这个面称为水准面。在众多的水准面中,有一个与静止的平均海水面相重合,并假想其穿过大陆、岛屿形成一个闭合曲面,这就是大地水准面。它实际是一个起伏不平的重力等位面——地球物理表面(见图2-2)。

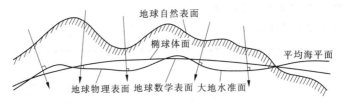

图2-2 地球自然表面、地球物理表面和地球数学表面

由于地球的自然表面极其复杂与不规则,大地测量学家就引入了大地体的概念。所谓大地体,是由大地水准面所包围的地球形体。大地水准面是地球形体的一级逼近。

地球引力的大小与地球内部的质量有关,而地球内部的质量分布又不均匀,致使地面上各点的铅垂线方向产生不规则的变化,因而大地水准面实际上是一个略有起伏的不规则曲面。一般在大陆上,比较理想的"静止的平均海水面"升高突起;在海洋中,则降低凹下;但高差都不超过60 m。所有地球上的测量都在大地水准面上进行。大地水准面虽然比地球自然表面规则得多,但还不能用简单的数学公式表达。不过从整个形状来看,大地水准面的

起伏是微小的,并极其接近于地球椭球体。

### 三、地球椭球体

在测量和制图中就用旋转椭球体来代替大地球体,这个旋转椭球体通常称为地球椭球体,简称椭球体。它是一个规则的数学表面,所以人们视其为地球体的数学表面,也是对地球形体的二级逼近,用于测量计算的基准面。

#### (一)国际上主要的椭球体参数

地球椭球体的大小,由于推求所用资料、年代和方法不同,所得地球椭球体的描述参数也就不同。在大地测量发展的历史过程中,世界各国先后推算出许多不同的椭球参数,表2-1中给出了各国在测量和制图实践中所用的椭球体参数。

表2-1　国际主要椭球体参数与使用

| 椭球名称 | 提出年份 | 长半径(m) | 扁率 | 备注 |
|---|---|---|---|---|
| 德兰勃(Delambre) | 1800 | 6 375 653 | 1:334.0 | 法国 |
| 埃弗瑞斯(Everest) | 1830 | 6 377 276 | 1:300.801 | 英国 |
| 贝塞尔(Bessel) | 1841 | 6 377 397 | 1:299.152 | 德国 |
| 克拉克(Clarke)Ⅰ | 1866 | 6 378 206 | 1:294.978 | 英国 |
| 克拉克(Clarke)Ⅱ | 1880 | 6 378 249 | 1:293.459 | 英国 |
| 海福特(Hayford) | 1910 | 6 378 388 | 1:297.0 | 1942年国际第一个推荐值 |
| 克拉索夫斯基 | 1940 | 6 378 245 | 1:298.3 | 苏联 |
| 1967年大地坐标系 | 1967 | 6 378 160 | 1:298.247 | 1967年国际第二个推荐值 |
| 1975年大地坐标系 | 1975 | 6 378 140 | 1:298.257 | 1975年国际第三个推荐值 |
| 1980年大地坐标系 | 1979 | 6 378 137 | 1:298.257 | 1979年国际第四个推荐值 |

#### (二)我国测量制图相关的几个椭球体参数

对地球形状的长半径、短半径和扁率测定后,还必须确定大地水准面与椭球体面的相对关系。即确定与局部地区大地水准面符合最好的一个地球椭球体——参考椭球体,这项工作就是参考椭球体定位。

通过数学方法将地球椭球体摆到与大地水准面最贴近的位置上,并求出两者各点间的偏差,从数学上给出对地球形状的三级逼近—— 参考椭球体。国际上在推求年代、方法及测定的地区不同,故地球椭球体的元素值有很多种。我国1952年前采用海福特(Hayford)椭球体;1953~1980年采用克拉索夫斯基椭球体(坐标原点在苏联普尔科夫天文台);自1980年开始采用国际大地测量(IAG)和地球物理联合会(IUGG)第十六届大会所推荐的"1975年基本大地数据"给定的椭球体,并确定陕西泾阳县永乐镇北洪流村为"1980西安坐标系"大地坐标的起算点。

#### (三)地球椭球元素定义

为了便于进行地球椭球的讨论,这里给出了地球椭球一些元素的定义(见图2-3和表2-2)。

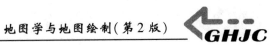

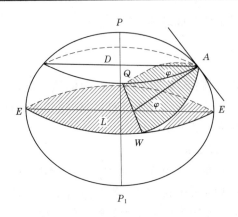

**图 2-3　地球椭球的基本元素**

**表 2-2　地球椭球基本元素定义**

| 名称 | 定义 | 代号与说明 |
|---|---|---|
| 地心 | 亦称轴心,地球椭球的中心,与地球的地心重合 | O |
| 地轴 | 亦称极轴,地球椭球的旋转轴,与地球自转轴重合 | PPl |
| 地极 | 地轴与椭球面的交点。位于北端叫北极,南端叫南极 | N—北极,S—南极 |
| 子午面 | 亦称经线面,通过地轴的任意平面 | |
| 子午圈 | 亦称经线,子午面与椭球面的交线 | |
| 首子午面 | 亦称起始经线面,通过格林尼治天文台中心的子午面 | |
| 首子午圈 | 亦称起始经线,通过格林尼治天文台中心的子午圈 | |
| 法线 | 垂直于椭球面某点的切面的直线,一般不交于地心 | |
| 法截面 | 包含椭球面上一点法线的平面 | |
| 卯酉面 | 与子午面(经线面)垂直的法截面 | |
| 卯酉圈 | 卯酉面与椭球面的截线 | |
| 平行面 | 亦称纬线面,垂直于地轴的平面 | |
| 平行圈 | 亦称纬线、纬圈,平行面与椭球面的交线 | |
| 赤道面 | 垂直于地轴并过地心的平面 | |
| 赤道圈 | 赤道面与椭球面的交线简称赤道,它是最大的平行圈 | |
| 地理坐标系 | 子午圈(经线)与平行圈(纬线)在椭球面上是两组正交的曲线。它在椭球面上构成的坐标系叫地理坐标系 | 亦称大地坐标系 |

续表2-2

| 名称 | 定义 | 代号与说明 |
|------|------|-----------|
| 纬度 | 椭球面上的法线与赤道面的交角。赤道的纬度为0°，北极点 +90°，南极点 -90° | $\varphi$，大地测量中用符号 $B$ |
| 经度 | 首子午圈平面与某点子午圈平面所构成的两面角，首子午圈以东为东经，以西为西经 | $\lambda$，大地测量中用符号 $L$ |
| 长半轴 | 从地心到赤道的距离 | $a$ |
| 短半轴 | 从地心到地极的距离 | $b$ |
| 扁率 | 长短半轴之差与长半轴之比 | $a$ |
| 第一偏心率 | $e^2 = \dfrac{a^2 - b^2}{a^2} = 1 - \left(\dfrac{b}{a}\right)^2$ | $e$ |
| 第二偏心率 | $e'^2 = \dfrac{a^2 - b^2}{a^2} = \left(\dfrac{b}{a}\right)^2 - 1$ | $e'$ |
| 等面积球体半径 | 与椭球表面积相等的球体半径，其公式为 $R_F = \sqrt{\dfrac{a^2}{2} + \dfrac{b^2}{4e}\ln\dfrac{1+e}{1-e}}$ | $R_F$ |
| 等体积球体半径 | 与椭球体积相等的球体半径，其公式为 $R_v = \sqrt[8]{a^2 b}$ | $R_v$ |
| 子午圈曲率半径 | 即经线曲率半径，其公式为 $M = \dfrac{a(1-e^2)}{(1-e^2\sin^2\varphi)^{\frac{3}{2}}}$ | $M$ |
| 卯酉圈曲率半径 | $N = \dfrac{a}{(1-e^2\sin^2\varphi)^{\frac{1}{2}}}$ | $N$ |
| 平均曲率半径 | $R = \sqrt{MN} = \dfrac{a\cos\varphi}{(1-e^2\sin^2\varphi)^{\frac{1}{2}}}$ | $R$ |
| 纬线半径 | $r = N\cos\varphi = \dfrac{a\cos\varphi}{(1-e^2\sin^2\varphi)^{\frac{1}{2}}}$ | $r$ |

## 四、正球体

如果忽略地球表面的起伏变化，按等体积计算将地球换算成一个正球体，这时地球等体积球体半径 $R_v = 6\,371\,110$ m。

# 单元二　空间参照系

　　地球表面上的定位问题,是与人类的生产活动、科学研究及军事国防等密切相关的重大问题。具体而言,就是球面坐标系统的建立。

　　地球自然表面点位坐标系的确定包括两个方面的内容:一是地面点在地球椭球体面上的投影位置,采用地理坐标系;二是地面点至大地水准面上的垂直距离,采用高程系。但是无论把地球当成椭球体还是正球体,它们的表面都是不可展曲面。也就是说,大地坐标系不能直接表示在平面上,需要把大地坐标系上的成果转换到平面坐标系上,这就是后面要讲的地图投影。

## 一、大地坐标系

　　大地坐标系是大地测量中以参考椭球面为基准面建立起来的坐标系。地面点 $P$ 的位置用大地经度 $L$、大地纬度 $B$ 和大地高度 $H$ 表示。当点在参考椭球面时,仅用大地经度和大地纬度表示。

　　大地经度是指参考椭球面上某点的大地子午面与起始子午面间的两面角。东经为正,西经为负。大地纬度是指参考椭球面上某点的垂直线(法线)与赤道平面的夹角。北纬为正,南纬为负。大地高度是地面点沿法线到参考椭球面的距离。

　　大地坐标系的建立包括选择一个椭球、对椭球进行定位和确定大地起算数据。一个形状、大小和定位、定向都已确定的地球椭球叫参考椭球。

　　参考椭球一旦确定,则标志着大地坐标系已经建立(见图2-4)。

　　当选定了某一个地球椭球后,这只是解决了椭球的形状和大小。要把地面大地网归算到它的上面,仅仅知道它的形状和大小是不够的,还必须确定它同大地的相关位置,这就是所谓椭球的定位。参考

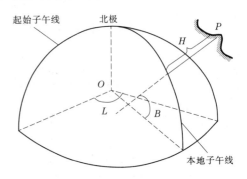

经度($L$)、纬度($B$)、大地高($H$)

**图2-4　大地坐标的概念**

椭球面是处理大地测量结果的基准面。大地测量起算数据的确定,就是确定某一个大地原点的坐标值和它对某一方向的大地方位角。椭球定位与大地测量起算数据的确定是互相联系着的。前者是通过后者来实现的,后者是前者的必然结果。

　　椭球体定位就是按照一定条件,将具有确定元素的椭球体同大地体的相关位置确定下来。从数学原理上讲,无论采取什么方法定位,只要将椭球体同大地体的相关位置确定下来就可以了。然而任意方式的定位未必都是最适宜的定位。在大地测量实践中,为了便于进行天文经纬度和天文方位角同大地经纬度和大地方位角的换算与比较,便于将观测元素归算到椭球面上,对椭球的定位做了规定。

## 二、地心坐标系

### （一）地心坐标系的概念

以地球的质心作为坐标原点的坐标系称为地心坐标系,即要求椭球体的中心与地心重合。

### （二）建立地心坐标系的意义

随着航天技术和远程武器的发展,参考坐标系已不能满足精确地推算其轨道以及对远程武器和各种飞行器追踪的需要,而必须建立以地球质心作为坐标原点的地心坐标系。

人造地球卫星绕地球运行时,轨道平面时时通过地球的质心。同样,对远程武器和各种宇宙飞行器的跟踪观测,也是以地球的质心作为坐标系的原点。因此,建立精确的地心坐标系,对于卫星大地测量、全球性导航和地球动态研究等都具有重要意义。

非常精确地确定地球质心位置是比较困难的。这是因为地球的形状是在随时变化着的,如各种潮汐的变化、板块运动(大陆漂移)等,都将影响地心的位置。所以说,地心坐标系的建立也只能是在一定的精度范围内。

### （三）主要的地心坐标系

20 世纪 60 年代以来建立起来的 1972 年全球坐标系( world geodetic system,1972,简称 WGS – 72 ) 和 1984 年全球坐标系( 简称 WGS – 84 坐标系)都属于地心坐标系。美国的全球定位系统 GPS ( global positioning system ),在实验阶段采用的是 WGS – 72 大地坐标系,1986 年之后采用的是 WGS – 84 大地坐标系(见图 2-5 )。

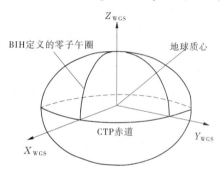

图 2-5　WGS – 84 坐标系

WGS – 84 坐标系是一种国际上采用的地心坐标系。坐标原点为地球质心,其地心空间直角坐标系的 $Z$ 轴指向国际时间局( bureau international de l'Heure,简称 BIH )1984.0 定义的协议地极(conventional terrestrial pole ,简称 CTP)方向,$X$ 轴指向国际时间局 BIH 1984.0 的协议子午面和 CTP 赤道的交点,$Y$ 轴与 $Z$ 轴、$X$ 轴垂直构成右手坐标系,称为 1984 年世界大地坐标系。这是一个国际协议地球参考系统(international terrestrial reference system,简称 ITRS),是目前国际上统一采用的大地坐标系。

另外,我国当前最新的国家大地坐标系——2000 国家大地坐标系( CGCS2000 ),也属于地心大地坐标系统。

## 三、平面直角坐标系

如图 2-6 所示,在水平面上选定一点 $O$ 作为坐标原点,建立平面直角坐标系。纵轴为 $x$ 轴,与南北方向一致,向北为正,向南为负;横轴为 $y$ 轴,与东西方向一致,向东为正,向西为负。将地面点 $A$ 沿着铅垂线方向投影到该水平面上,则平面直角坐标 $x_A$、$y_A$ 就表示了 $A$ 点在该水平面上的投影位置。如果坐系的原点是任意假设的,则称为独立的平面直角坐标系。为了不使坐标出现负值,对于独立测区,往往把坐标原点选在测区西南角以外适当位置。

应当指出,测量和制图上采用的平面直角坐标系与数学中的平面直角坐标系从形式上

看是不同的。这是由于测量和制图上所用的
方向是从北方向(纵轴方向)起按顺时针方向
以角度计值的,同时它的象限划分也是按顺
时针方向编号的,因此它与数学上的平面直
角坐标系(角值从横轴正方向起按逆时针方
向计值,象限按逆时针方向编号)没有本质区
别,所以数学上的三角函数计算公式可不加
任何改变地直接应用于测量的计算中。

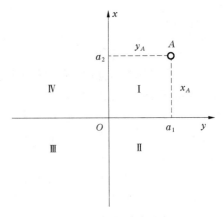

图2-6　平面直角坐标系

### 四、我国大地坐标系

我国常用的三个大地坐标系是1954年
北京坐标系、1980国家大地坐标系和2000国
家大地坐标系。

#### (一)1954年北京坐标系

20世纪50年代初,在当时的历史条件下,我国采用克拉索夫斯基椭球元素($a = 6\ 378\ 245$ m,$\alpha = 1/298.3$)并与苏联1942年普尔科沃坐标系进行联测,通过计算建立自己的大地坐标系,定名1954年北京坐标系,它不完全是苏联的坐标系。

#### (二)1980国家大地坐标系

1978年4月在西安召开全国天文大地网平差会议,确定重新定位,建立我国新的坐标系。为此有了1980国家大地坐标系,它比1954年北京坐标系更适合我国的具体情况。1980国家大地坐标系采用的地球椭球基本参数为1975年国际大地测量与地球物理联合会第十六届大会推荐的数据,椭球的主要参数是:$a = 6\ 378\ 140 \pm 5$ m,$\alpha = 1/298.257$。该坐标系的大地原点设在位处我国中部的陕西省泾阳县永乐镇,位于西安市西北方向约60 km,故1980西安坐标系的大地原点,又简称为西安大地原点。

#### (三)2000国家大地坐标系

随着社会的进步,国民经济建设、国防建设和社会发展、科学研究等对国家大地坐标系提出了新的要求,迫切需要采用原点位于地球质量中心的坐标系统(简称地心坐标系)作为国家大地坐标系。采用地心坐标系,有利于采用现代空间技术对坐标系进行维护和快速更新,测定高精度大地控制点三维坐标,并提高测图工作效率。2008年3月,由国土资源部正式上报国务院《关于中国采用2000国家大地坐标系的请示》,并于2008年4月获得国务院批准。自2008年7月1日起,中国将全面启用2000国家大地坐标系,由原国家测绘局授权组织实施。

2000国家大地坐标系是全球地心坐标系在我国的具体体现,其原点为包括海洋和大气的整个地球的质量中心。2000国家大地坐标系采用的地球椭球参数如下:长半轴$a = 6\ 378\ 137$ m,扁率$\alpha = 1/298.257\ 222\ 101$,地心引力常数$G_M = 3.986\ 004\ 418 \times 10^{14} \text{m}^3/\text{s}^2$,自转角速度$\omega = 7.292\ 115 \times 10^{-5}$ rad/s。

### 五、高程系

#### (一)绝对高程

地面点沿铅垂线方向至大地水准面的距离称为绝对高程,亦称为海拔。在图2-7中,地

面点 $A$ 和 $B$ 的绝对高程分别为 $H_A$ 和 $H_B$。

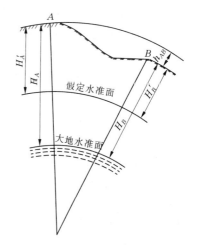

图 2-7　绝对高程与相对高程

我国规定以黄海平均海水面作为大地水准面。黄海平均海水面的位置,是青岛验潮站对潮汐观测井的水位进行长期观测确定的。由于平均海水面不便于随时联测使用,故在青岛观象山建立了"中华人民共和国水准原点",作为全国推算高程的依据。1956 年,验潮站根据连续 7 年(1950～1956年)的潮汐水位观测资料,第一次确定了黄海平均海水面的位置,测得水准原点的高程为 72. 289 m;按这个原点高程为基准去推算全国的高程,称为"1956 年黄海高程系"。由于该高程系存在验潮时间过短、准确性较差的问题,后来验潮站又根据连续 28 年(1952～1979 年)的潮汐水位观测资料,进一步确定了黄海平均海水面的精确位置,再次测得水准原点的高程为 72. 260 4 m;1985 年决定启用这一新的原点高程作为全国推算高程的基准,并命名为"1985 国家高程基准"。

**(二)相对高程**

地面点沿铅垂线方向至任意假定水准面的距离称为该点的相对高程,亦称为假定高程。在图 2-7 中,地面点 $A$ 和 $B$ 的相对高程分别为 $H_A{}'$ 和 $H_B{}'$。

**(三)高差**

两点高程之差称为高差,以符号 $h$ 表示。图 2-7 中,$A$、$B$ 两点的高差 $h_{AB} = H_B - H_A = H_B{}' - H_A{}'$。

测量与制图工作中,一般采用绝对高程,只有在偏僻地区,没有已知的绝对高程点可以引测时,才采用相对高程。

# 单元三　地图比例尺

地图是制图区域的缩小,为了使地图的制作者能按实际需要的比例制图,也为了地图的使用者能够准确地掌握地图与制图区域之间的比例关系,以便获得准确的地图信息,因此在制图之前必须首先确定地图与制图区域间的缩小比例,在成图之后也应在图上明确表示出缩小的比例。

## 一、地图比例尺定义

地图上某线段的长度与实地相应线段的水平长度之比称为地图比例尺,其表达式为

$$\frac{d}{D} = \frac{1}{M} \tag{2-1}$$

式中　$d$——地图上线段的长度;

　　　$D$——实地上相应直线距离的水平投影长度;

　　　$M$——比例尺分母。

例如,已知实地直线水平距离为 2. 4 km,则 1∶5 万地形图上相应长度为 $d = D/M =$

240 000 cm/50 000 = 4.8 cm;若已知 1 : 2.5 万地形图上一直线长度为 8 cm,则其实地长度为 $D = d \cdot M = 8 \text{ cm} \times 25\ 000 = 2 \text{ km}$;若已知图上 8 cm 相当于实地长 20 km,则其地图比例尺为 $1/M = d/D = 8/2\ 000\ 000 = 1/250\ 000$。

地图比例尺的大小是以比例尺的比值来衡量的,它的大小与分母值成反比,分母值大,则比值小,比例尺就小,地面缩小倍率大,地图内容就概略;分母值小,则比值大,比例尺就大,地面缩小倍率小,地图内容详细。

在大比例尺地图上,各处的比例尺均相等,所以可以直接去量测任意两点间的距离。但在小比例尺地图上,由于是将球面展绘成平面,所以就产生了各种变形,且变形的大小随着图上所量线段的地理位置与方向不同而变化。因此,在图上量算就要使用该图的投影比例尺,按照所量线段所处地理位置和相应方向去对应量算。由此可见,上述地图比例尺的定义是有局限性的。科学而准确的定义应该是:地图上某方向微分线段与地面上相应微分线段的水平长度之比。地图上无变形的线和点上的比例尺叫主比例尺,其余有变形地方的比例尺叫局部比例尺。局部比例尺大于或小于主比例尺,并随其所在位置和方向的不同而发生变化。地图上通常只注一个比例尺,就是主比例尺。

## 二、地图比例尺形式

比例尺的表现形式通常有数字比例尺、文字(又称说明)比例尺和图解比例尺。

### (一)数字比例尺

数字比例尺可写成比的形式,例如 1 : 100 000,也可以写成分式形式,如用 1/100 000 表示。

### (二)文字比例尺

文字比例尺用文字注解的方法表示。例如一比一百万,或简称百万分之一,也可用“图上 1 厘米相当于实地 10 千米”等。

表达比例尺的长度单位,在地图上通常以厘米计,在实地上以米或千米计。例如,常常用“图上 1 厘米相当于实地××米(或千米)”来表示比例尺,涉及航海方面的地图,实地距离则常以海里(mile)计。

### (三)图解比例尺

图解比例尺是用图形加注记的形式表示的比例尺。例如,地形图上通常用的直线比例尺、斜分比例尺、地图投影比例尺等。

#### 1. 直线比例尺

直线比例尺是以直线线段形式标明图上线段长度所对应的地面距离,如图 2-8 所示。

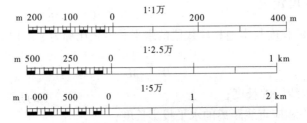

图 2-8　地图上的直线比例尺

直线比例尺的制作方法是:首先绘一条直线,以 2 cm(或 1 cm)为基本单位将其等分后,再把左端一个基本单位 10 等分。然后,以左端基本单位的右端分划为 0,在每一分划线的上面分别注出它们所代表的地面水平长度即成。例如:地图上 1 cm 相当于地面上 100 m 的比例尺,则直线比例尺上 1 cm 的长度就注记地面长度 100 m;地图上 1 cm 相当于地面上 250 m 的比例尺,则直线比例尺上 1 cm 的长度就注记地面长度 250 m;地图上 1 cm 相当于地面上 500 m 的比例尺,则直线比例尺上 1 cm 的长度就注记地面长度 500 m。

　　直线比例尺具有能直接读出长度值而无须计算、避免因图纸伸缩而引起误差等优点,因而被普遍采用。但是直线比例尺只能量到基本单位长度的 1/10,要量测到基本单位长度的 1/100,需要采用斜分比例尺。

　　2. 斜分比例尺

　　斜分比例尺又称微分比例尺,是根据相似三角形原理制成的图解比例尺(见图 2-9)。利用这种斜分比例尺可以量取比例尺基本长度单位的百分之一。使用该尺时,先在图上用两脚规卡出欲量线段的长度,然后到斜分比例尺去比量。比量时应注意:每上升一条水平线,斜线的偏值将增加 0.01 基本单位;两脚规的两脚务必位于同一水平线上。例如图 2-9 中两脚规①量测的数据 = 100 + 80 = 180(m),两脚规②量测的数据 = 100 + 60 + 3 = 163(m)。

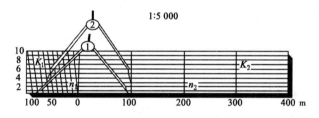

图 2-9　地图上的斜分比例尺

　　3. 地图投影比例尺

　　地图投影比例尺又称经纬线比例尺或诺漠图,它是为了消除投影变形造成图上量算的影响,按投影的特性绘制的一种比例尺。这种比例尺的图形和单位长度,随地图投影不同而异,图 2-10(a)是按正轴等角割圆锥投影绘制的 1∶600 万投影比例尺。图中 8°和 40°的纬线为标准纬线,其比例尺恰为 1∶600 万,而在其他纬线上的比例尺比标准纬线的比例尺或大或小。图 2-10(b)是按墨卡托投影绘制的投影比例尺。除 0°纬线为标准纬线,符合其主比例尺外,其他纬线上的比例尺都比主比例尺有所增大。所以,按投影比例尺量算长度时,不同位置要用不同线段进行量算。

　　投影比例尺主要用于小比例尺地图。但由于小比例尺地图只能了解地面概况,已不能用于精确量算,所以在地图上很少采用。

　　图解比例尺的优点在于从图上直接量算地面长度,或将地面上长度转绘到图上只需要在图上直接量测,不需要计算。受纸张变形及复印变形的影响相对较小。

　　地图上通常采用几种形式配合来表示比例尺的概念,最常见的是数字比例尺和图解比例尺中的直线比例尺配合使用。

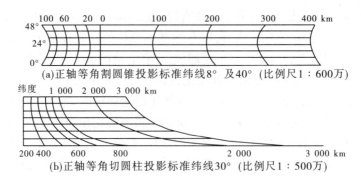

(a)正轴等角割圆锥投影标准纬线8°及40°(比例尺1：600万)

(b)正轴等角切圆柱投影标准纬线30°(比例尺1：500万)

**图2-10　地图投影比例尺**

## 三、比例尺的作用

### (一)比例尺决定着地图图形的大小

同一地区,比例尺越大,地图图形越大;反之,则小。如图2-11所示,地面上1 km²,在1：5万地图上为4 cm²,在1：10万地图上为1 cm²,在1：25万地图上为0.16 cm²,在1：50万地图上为0.04 cm²,在1：100万地图上为0.01 cm²。地图图形的大小,关系着地图的使用条件和方式。例如室内利用地图研究问题,可将多幅地图拼接在一起使用;但野外调查,多幅地图拼接使用就不方便。

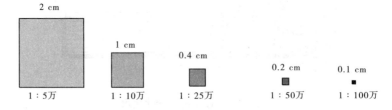

**图2-11　地面上1 km²在1：5万～1：100万比例尺上的相应面积**

### (二)比例尺决定着地图的测制精度

正常视力的人,在一定距离内能分辨地图上不小于0.1 mm的两点间距离,因此0.1 mm被视为量测地图不可避免的误差。测绘工作者把某一比例尺地图上0.1 mm相当于实地的水平长度称为比例尺精度。由上述可知,0.1 mm即是将地物按比例尺缩绘成图形可以达到的精度的极限,故比例尺精度又称极限精度。依据比例尺精度,在测图时可以按比例尺求得在实地测量能准确到何种程度,即可以确定小于何种尺寸的地物就可以省略不测,或用非比例尺符号表示,例如当测1：1 000地形图时,其比例尺精度为0.1 mm×1 000＝0.1 m,此刻实地长度小于0.1 m的地物就可以不测了;同时可以根据精度要求,确定测图的比例尺,若要求表示到图上的实地最短长度为0.5 m,则应采用的比例尺不得小于0.1 mm/0.5 m＝1/5 000。所以,比例尺愈大,图上量测的精度就愈高。

同样,在使用地图时,根据精度的要求,可以确定选用何种比例尺的地图,例如要求实地长度准确到5 m,则所选用的地图比例尺不应小于0.1 mm/5 m＝1/50 000。

### (三)比例尺决定着地图内容的详细程度

比例尺愈大,地图的内容就愈详细。例如,比例尺极限精度0.1 mm,在1：1万图上相当于地面 1 m,而在 1:10 万图上相当于地面 10 m。换句话说,在 1:10 万图上就无法显示小于 10 m 长度的地物。又如地图上最小符号尺寸规定为 0.25 mm²,这在 1:1 万图上相当于实地地面面积 25 m²,而在 1:10 万图上相当于实地地面面积 0.002 5 km²。换句话说,在 1:10 万图上就无法显示小于 0.002 5 km²面积的地物。

由表 2-3 所列各种比例尺地形图的比例尺精度可知,地图比例尺愈大,表示地物和地貌的情况愈详细,误差愈小,图上量测精度愈高;反之,表示地面情况就愈简略,误差愈大,图上量测精度愈低。但不应盲目追求地图精度而增大测图比例尺,因为在同一测区,采用较大比例尺测图所需工作量和投资,往往是采用较小比例尺测图的数倍,所以应从实际需要的精度出发,择取相应的比例尺。

**表 2-3　地图比例尺精度**

| 地图比例尺 | 比例尺精度(m) | 地图比例尺 | 比例尺精度(m) | 地图比例尺 | 比例尺精度(m) |
| --- | --- | --- | --- | --- | --- |
| 1:250 | 0.025 | 1:5 000 | 0.50 | 1:10 万 | 10.00 |
| 1:500 | 0.05 | 1:1 万 | 1.00 | 1:25 万 | 25.00 |
| 1:1 000 | 0.10 | 1:2.5 万 | 2.50 | 1:50 万 | 50.00 |
| 1:2 000 | 0.20 | 1:5万 | 5.00 | 1:100 万 | 100.00 |

## 四、地图多尺度表达的概念

尺度(scale)既是一个古老的话题,又是一个新的研究热点。凡是与地球参考位置有关的数据都具有尺度特性。地理空间数据具有尺度依赖性,从古代的地图到如今的"3S"技术(GIS、RS、GNSS)都离不开尺度问题。德国气象学家、地球物理学家 Alfred Wegener 提出轰动科学界的大陆漂移学说,其背景是观察一张完整的世界地图。可以想象,在小尺度空间(大比例尺)不可能发现这个伟大学说。在 GIS 领域,尺度是一个无法回避的问题。由于地球表层的无限复杂性,人们不可能观察地理世界的所有细节,地理信息对地球表面的描述总是近似的,近似程度反映了对地理现象及其过程的抽象程度或抽象尺度。1998 年美国大学地理信息科学联盟(UCGIS)提出的优先研究领域就包括尺度问题的研究。GIS 不仅需要多种详细程度的空间数据支持,而且需要把多尺度表示的信息动态地联结起来,建立不同尺度之间的相关和互动机制,以进行有效的综合分析和辅助决策,从而构成多尺度的 GIS(Multi-scale GIS,简称 MGIS)。多年来,在一系列国际 GIS 学术会议和空间论坛上,MGIS 均被列为中心议题,是当今地理信息科学研究的前沿课题之一。

由于多重表达产生大量数据冗余及与其相关的一系列弊端,更重要的是在进行跨比例尺综合分析时会产生严重的数据矛盾,人们开始寻求一种不依比例尺(也称为无比例尺或自由比例尺)的数据库。毫无疑问,不依比例尺 GIS 的发展是一个质的飞跃,但又是一个很大的挑战,在很长时间内,无比例尺数据库是很难达到的。不仅与地学相关的研究领域都涉及尺度问题,人文、经济、社会学等领域也存在尺度问题。例如,在社会状况调查时,调查对象在空间范围和时间幅度上的变化、调查时间间隔和调查对象在密度上的变化、调查对象年龄段的不同划分等都会引起结果变化。

在数字制图中,尺度被理解为空间信息被观察、表示、分析和传输的详细程度。由于信

息—数据可被概括,相同的数据源就可以形成不同尺度规律(或称不同分辨率)的数据,即多尺度数据。

如在动态监测中,有大江大河、中小流域、重点区域、省、市(地)、县等不同范围(多尺度)的特点,因此根据监测需要,分为宏观监测尺度、中观监测尺度、微观监测尺度。根据动态监测内容,确定监测尺度,从而确定相应信息源和技术方法。

根据监测的不同尺度、不同目标、不同精度,确定相应的信息源,当监测的目标比较复杂时,选择波段较多、分类效果比较好的信息源,微观尺度大比例尺的监测区域应选择高空间分辨率,且波段设置分类效果好的遥感信息源。宏观监测尺度一般选择分辨率比较低的卫星遥感影像,如天气预报、大范围的林火等监测。中观监测尺度一般选择分辨率比较高的卫星遥感影像,如土壤侵蚀强度、水土流失面积、水域线变化等监测。

# 单元四　地图定向与导航

## 一、地图定向的概念

地图定向是确定地图图形的地理方向。没有确定的地理方向,就无法确定地理事物的方位。地图的数学法则中一定要包含地图的定向法则。

地图定向的常用方法一般有三种:一般定向法(上北下南左西右东)、指向标定向法(指向标指向北方)和经纬网定向法(纬线确定东西方向,经线确定南北方向)。

在比例尺较大的地图上,图幅内实际范围小,特别是远离极地地区的地图,经线与纬线都接近于平行的直线,在地图上判别方向有一个普通的规则,即"上北、下南、左西、右东"。

在一些比例尺较大的图上,有时没有画上经线与纬线,在这种情况下,地图左右的图廓线常常就是南北线(经线),上下图廓线就是东西线(纬线)。有些图还专门画有指向标(方位针)以表示方向。

在一些小比例尺的地图上,图上的经线不是平行的直线,而是向两极汇聚的弧线。纬线也是一些弯曲的弧线,且越向高纬度,弯曲程度越大。在这种图上判别方向,就只能以经线与纬线的方向为准,而不能笼统地运用"上北、下南、左西、右东"的规则了。例如亚洲在阿拉斯加的西边,而不能认为在阿拉斯加的北边;同样地,北冰洋在亚洲的北边,而不能认为在亚洲的东边。

有些地图是用指向标(方位针)表示方向的。指向标(方位针)的箭头指示的方向是南北方向,与指向标(方位针)的箭头垂直的方向就是东西方向。

## 二、地图上的方向

为了满足使用地图的要求,规定在大于 1∶10 万的各种比例尺地形图上绘出三北方向和三个偏角的图形(见图 2-12)。它们不仅便于确定图形在图纸上的方位,同时不用于在实地使用罗盘标定地图的方位。

### (一)三北方向线

地图上的三北方向线是指真北方向线、坐标北方向线和磁北方向线。

(1)真北方向线。过地面上任意一点,指向北极的方向,叫真北。其方向线称真北方向线或真子午线,地形图上的东西内图廓线即真子午线,其北方方向代表真北。对一幅图而言,通常是把图幅的中央经线的北方方向作为该图幅的真北方向。

（2）坐标北方向线。图上方里网的纵线叫坐标纵线,它们平行于投影带的中央经线（投影带的平面直角坐标系的纵坐标轴）,纵坐标值递增的方向称为坐标北方向。大多数地图投影的坐标北和真北方向是不完全一致的。

（3）磁北方向线。实地上磁北针所指的方向叫磁北方向。它与指向北极的北方方向并不一致,磁偏角相等的各点连线就是磁子午线,它们收敛于地球的磁极。

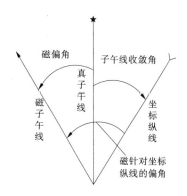

**图 2-12　三北方向和三个偏角**

### （二）三个偏角

由三北方向线彼此构成的夹角,称为偏角,分别叫子午线收敛角、磁偏角和磁针对坐标纵线的偏角。

（1）子午线收敛角。在高斯－克吕格投影中,除中央经线投影成直线外,其他所有的经线都投影成向极点收敛的弧线。因此除中央经线外,其他所有经线的投影同坐标纵线都有一个夹角（即过某点的经线弧的切线与坐标纵线的夹角）,这个夹角即子午线收敛角（见图 2-12）。可以用下式计算:

$$\gamma = \lambda\sin\varphi + \frac{\lambda^3}{3}\sin\varphi\cos^2\varphi(1 + 3\eta^2) + K \tag{2-2}$$

由式（2-2）可见,子午线收敛角随纬度的增高而增大,随着对投影带中央经线的经差增大而加大。在中央经线和赤道上都没有子午线收敛角。采用 6° 分带投影时子午线收敛角的最大值为 ±3°。

（2）磁偏角。地球上有北极和南极,同时还有磁北极和磁南极。地极和磁极是不一致的,而且磁极的位置不断有规律地移动。

过某点的磁子午线与真子午线之间的夹角称为磁偏角,磁性材料子午线在真子午线以东,称为东偏,角值为正;在真子午线以西,称为西偏,角值为负。在我国范围内,正常情况下磁偏角都是西偏,只有在某些发生磁力异常的区域才会表现为东偏。

（3）磁针对坐标纵线的偏角。过某点的磁子午线与坐标纵线之间的夹角称为磁针对坐标纵线的偏角。磁子午线在坐标纵线以东为东偏,角值为正,以西为西偏,角值为负。

$$磁偏角 = 子午线收敛角 + 磁偏角 \tag{2-3}$$

### （三）小比例尺地图的定位

我国的地形图都是以北方定向的。在一般情况下,小比例尺地图也尽可能地以北方定向（见图 2-13）,即使图幅的中央经线与南北轮廓垂直。但是,有时制图区域的情况比较特殊（例如我国的甘肃省）,用北方定向不利于有效地利用标准纸张和印刷机的版面,也可以考虑采用斜方位定向（见图 2-14）。

在极个别的情况下,为了更有利于表示地图的内容（例如鸟瞰的方法表达位于坡向面北的制图区域）,甚至也可以采用南方定向。

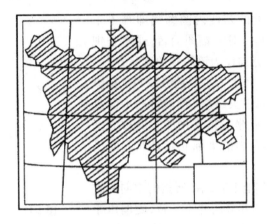

图 2-13　北方定向

图 2-14　斜方位定向

### 三、电子地图导航

导航是一个技术门类的总称,它是引导飞机、船舶、车辆以及个人(总称作运载体)安全、准确地沿着选定的路线,准时到达目的地的一种手段。地图含有空间位置地理坐标,能够与空间定位系统结合,在移动定位技术的支持下实现以提供导航服务为目的的电子地图系统,即电子地图导航。

电子导航地图是一套用于在 GPS 设备上的导航软件。主要是用于路径的规划和导航功能的实现。电子导航地图从组成形式上看,由道路、背景、注记和 POI 组成,当然还可以有很多的特色内容,比如 3D 路口实景放大图、三维建筑物等,都可以算作电子导航地图的特色部分。从功能表现上来看,电子导航地图需要有定位显示、索引、路径计算、引导的功能。

电子导航地图可以非常方便地对普通地图的内容进行任意形式的要素组合、拼接,形成新的地图。可以对电子导航地图进行任意比例尺、任意范围的绘图输出。非常容易进行修改,缩短成图时间。可以很方便地与卫星影像、航空照片等其他信息源结合,生成新的图种。可以利用数字地图记录的信息派生新的数据,如地图上等高线表示地貌形态,但非专业人员很难看懂,利用电子导航地图的等高线和高程点可以生成数字高程模型,将地表起伏以数字形式表现出来,可以直观立体地表现地貌形态。这是普通地形图不可能达到的表现效果。

电子地图导航主要为车辆、船舶等提供导航服务,其主要特征为:

(1)能实时准确地显示车辆位置,跟踪车辆行驶过程。

(2)数据库结构简单,拓扑关系明确,可以计算出发地和目的地间的最佳路径。

(3)软件运行速度快,空间数据处理与分析操作时间短。

(4)包含车辆导航所需的交通信息。

(5)信息查询灵活、方便。

### 四、地图在位置服务中的作用

关于位置服务的定义有很多。1994 年,美国学者 Schilit 首先提出了位置服务的三大目标:你在哪里(空间信息)、你和谁在一起(社会信息)、附近有什么资源(信息查询)。这也成为了 LBS 最基础的内容。2004 年,Reichenbacher 将用户使用 LBS 的服务归纳为五类:定位(个人位置定位)、导航(路径导航)、查询(查询某个人或某个对象)、识别(识别某个人或对象)、事件检查(当出现特殊情况时向相关机构发送带求救或查询的个人位置信息)。

基于位置的服务(LBS,location based services)是一种依赖于移动设备位置信息的服务,它通过空间定位系统确定移动设备的地理位置,并利用电子导航地图数据库和无线通信向用户提供所需要的基于这个位置的信息服务,是采用无线定位、GIS、Internet、无线通信、数据库等相关技术交叉融合的一种基于空间位置的移动信息服务。

位置服务可以被应用于不同的领域,例如健康、工作、个人生活等。此服务可以用来辨认一个人或物的位置,例如发现最近的取款机或朋友同事当前的位置,也能透过客户所在的位置提供直接的手机广告,并包括个人化的天气信息提供,甚至提供本地化的游戏。

当前,基于个人消费者需求的智能化,位置信息服务将伴随 GNSS 和无线上网技术的发展,需求呈大幅度增长趋势。位置服务(LBS)不但可以提升企业运营与服务水平,也为车载GNSS 的用户提供了更多样化的便捷服务。GNSS 用户从地址点导航到兴趣点服务,再到实时路况技术的应用,不仅可引导用户找到附近的产品和服务,并且可获得更高的便捷性和安全性。

## 单元五　地图投影及应用

### 一、地图投影的概念

#### (一)地图投影的科学内涵

地球椭球体面是一个不可展曲面,而地图是一个平面,因而把这样的一个球面展开为平面,就必然发生裂缝或重叠(见图 2-15(a))。为了消除裂缝或重叠,需要在裂缝的地方予以伸展,在重叠的地方予以压缩(图 2-15(b)),这样便使图形产生了变形(误差)。

解决上述问题的最好办法是在球状物(例如地球仪)上制作地图,若制作的是大比例尺地图,那就需要在地球的局部按比例缩小后的球面上进行,这样发生变化的只是尺寸(比例尺),而相对距离、角度、面积和方位角等要素均不会发生任何变化。

在平面上制作地图,必须把球面转换为平面。把球面转换为平面,可理解为将测图地区

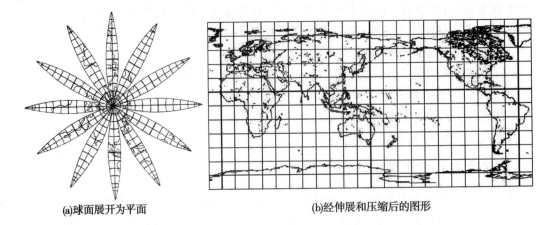

(a)球面展开为平面　　　　　　　　(b)经伸展和压缩后的图形

**图 2-15　地图投影原理示意图**

按一定比例缩小成一个地形模型,然后将其上的一些特征点,如测量控制点、地形点、地物点等用垂直投影的方法投影到图纸(平面)上(见图 2-16)。

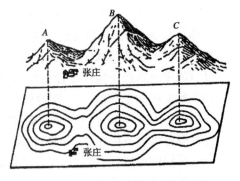

**图 2-16　垂直(正射)投影的概念**

地图投影就是研究把地球椭球体面上的经纬网按照一定的数学法则转绘到平面上的方法及其变形问题。地图投影的方法有几何法与解析法。

几何法是以平面、圆柱面、圆锥面为承影面,将曲面(地球椭球体面)转绘到平面(地图)上的一种古老方法,这种直观的透视投影方法有很大的局限性。多数情况下不可能用这种几何作图的方法来实现。目前,科学的方法是建立地球椭球面上的经纬网与平面上相应经纬线网之间的对应关系。

解析法的实质就是确定球面上的地理坐标$(\varphi,\lambda)$与平面上对应点直角坐标$(x,y)$之间的函数关系,这种关系可用式(2-4)表达如下:

$$\begin{cases} x = f_1(\varphi,\lambda) \\ y = f_2(\varphi,\lambda) \end{cases} \qquad (2-4)$$

式中,$f_1$、$f_2$是单值、连续、有限的函数,随其形式的不同,可以有各种不同类型和性质的地图投影。

**(二)地图投影的变形**

地图投影的变形有长度变形、面积变形、角度变形和形状变形。长度变形是指长度比$d$与 1 之差,而长度比是投影面上一微小线段和椭球体面上相应微小线段长度之比(椭球体已按规定比例缩小);面积变形是指面积比$p$与 1 之差,而面积比是投影面上一微小面积与椭球面上相应的微小面积之比;角度变形是指投影面上任意两方向线所夹之角与椭球面上相应的两方向线夹角之差;形状变形是指地图上轮廓形状与相应地面轮廓形状的不相类似。

了解变形的简易方法,就是利用地球仪上的经纬网与地图上经纬网进行对比。由于投影的变形,地图上的经纬网不一定能保持原来球面上的经纬网的形状和大小,甚至彼此之间有很大的差别。例如,图 2-17 中 A、B、C 三个图形,在球面上的形状和大小是完全相同的,但投影后可以看出它们之间明显的差异。经纬网的变化,使地图上所表示的地面事物的几何特性(长度、面积、角度、形状)也随着发生变形。将世界地图、半球地图和中国地图上经纬网与地球仪上经纬网进行对比,可以看出:每一幅地图都有不同程度的变形,即使在同一幅地图上,不同地区变形也不相同。

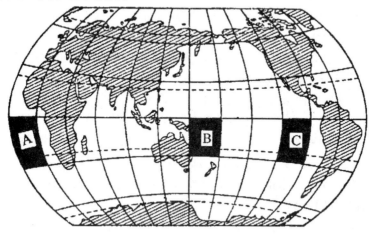

图 2-17　投影变形示例

地图投影中变形的性质和变形的程度,通常用变形椭圆的形状和大小表示,如图 2-18 所示。变形椭圆是指地球面上的微小圆,投影后为椭圆(特殊情况下为圆),这个椭圆可以用来表示投影的变形,故称为变形椭圆。在不同位置上的变形椭圆常有不同的形状和大小,说明了投影的变形情况。

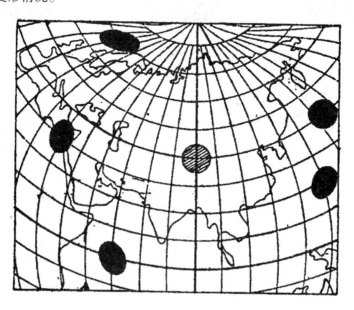

图 2-18　地球面上的微小圆投影后的变形情况

## 二、地图投影的分类

投影的种类很多,分类方法不尽相同,通常采用的分类方法有两种:一是按变形性质进行分类,二是按承影面不同(或正轴投影的经纬网形状)进行分类。

### (一)按变形性质分类

按地图投影的变形性质,地图投影一般分为等角投影、等(面)积投影和任意投影三种。

(1)等角投影。没有角度变形的投影叫等角投影。等角投影地图上两微分线段的夹角与地面上的相应两线段的夹角相等,能保持无限小图形的相似,但面积变化很大。要求角度正确的投影常采用此类投影。这类投影又叫正形投影。

(2)等积投影。是一种保持面积大小不变的投影,这种投影使梯形的经纬线网变成正方形、矩形、四边形等形状,虽然角度和形状变形较大,但都保持投影面积与实地相等,在该类型投影上便于进行面积的比较和量算。因此,自然地图和经济地图常用此类投影。

(3)任意投影。是指长度、面积和角度都存在变形的投影,但角度变形小于等积投影,面积变形小于等角投影。要求面积、角度变形都较小的地图,常采用任意投影。

### (二)按承影面不同分类

按承影面不同,地图投影分为圆柱投影、圆锥投影和方位投影(见图 2-19)等。

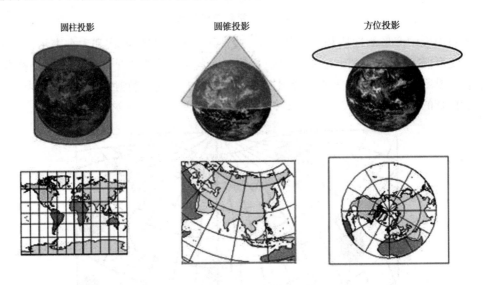

**图 2-19　方位投影、圆锥投影和圆柱投影示意图**

#### 1.圆柱投影

圆柱投影是以圆柱作为投影面,将经纬线投影到圆柱面上,然后将圆柱面切开展成平面。根据圆柱轴与地轴的位置关系,可分为正轴、横轴和斜轴三种不同的圆柱投影,圆柱面与地球椭球体面可以相切,也可以相割(见图 2-20(a))。其中,广泛使用的是正轴、横轴切或割圆柱投影。正轴圆柱投影中,经线表现为等间隔的平行直线(与经差相应),纬线为垂直于经线的另一组平行直线(见图 2-20(b))。

#### 2.圆锥投影

圆锥投影以圆锥面作为投影面,将圆锥面与地球相切或相割,将其经纬线投影到圆锥面

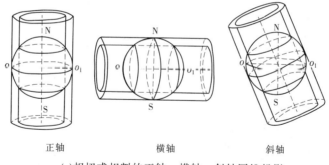

(a)相切或相割的正轴、横轴、斜轴圆锥投影

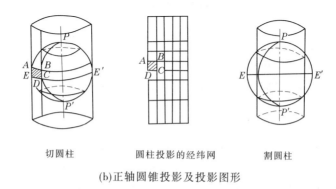

切圆柱　　　　圆柱投影的经纬网　　　　割圆柱

(b)正轴圆锥投影及投影图形

**图2-20　圆柱投影的类型及其投影图形**

上,然后把圆锥面展开成平面而成。这时圆锥面又有正位、横位及斜位几种不同位置的区别,制图中广泛采用正轴圆锥投影(见图2-21)。

在正轴圆锥投影中,纬线为同心圆圆弧,经线为相交于一点的直线束,经线间的夹角与经差成正比。

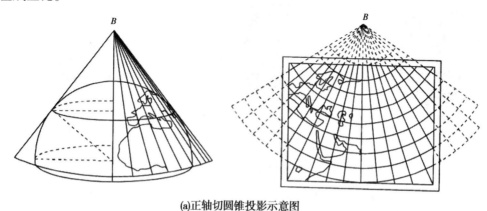

(a)正轴切圆锥投影示意图

**图2-21　正轴圆锥投影原理及投影后的经纬网图形**

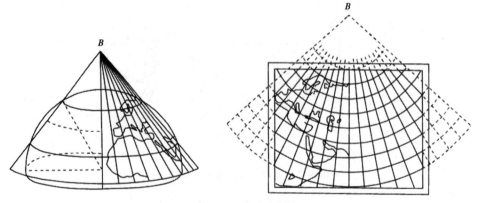

(b)正轴割圆锥投影示意图

续图 2-21

在正轴切圆锥投影中,切线无变形,相切的那一条纬线称为标准纬线,或称为单标准纬线(见图 2-21(a));在割圆锥投影中,割线无变形,两条相割的纬线叫双标准纬线(见图 2-21(b))。

3. 方位投影

方位投影是以平面作为承影面进行地图投影。承影面(平面)可以与地球相切或相割,将经纬线网投影到平面上而成(多使用切平面的方法)。同时,根据承影面与椭球体间位置关系的不同,又有正轴方位投影(切点在北极或南极)、横轴方位投影(切点在赤道)和斜轴方位投影(切点在赤道和两极之间的任意一点上)之分。

上述三种方位投影,都又有等角与等积等几种投影性质之分。图 2-22 是正轴、横轴和斜轴三种投影的例子,其中正轴方位投影(左图)的经线表现为自圆心辐射的直线,其交角即经差,纬线表现为一组同心圆。

(a)正轴方位投影　　　　　(b)横轴方位投影　　　　　(c)斜轴方位投影

图 2-22　方位投影及投影后的经纬网图形

此外,尚有多方位、多圆锥、多圆柱投影和伪方位、伪圆锥、伪圆柱等许多类型的投影,限于篇幅,这里仅介绍多圆锥投影。

多圆锥投影是假设有许多圆锥,按预定间隔套在椭球体上,然后将球面上的经纬网投影到各圆锥体面上,再沿某一经线将各圆锥切开、展平,即得到多圆锥投影(见图 2-23)。

多圆锥投影的特性表现在:赤道和中央经线为互相正交的直线,纬线为同轴圆圆弧各圆心位于中央经线上,经线为凹向对称于中央经线的曲线。

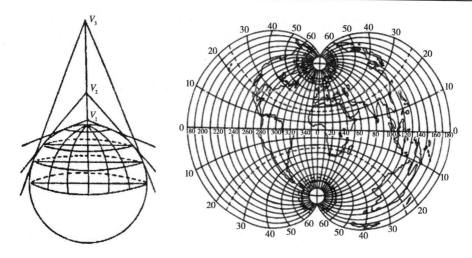

**图 2-23　多圆锥投影原理及投影图形**

### 三、地图投影的辨认和选择

地图投影是将地球椭球面上的景物,科学、准确地转绘到平面图纸上的控制骨架和定位依据。在编制地图过程中,对新编地图投影的选择与设计至关重要,它将直接影响地图的精度和使用价值。

#### (一)地图投影的辨认

地图投影是地图的数学基础,它直接影响地图的使用,如果在使用地图时不了解投影的特性,往往会得出错误的结论。例如,在小比例尺等角或等积投影图上算距离,在等角投影图上对比不同地区的面积以及在等积投影图上观察各地区的形状特征等都会得出错误结论。

目前,国内外出版的地图,大部分都注明投影的名称。有的还附有有关投影的资料,这对于使用地图当然是很方便的。但是也有一些地图没注明投影的名称和有关说明,因此需要运用有关地图投影的知识来判别投影。

地图投影的辨认,主要是对小比例尺地图而言,大比例尺地图往往是属于国家地形图系列,投影资料一般易于查知。另外,由于大比例尺地图包括的地区范围小,不管采用什么投影,变形都是很小的,使用时可忽略不计。

**1.根据地图上经纬线的形状确定投影类型**

首先对地图经纬线网做一般观察,应用所学过的各类投影的特点确定其投影是属于哪一类型,如是方位、圆柱、圆锥还是伪圆锥、伪圆柱投影等。判别经纬线形状的方法如下:

直线只要用直尺比量便可确认,判断曲线是否为圆弧可将透明纸覆盖在曲线之上,在透明纸上沿曲线按一定间隔定出三个以上的点,然后沿曲线移动透明纸,使这些点位于曲线的不同位置,如这些点处处都与曲线吻合,则证明曲线是圆弧,否则就是其他曲线。判别同心圆弧与同轴圆弧,则可以量测相邻圆弧间的垂线距离,若处处相等则为同心圆弧,否则是同轴圆弧。正轴投影是最容易判断的,如纬线是同心圆,经线是交于同心圆的直线束,肯定是方位投影;如果经纬线都是平行直线,则是圆柱投影;若纬线是同心圆弧,经线是放射状直线,则是圆锥投影。

2. 根据图上量测的经纬线长度的数值确定其变形性质

当已确定投影的种类后,为了进一步判定投影性质,量测和分析纬线间距的变化就能判定出投影的性质。

如确定为圆锥投影,那么只需量出一条经线上纬线间隔从投影中心向南北方向的变化就可以判别变形性质,如果相等,则为等距投影;逐渐扩大为等角投影,逐渐缩短为等积投影。如果中间缩小而南北两边变大的为等角割圆锥投影;中间变大而两边逐渐变小为等积割圆锥投影。有些投影的变化性质从经纬线网形状上分析就能看出,例如,经纬线不成直角相交,肯定不会是等角性质;在同一条纬度带内,经差相同的各个梯形面积,如果差别较大当然不可能是等积投影;在一条直经线上检查相同纬差的各段经线长度若不相等,肯定不是等距投影。当然这只是问题的一个方面,同时还必须考虑其他条件。如等角投影经纬线一定是正交的,但经纬线正交的投影不一定都是等角的。因此,要把判别经纬网形状和必要的量算工作结合起来。熟悉常用地图投影的经纬线形状特征,掌握这些资料,将大大的有助于辨认各种投影。

**(二)地图投影的选择依据**

1. 制图区域的地理位置、形状和范围

(1)制图区域的地理位置决定投影种类。例如,制图区域在极地位置,应选择正轴方位投影;制图区域在赤道附近,应选择横轴方位投影或正轴圆柱投影。

(2)制图区域的形状直接制约投影选择。如同是低纬赤道附近,如果是沿赤道方向呈东西延伸的长条形区域,则应选择正轴圆柱投影;如果是呈东西、南北方向长宽相差无几的圆形区域,则以选择横轴方位投影为宜。

(3)制图区域的范围大小影响投影选择。当制图区域的范围不太大时,无论选择什么投影,制图区域范围内各处变形差异都不会太大。而对于制图区域广大的大国地图、大洲地图、世界图等,则需要慎重地选择投影。

2. 制图比例尺

不同比例尺地图对精度要求不同,投影选择亦不同。大比例尺地形图对精度要求高,宜采用变形小的投影,如分带投影。中、小比例尺地图范围大,概括程度高,定位精度低,可有等角投影、等积投影、任意投影的多种选择。

3. 地图的内容

在同一个制图区域,因地图所表现的主题和内容不同,因而其地图投影的选择也应有所不同。例如,交通图、航海图。军用地形图等要求方向正确的地图,应选择等角投影;而自然地图和社会经济地图中的分布图、类型图等则要求面积对比正确,应选择等积投影;教学或一般参考图,要求各方面变形都不大,则应选择任意投影。

4. 出版方式

地图出版方式上,有单幅图、系列图和地图集之分。不同的出版方式应在选择投影方式上有所不同。

## 四、我国基本比例尺地形图投影

我国基本比例尺地形图主要包括1∶500、1∶1 000、1∶2 000、1∶5 000、1∶1万、1∶2.5万、1∶5万、1∶10万、1∶25万、1∶50万、1∶100万等11种。采用的投影,除1∶100万比例尺地形图

采用国际投影和正轴等角割圆锥投影外,其余全部采用高斯－克吕格投影。

**(一)1∶100 万地形图投影**

我国1∶100 万地形图,20 世纪70 年代以前一直采用国际百万分之一投影,现改用正轴等角割圆锥投影。正轴等角割圆锥投影是按纬差4°分带,各带投影的边纬与中纬变形绝对值相等,每带有两条标准纬线。长度与面积变形的规律是:在两条标准纬线($\varphi_1,\varphi_2$)上无变形;在两条标准纬线之间为负(投影后缩小);在标准纬线之外为正(投影后增大),如图 2-24 所示。

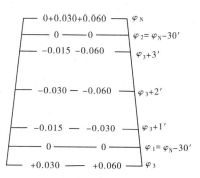

图 2-24　我国1∶100 万地形图正轴等角割圆锥投影的变形

**(二)1∶50 万～1∶500 地形图投影**

我国1∶50 万和更大比例尺地形图,规定统一采用高斯－克吕格投影。

**1. 高斯－克吕格投影的基本概念**

此投影是横轴等角切椭圆柱投影。其原理是:假设用一空心椭圆柱横套在地球椭球体上,使椭圆柱轴通过地心,椭圆柱面与椭圆体面某一经线相切;然后,用解析法使地球椭球体面上经纬网保持角度相等的关系,并投影到椭圆柱面上(见图 2-25(a));最后,将椭圆柱面切开展成平面,就得到投影后的图形(见图 2-25(b))。此投影因是德国数学家高斯(Gauss)首创,后经克吕格(Kruger)补充,故名高斯－克吕格投影(Gauss-Kruger Projection)或简称高斯投影。

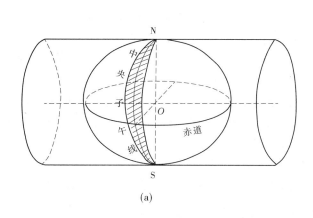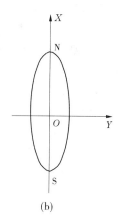

(a)　　　　　　　(b)

图 2-25　高斯－克吕格投影的几何概念

**2. 分带规定**

为了控制变形,采用分带投影的办法,规定1∶2.5 万～1∶50 万地形图采用6°分带;1∶1万及更大比例尺地形图采用3°分带,以保证必要的精度。

(1)6°分带法。从格林尼治0°经线起,自西向东按经差每6°为一投影带,全球共分为60 个投影带(见图 2-26),我国位于东经73°～135°,共包括11 个投影带,即13～23 带,各带的中央经线分别为75°,81°,…,135°。

(2)3°分带法。从东经1°30′算起,自西向东按经差每3°为一投影带,全球共分为120 个投影带,我国位于24～46 带,各带的中央经线分别为72°,75°,78°,…,135°。

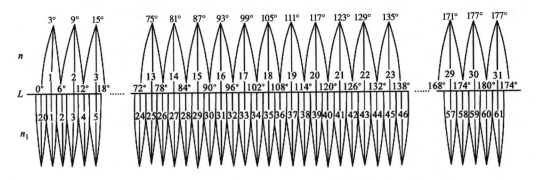

图 2-26　高斯 – 克吕格投影分带示意图

**3. 坐标网的规定**

为了制作和使用地图的方便,高斯 – 克吕格投影的地图上绘有两种坐标网——地理坐标网和直角坐标网。

**1)地理坐标网(经纬网)**

规定 1:1 万 ~1:10 万比例尺的地形图上,经纬线只以图廓的形式表现,经纬度数值注记在内图廓的四角,在内外图廓间,绘有黑白相间或仅用短线表示经差、纬差的分度带,需要时将对应点相连接,就可以构成很密的经纬网。

在 1:20 万 ~1:100 万地形图上,直接绘出经纬网,有时还绘有供加密经纬网的加密分割线。纬度注记在东西内外图廓间,经度注记在南北内外图廓间。

**2)直角坐标网(方里网)**

直角坐标网是以每一投影带的中央经线作为纵轴($X$ 轴),赤道作为横轴($Y$ 轴)。纵坐标以赤道为 0 起算,赤道以北为正,以南为负。我国位于北半球,纵坐标都是正值。横坐标本应以中央经线为 0 起算,以东为正,以西为负,但因坐标值有正有负,不便于使用,所以又规定凡横坐标值均加 500 km 即等于将纵坐标轴向西移 500 km。横坐标从此纵轴起算,则都成了正值。然后,以千米为单位,按相等的间距作平行于纵、横轴的若干直线,便构成了图面上的平面直角坐标网,又叫方里网(见图 2-27(a))。纵坐标注记在左右内外图廓间,由南向北增加;横坐标注记在上下内外图廓间,由西向东增加。靠近地图四角注有全部坐标值。横坐标前两位为带号,其余只注最后两位千米数(见图 2-27(b))。

我国规定在 1:1 万 ~1:10 万地形图上必须绘出方里网,其方里网密度见表 2-4。

表 2-4　方里网密度

| 比例尺 | 1:1 万 | 1:2.5 万 | 1:5 万 | 1:10 万 |
|---|---|---|---|---|
| 图上距离(cm) | 10 | 4 | 2 | 2 |
| 实地距离(km) | 1 | 1 | 1 | 2 |

**3)邻带补充坐标网**

由于高斯 – 克吕格投影的各带坐标系间是互相独立的,各带的坐标经线向该投影带的中央经线收敛,它和坐标纵线有一定的夹角(见图 2-25(a)),所以相邻两带的图幅拼接时,直角坐标网就形成了折角(见图 2-28(a)),这就给拼接使用地图带来了很大困难。为了解决相邻图幅拼接使用的困难,规定在一定的范围内,把邻带的坐标延伸到本带的图幅上,这

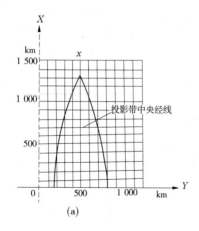

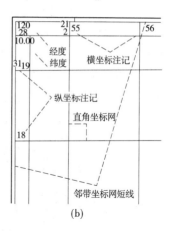

**图 2-27  高斯平面直角坐标系和坐标数字注记**

就使一些图幅上有两个方里网系统,一个是本带的,另一个是邻带的(见图 2-28(b))。为了区别,图廓内绘本带方里网,图廓外绘邻带方里网的一小段,相邻两图幅拼接时,可将邻带方里网连绘出来。这样,相邻图幅就具有统一的直角坐标系统。

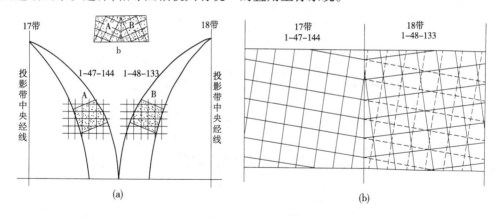

**图 2-28  相邻两带图幅的拼接和连绘出的邻带方里网**

高斯-克吕格投影适用于纬度较高的国家,在低纬度和中纬度的地区,其误差就显得大了一些,所以目前很多国家采用与其相近的通用横轴墨卡托投影。

## 五、世界地图常用投影

目前用于编制世界地图的投影,从大类看主要有多圆锥投影、圆柱投影和伪圆柱投影。我国用于编制世界地图的投影有等差分纬线多圆锥投影和正切分纬线多圆锥投影。欧美一些国家及日本主要采用摩尔威特投影。另外,还有各国用于编制世界海图的墨卡托投影。

### (一)等差分纬线多圆锥投影

该投影是中国地图出版社于 1963 年设计的一种任意性质的、不等分纬线的多圆锥投影。赤道和中央经线投影后是互相垂直的直线,其他纬线为对称于赤道的同轴圆弧,其圆心均在中央经线的延长线上,其他经线为对称于中央经线的曲线,其经线间隔随离中央经线距离的增加而按等差级数递减;极点投影成圆弧,其长度为赤道的 1/2。该投影是属于面积变形不大的任意投影,从整体构图上有较好的球形感。陆地部分变形分布比较均匀,其轮廓形

状比较接近真实,并配置在较为适中的位置,完整地表现了太平洋及沿岸国家,突出了我国与太平洋各国之间的联系。中央经线和 +44°纬线的交点处没有角度变形,我国境内绝大部分地区的角度变形在10°以内,只有少数地区可达13°左右(见图2-29(a))。面积比等于1的等变形线自西向东贯穿我国中部,我国境内绝大部分地区的面积变形在10%以内(见图2-29(b))。多年来,我国利用此投影编制出版了多种世界政区图和其他类型的世界地图。

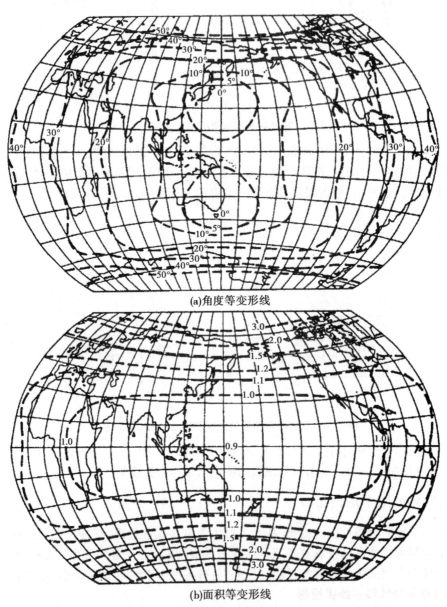

(a)角度等变形线

(b)面积等变形线

图 2-29　等差分纬线多圆锥投影的等变形线

　　1976 年中国地图出版社又设计出了一种投影,它是一种任意性质、不等分纬线的多圆锥投影,称为正切差分纬线多圆锥投影。总体来看,世界的大陆轮廓形状无明显变形。我国的图形形状比较正确,中国地图出版社于 1981 年出版的 1∶1 400 万世界地图,使用的就是该投影。

### （二）正轴等角圆柱投影

正轴等角圆柱投影又称墨卡托（Mercator）投影。它是由墨卡托在1569年专门为航海目的而设计的，故命名为墨卡托投影。它的设计思想是令一个与地轴方向一致的圆柱相切于或割于地球，将球面上的经纬网按等角条件投影于圆柱表面上，然后将圆柱面沿某一条经线剪开展开成平面，即得墨卡托投影（见图2-30（a））。该投影的经纬线是互相垂直的平行直线，经线间隔相等，纬线间隔由赤道向两极逐渐扩大。图上任取一点，由该点向各方向长度比皆相等（见图2-30（b））。在正轴等角切圆柱投影中，赤道为没有变形的线，随纬度增高面积变形增大。在正轴等角割圆柱投影中，两条割线为没有变形的线，在两条标准纬线之间变形为负值，离标准纬线愈远变形愈大，赤道上负向变形最大，两条标准纬线以外呈正变形，同样离标准纬线愈远变形愈大，到极点为无限大。

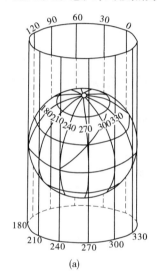
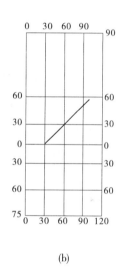

**图2-30　正轴等角切圆柱投影**

墨卡托投影的最大特点是：在该投影图上，不仅保持了方向和相对位置的正确，而且能使等角航线表示为直线，因此对航海、航空具有重要的实际应用价值。只要在图上将航行的两点间连一直线，并量好该直线与经线的夹角，一直保持这个角度即可到达终点。

### （三）桑逊投影

桑逊投影是将纬线设计成间隔相等的平行直线，经线设计成对称于中央经线的正弦曲线，具有等积性质的伪圆柱投影（见图2-31）。此投影最早用于编制世界地图，但更适合编制位于赤道附近南北延伸的地图，例如非洲地图、南美洲地图等。

### （四）摩尔威特投影

摩尔威特投影是一种等积性质的伪圆柱投影，由德国摩尔威特（K B Monweide）于1805年设计而得名。摩尔威特投影用于编制世界地图或东西半球图（见图2-32）。

### （五）古德投影

由于伪圆柱投影都存在远离中央经线变形增大的缺陷，为了使投影后的变形减小，并且使各部分变形分布相对均匀，美国古德（J R Goode）于1923年提出了一种分瓣伪圆柱投影

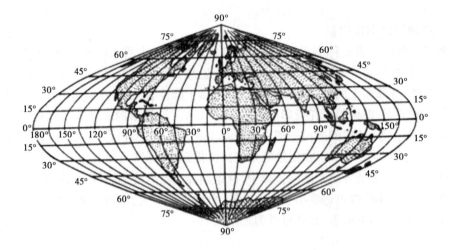

图 2-31　桑逊投影(等积伪圆柱投影)

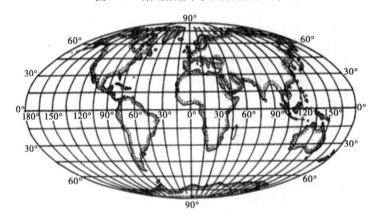

图 2-32　摩尔威特投影

方法来绘制世界地图(见图 2-33)。如果以表现大洋为主的世界地图,则要求各大洋部分保持完整,而将大陆割裂开来。

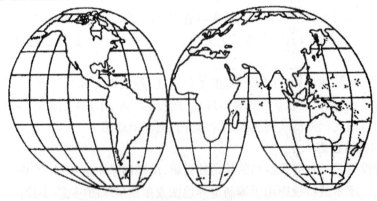

图 2-33　古德投影(分瓣伪圆柱投影)

（六）摩尔威特－古德投影

古德除了将某一种伪圆柱投影进行分瓣,还采用了桑逊投影和摩尔威特投影结合在一起的分瓣方法,在国外(美、日)出版的世界地图集中的世界地图经常采用这种投影(见图2-34)。

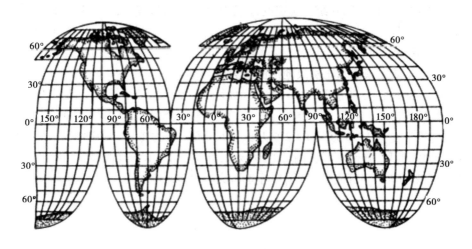

图 2-34　摩尔威特－古德投影

### 六、我国全图常用投影

我国全图常用的地图投影有斜轴等积方位投影、斜轴等角割方位投影和斜轴等距方位投影等。根据它们的投影特征及其变形规律,分别用于编制不同内容的地图。

**(一)正轴等面积割圆锥投影**

该投影无面积变形,常用于行政区划图及其他要求无面积变形的地图,如土地利用图、土地资源图、土壤图、森林分布图等。中国地图出版社出版的我国全国和各省、自治区或大区的行政区划图,都采用这种投影。

**(二)正轴等角割圆锥投影**

该投影保持了角度无变形的特性,常用于我国的地势图与各种气象、气候图,以及各省、自治区或大区的地势图。

**(三)斜轴等面积方位投影**

我国编制的将南海诸岛包括在内的中国全图以及亚洲图或半球图,常采用该投影。

## 单元六　地图分幅与编号

为了不遗漏、不重复地测绘各地区的地形图,也为了能科学地管理、使用大量的各种比例尺地形图,必须将不同比例尺的地形图按照国家统一规定进行分幅和编号。

所谓地图分幅和编号,就是以经纬线(或坐标格网线)按规定的方法,将地球表面划分成整齐的、大小一致的、一系列梯形(矩形或正方形)的图块,每一图块称为一个图幅,并给予统一的编号。地形图的分幅分为两类:一类是按经纬线分幅的梯形分幅法,也称国际分幅法;另一类是按坐标格网分幅的矩形分幅法。前者用于中、小比例尺的国家基本图分幅,后者用于城市大比例尺图的分幅。

## 一、梯形图幅分幅与编号

地形图的梯形分幅由国际统一规定的经线为图的东西边界,统一规定的纬线为南北边界。由于各条经线(子午线)向南、北极收敛,所以整个图形略呈梯形。其划分方法和编号,随比例尺的不同而不同。

### (一) 1991 年前国家基本比例尺地形图的分幅与编号

图 2-35 是我国 1991 年前的基本比例尺地形图分幅与编号系统。它是以 1∶100 万地形图为基础,延伸出 1∶50 万、1∶25 万、1∶10 万三种比例尺;在 1∶10 万地形图基础上又延伸出两支:第一支为 1∶5 万及 1∶2.5 万比例尺;第二支为 1∶1 万比例尺。1∶100 万地形图采用行列式编号,其他六种比例尺的地形图,都是在 1∶100 万地形图的图号后面,增加一个或数个自然序数(字符或数字)编号标志而成(见图 2-35)。

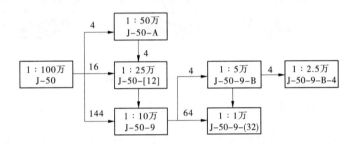

**图 2-35　我国基本比例尺地形图的分幅与编号系统**

#### 1.1∶100 万地形图的分幅和编号

1∶100 万地形图的分幅和编号是国际上统一规定的,从赤道起向两极纬差每 4° 为一列,将南北半球分别分成 22 列,依次以拉丁字母 A,B,C,D,…,V 表示,为区别南、北半球,在列号前分别冠以 n 和 s,我国领土处于北半球,故图号前的 n 均可省略;由经度 180° 起,从西向东,每经差 6° 为一行,将全球分成 60 行,依次用阿拉伯数字 1,2,3,4,…,60 表示(见图 2-36),采用"横列号-行号"编号法。

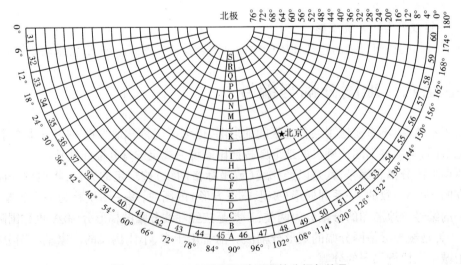

**图 2-36　1∶100 万比例尺地形图的分幅与编号**

我国领域内的 1∶100 万地形图,共计 77 幅。以北京所在的 1∶100 万地形图编号为例,标准写法写为"J-50"。

2. 1∶50 万、1∶25 万、1∶10 万地形图的分幅与编号

这三种比例尺地形图的编号都是在 1∶100 万地形图的图号后分别加上各自的代号所成,如图 2-37 所示。覆盖全国的这三种比例尺地形图图幅分别为 257 幅、819 幅、7 176 幅,并已全部测绘成图。

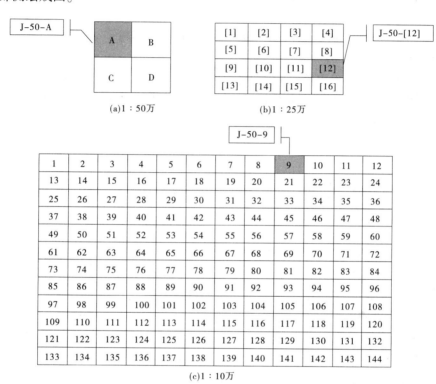

(a)1∶50万　　　(b)1∶25万

(c)1∶10万

**图 2-37　1∶50 万、1∶25 万、1∶10 万地形图的分幅与编号**

每幅 1∶100 万地图分为 2 行 2 列,共 4 幅 1∶50 万地形图,分别以 A、B、C、D 表示,图 2-37(a)图中 1∶50 万地形图编号的标准写法为 J-50-A。

每幅 1∶100 万地图分为 4 行 4 列,共 16 幅 1∶25 万地形图,分别以[1],[2],…,[16]表示,图 2-37(b)图中 1∶25 万地形图编号的标准写法为 J-50-[12]。

每幅 1∶100 万地图分为 12 行 12 列,共 144 幅 1∶10 万地形图,分别用 1,2,3,…,144 表示,图 2-37(c)图中 1∶10 万地形图编号的标准写法为 J-50-9。

每幅 1∶50 万地形图包括 4 幅 1∶25 万地形图、36 幅 1∶10 万地形图;每幅 1∶25 万地形图包括 9 幅 1∶10 万地形图,但它们的图号间没有直接的联系。

3. 1∶5 万和 1∶2.5 万地形图的分幅与编号

这两种地形图的图号是在 1∶10 万地形图图号的基础上延伸出来的。

每幅 1∶10 万地形图分为 4 幅 1∶5 万地形图,分别以 A、B、C、D 表示,其图号是在 1∶10万地形图图号后加上各自的数字代号而成,标准写法为 J-50-9-B,如图 2-38 所示。

每幅 1∶5 万地形图分为 4 幅 1∶2.5 万地形图,分别以 1、2、3、4 表示,其编号是在 1∶5

万地形图图号后面再加上1∶2.5万地形图的数字代码而成,标准写法为 J-50-9-B-4,如图 2-38 所示。

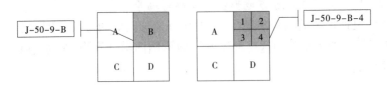

**图 2-38  1∶5万、1∶2.5万地形图分幅与编号**

4.1∶1万地形图的分幅与编号

每幅1∶10万地形图分为8行8列,共计64幅1∶1万地形图,分别以(1),(2),(3),…,(64)表示,其编号是在1∶10万地形图图号后加上各自的代号而成,图 2-39 中1∶1万地形图编号的标准写法为 J-50-9-(32)。

| J-50-9-(32) | | | | | | | |
|------|------|------|------|------|------|------|------|
| (1) | (2) | (3) | (4) | (5) | (6) | (7) | (8) |
| (9) | (10) | (11) | (12) | (13) | (14) | (15) | (16) |
| (17) | (18) | (19) | (20) | (21) | (22) | (23) | (24) |
| (25) | (26) | (27) | (28) | (29) | (30) | (31) | (32) |
| (33) | (34) | (35) | (36) | (37) | (38) | (39) | (40) |
| (41) | (42) | (43) | (44) | (45) | (46) | (47) | (48) |
| (49) | (50) | (51) | (52) | (53) | (54) | (55) | (56) |
| (57) | (58) | (59) | (60) | (61) | (62) | (63) | (64) |

**图 2-39  1∶1万地形图的分幅与编号**

在 1991 年前的地形图分幅与编号方法制定时,1∶5 000 地形图还没有列入国家基本比例尺地形图,所以没有按旧方法划分的 1∶5 000 比例尺地形图的分幅与编号。

**(二) 新的国家基本比例尺地形图分幅与编号**

为了便于计算机检索和管理,1992 年国家标准局发布了《国家基本比例尺地形图分幅和编号》(GB/T 13989—92),自 1993 年 7 月 1 日起实施。

**1.新的分幅与编号的特点**

新的分幅与编号标准与 1991 年前的分幅与编号相比具有以下不同的特点:

(1)1∶5 000 地形图被列入国家基本比例尺地形图系列,扩大了原先分幅与编号范围。

(2)分幅虽仍以 1∶100 万地形图为基础,经纬差亦没有改变,但划分方法却不同,即全部由 1∶100 万地形图逐次加密划分而成;此外,由旧的纵行、横列改成了现在的横行、纵列。

(3)编号仍以 1∶100 万地形图编号为基础,由下列相应比例尺的行、列代码所构成,并增加了比例尺代码(见表 2-5),因此所有 1∶5 000~1∶50 万地形图的图号均由五个元素 10 位码组成。编码系列统一为一个根部,编码长度相同,方便于计算机处理。

表 2-5 各种比例尺的代码

| 比例尺 | 1∶50 万 | 1∶25 万 | 1∶10 万 | 1∶5 万 | 1∶2.5 万 | 1∶1 万 | 1∶5 000 |
|---|---|---|---|---|---|---|---|
| 代码 | B | C | D | E | F | G | H |

**2.新分幅方法**

我国基本比例尺地形图分幅与编号新方法均以 1∶100 万地形图为基础,按规定的经差和纬差划分图幅(见表 2-6)。

表 2-6 各种比例尺地形图梯形分幅

| 比例尺 | 图幅大小 | | 比例尺代号 | 1∶100 万图幅包含该比例尺地形图的图幅数(行数×列数) | 某地图图号 |
|---|---|---|---|---|---|
| | 经差 | 纬差 | | | |
| 1∶50 万 | 3° | 2° | B | 2×2=4 幅 | K51 B 002002 |
| 1∶25 万 | 1°30′ | 1° | C | 4×4=16 幅 | K51 C 004004 |
| 1∶10 万 | 30′ | 20′ | D | 12×12=144 幅 | K51 D 012010 |
| 1∶5 万 | 15′ | 10′ | E | 24×24=576 幅 | K51 E 020020 |
| 1∶2.5 | 7.5′ | 5′ | F | 48×48=2 304 幅 | K51 F 047039 |
| 1∶1 万 | 3′45″ | 2′30″ | G | 96×96=9 216 幅 | K51 G 094079 |
| 1∶5 000 | 1′52.5″ | 1′15″ | H | 192×192=36 864 幅 | K51 H 187157 |

1∶100 万地形图的分幅按照国际 1∶100 万地图分幅的标准进行,每幅 1∶100 万地形图的标准分幅是经差 6°、纬差 4°(纬度 60°~76° 为经差 12°、纬差 4°,纬度 76°~88° 为经差 24°、纬差 4°)。

每幅 1∶100 万地形图分为 2 行 2 列,共 4 幅 1∶50 万地形图,每幅 1∶50 万地形图的分幅为经差 3°、纬差 2°。

每幅 1∶100 万地形图划分为 4 行 4 列,共 16 幅 1∶25 万地形图,每幅 1∶25 万地形图的分幅为经差 1°30′、纬差 1°。

每幅 1∶100 万地形图划分为 12 行 12 列,共 144 幅 1∶10 万地形图,每幅 1∶10 万地形图的分幅为经差 30′、纬差 20′。

每幅 1∶100 万地形图划分为 24 行 24 列,共 576 幅 1∶5 万地形图,每幅 1∶5 万地形图的分幅为经差 15′、纬差 10′。

每幅 1∶100 万地形图划分为 48 行 48 列,共 2 304 幅 1∶2.5 万地形图,每幅 1∶2.5 万地形图的分幅为经差 7″30″、纬差 5′。

每幅 1∶100 万地形图划分为 96 行 96 列,共 9 216 幅 1∶1 万地形图,每幅 1∶1 万地形图分幅为经差 3′45″、纬差 2′30″。

每幅 1∶100 万地形图划分为 192 行 192 列,共 36 864 幅 1∶5 000 地形图,每幅 1∶5 000地形图的分幅为经差 1′52.5″、纬差 1′15″。

3.新编号原则

1)1∶100万地形图的编号

与1991年前编号方法基本相同,只是行和列的称呼相反。1∶100万地形图的图号是由该图所在的行号(字符码)与列号(数字码)组合而成的,如北京所在的1∶100万地形图图号的标准写法为J50。

2)1∶50万~1∶5 000地形图的编号

1∶50万~1∶5 000比例尺地形图的图号均由五个元素10位码构成(见图2-40)。

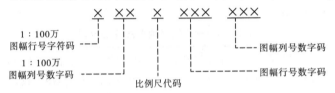

图2-40　1∶50万~1∶5 000地形图图号的构成

1∶50万~1∶5 000地形图的编号均以1∶100万地形图编号为基础,采用行列编号方法。即将1∶100万地形图按所含各比例尺地形图的经差和纬差划分成若干行和列,横行从上到下、纵列从左到右按顺序分别用阿拉伯数字(数字码)编号。表示图幅编号的行、列代码均采用三位数字表示,不足三位时前面补0,取行号在前、列号在后的排列形式标记,加在1∶100万图幅的图号之后。

4.新编号方法

1)图解编号方法

把图号为J50的百万分之一地形图划分为4行4列,得到1∶25万地形图共计16幅,某一幅位于第3行、第2列,那么该图幅的图号为J50C003002(见图2-41)。

| 列号<br>行号 | 1 | J50C003002<br>2 | 3 | 4 |
|---|---|---|---|---|
| 1 | | | | |
| 2 | | | | |
| 3 | | | | |
| 4 | | | | |

图2-41　1∶25万比例尺地形图的分幅编号方法

把图号为J50的百万分之一地形图划分为12行12列,得到1∶10万地形图共计144幅,如果某一幅该比例尺地形图位于第11行、第10列,那么该图幅的图号标准写法为J50D011010,如图2-42所示。

同样把图号为J50的百万分之一地形图划分为192行、192列,得到1∶5 000地形图共计36 864幅,位于第188行、51列的1∶5 000地形图的编号为J50H88051。

2)公式计算编号的方法

A.已知某点的经纬度或图幅西南图廓点的经纬度

【例2-1】　某点的经度为114°33′44″,纬度为39°22′30″,计算所在图幅的编号。

求解过程:

第一步,利用下列公式计算其所在1∶100万的图幅编号。

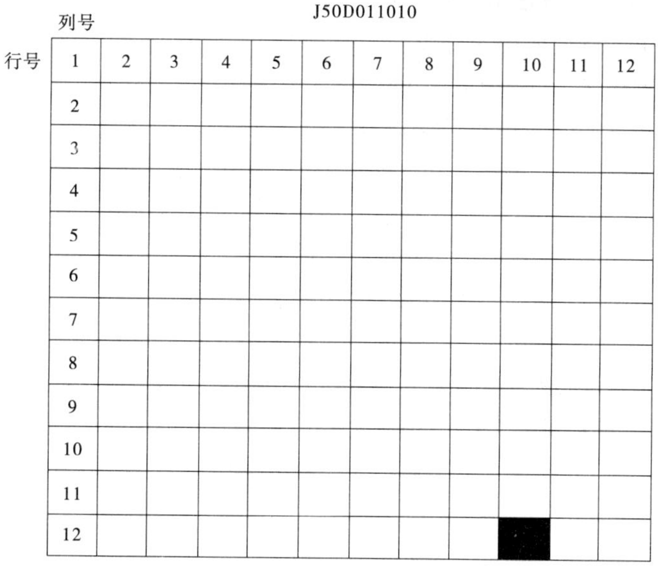

J50D011010

| 行号 \ 列号 | 1 | 2 | 3 | 4 | 5 | 6 | 7 | 8 | 9 | 10 | 11 | 12 |
|---|---|---|---|---|---|---|---|---|---|---|---|---|
| 2 | | | | | | | | | | | | |
| 3 | | | | | | | | | | | | |
| 4 | | | | | | | | | | | | |
| 5 | | | | | | | | | | | | |
| 6 | | | | | | | | | | | | |
| 7 | | | | | | | | | | | | |
| 8 | | | | | | | | | | | | |
| 9 | | | | | | | | | | | | |
| 10 | | | | | | | | | | | | |
| 11 | | | | | | | | | | | | |
| 12 | | | | | | | | | | ■ | | |

图 2-42　1：10 万比例尺地形图的分幅编号方法

$$
\begin{cases}
a = \left[\dfrac{\varphi}{4°}\right] + 1 \\[2mm]
b = \left[\dfrac{\lambda}{6°} + 31\right]
\end{cases}
\tag{2-5}
$$

式中　[ ]——分数取整数；

　　　$a$——1：100 万图幅所在纬度带的字符码；

　　　$b$——1：100 万图幅所在经度带的数字码；

　　　$\lambda$——某点的经度或图幅西南图廓点的经度；

　　　$\varphi$——某点的纬度或圈幅西南图廓点的纬度。

将该点的经纬度坐标值代入式(2-5)，则有

$$
\begin{cases}
a = \left[\dfrac{39°}{4°}\right] + 1 = 10 \\[2mm]
b = \left[\dfrac{114°}{6°} + 31\right] = 50
\end{cases}
$$

该点所在的 1：100 万图幅的图号为 J50。

第二步，利用下式计算所求比例尺地形图在 1：100 万图号后的行、列编号。

$$
\begin{cases}
c = \left[\dfrac{4°}{\Delta\varphi}\right] - \left[\left(\dfrac{\varphi}{4°}\right)\right] \div \Delta\varphi \\[2mm]
d = \left[\left(\dfrac{\lambda}{6°}\right) \div \Delta\lambda\right] + 1
\end{cases}
\tag{2-6}
$$

式中　[ ]——分数取整数；

　　　$c$——所求比例尺地形图在 1：100 万地形图编号后的行号；

　　　$d$——所求比例尺地形图在 1：100 万地形图编号后的列号；

　　　$\lambda$——某点的经度或图幅西南图廓点的经度；

$\varphi$ ——某点的纬度或图幅西南图廓点的纬度；

$\Delta\lambda$ ——所求比例尺地形图分幅的经差；

$\Delta\varphi$ ——所求比例尺地形图分幅的纬差。

(1)该点所在的 1 : 25 万地形图的编号。

$$\Delta\varphi = 1°, \Delta\lambda = 1°30'$$

$$\begin{cases} c = \dfrac{4°}{1°} - \left[ \dfrac{3°22'30''}{1°} \right] = 001 \\[4mm] d = \left[ \dfrac{33'45''}{1°30'} \right] + 1 = 001 \end{cases}$$

该点所在的 1 : 25 万地形图的编号为 J50C001001。

(2)求该点所在的 1 : 10 万地形图的编号。

$$\Delta\varphi = 20', \Delta\lambda = 30'$$

$$\begin{cases} c = \dfrac{4°}{20'} - \left[ \dfrac{3°22'30''}{20'} \right] = 002 \\[4mm] d = \left[ \dfrac{33'45''}{30'} \right] + 1 = 002 \end{cases}$$

该点所在的 1 : 10 万地形图的编号为 J50D002002。

(3)求该点所在的 1 : 1 万地形图的编号。

$$\Delta\varphi = 2'30'', \Delta\lambda = 3'45''$$

$$\begin{cases} c = \dfrac{4°}{2'30''} - \left[ \dfrac{3°22'30''}{2'30''} \right] = 015 \\[4mm] d = \left[ \dfrac{33'45''}{3'45''} \right] + 1 = 010 \end{cases}$$

该点所在的 1 : 1 万地形图的编号为 J50G015010。

B.已知图号计算该图幅西南图廓点的经纬度

按下式计算该图幅西南图廓点的经度、纬度：

$$\begin{cases} \lambda = (b - 31) \times 6° + (d - 1) \times \Delta\lambda \\[2mm] \varphi = (a - 1) \times 4° + \left( \dfrac{4°}{\Delta\varphi} - c \right) \times \Delta\varphi \end{cases} \tag{2-7}$$

式中　　$\lambda$ ——图幅西南图廓点的经度；

$\varphi$ ——图幅西南图廓点的纬度；

$a$——1 : 100 万图幅所在纬线带的字符所对应的数字码；

$b$——1 : 100 万图幅所在经度带的数字码；

$c$——该比例尺地形图在 1 : 100 万地形图编号后的行号；

$d$——该比例尺地形图在 1 : 100 万地形图编号后的列号；

$\Delta\varphi$ ——该比例尺地形图分幅的纬差；

$\Delta\lambda$ ——该比例尺地形图分幅的经差。

【例 2-2】　已知某图幅图号为 J508001001,求其图幅西南图廓点的经度、纬度。

$$A = 10, b = 50, c = 001, \Delta\varphi = 2°, \Delta\lambda = 3°,$$

$$\lambda = (50 - 31) \times 6° + (1 - 1) \times 3° = 114°$$

$$\varphi = (10 - 1) \times 4° + \left(\frac{4°}{2°} - 1\right) \times 2° = 38°$$

该图幅西南图廓点的经度、纬度分别为114°、38°。

C.不同比例尺地形图编号的行列关系换算

由较小比例尺地形图编号中的行、列代码计算所包含的各种大比例尺地形图编号中的行、列代码。

最西北角图幅编号中的行、列代码按下式计算：

$$\begin{cases} c_大 = \dfrac{\Delta\varphi_小}{\Delta\varphi_大} \times (c_小 - 1) + 1 \\[3mm] c_大 = \dfrac{\Delta\varphi_小}{\Delta\varphi_大} \times (d_小 - 1) + 1 \end{cases} \tag{2-8}$$

最东南角图幅编号中的行、列代码按下式计算：

$$\begin{cases} c_大 = c_小 \times \dfrac{\Delta\varphi_小}{\Delta\varphi_大} \\[3mm] d_大 = d_小 \times \dfrac{\Delta\varphi_小}{\Delta\varphi_大} \end{cases} \tag{2-9}$$

式中　　$c_大$——较大比例尺地形图在1∶100万地形图编号后的行号；

　　　　$d_大$——较大比例尺地形图在1∶100万地形图编号后的列号；

　　　　$c_小$——较小比例尺地形图在1∶100万地形图编号后的行号；

　　　　$d_小$——较小比例尺地形图在1∶100万地形图编号后的列号；

　　　　$\Delta\varphi_大$——较大比例尺地形图分幅的纬差；

　　　　$\Delta\varphi_小$——较小比例尺地形图分幅的纬差。

【例2-3】　1∶10万地形图编号中的行、列代码为004001，求所包含的1∶2.5万地形图编号的行、列代码。

$$c_小 = 004, d_小 = 001, \Delta\varphi_小 = 20', \Delta\varphi_大 = 5'$$

最西北角图幅编号中的行、列代码：

$$\begin{cases} c_大 = \dfrac{20'}{5'} \times (4 - 1) + 1 = 013 \\[3mm] d_大 = \dfrac{20'}{5'} \times (1 - 1) + 1 = 001 \end{cases}$$

最东南角图幅编号中的行、列代码：

$$\begin{cases} c_大 = \dfrac{4 \times 20'}{5'} = 016 \\[3mm] d_大 = \dfrac{1 \times 20'}{5'} = 004 \end{cases}$$

所包含的1∶2.5万地形图编号的行、列代码为

013001　　013002　　013003　　013004

　　014001　　014002　　014003　　014004

　　015001　　015002　　015003　　015004

　　016001　　016002　　016003　　016004

　　由较大比例尺地形图编号中的行、列代码计算该图包含的较小比例尺地形图编号中的行、列代码。其较小比例尺地形图编号中的列代码计算公式:

$$
\begin{cases}
c_{小} = \left[ c_{大} \bigg/ \left( \dfrac{\Delta\varphi_{小}}{\Delta\varphi_{大}} \right) \right] + 1 \\[4mm]
d_{大} = \left[ d_{大} \bigg/ \left( \dfrac{\Delta\varphi_{小}}{\Delta\varphi_{大}} \right) \right] + 1
\end{cases}
\tag{2-10}
$$

式中　　$c_{小}$——较小比例尺地形图在 1:100 万地形图编号后的行号;

　　　　$d_{小}$——较小比例尺地形图在 1:100 万地形图编号后的列号;

　　　　$c_{大}$——较大比例尺地形图在 1:100 万地形图编号后的行号;

　　　　$d_{大}$——较大比例尺地形图在 1:100 万地形图编号后的列号;

　　　　$\Delta\varphi_{小}$——较小比例尺地形图分幅的纬差;

　　　　$\Delta\varphi_{大}$——较大比例尺地形图分幅的纬差。

**【例 2-4】**　1:2.5 万地形图编号的行、列代码分别为 016004 和 013003,计算包含该图的 1:10 万地形图编号中的行、列代码。

$$c_{大} = 016, d_{大} = 004, \Delta\varphi_{小} = 20', \Delta\varphi_{大} = 5'$$

$$c_{大} = \left[ 16 \bigg/ \left( \frac{20'}{5'} \right) \right] = 004$$

$$d_{大} = \left[ 4 \bigg/ \left( \frac{20'}{5'} \right) \right] = 001$$

分子能被分母整除时,即没有余数时不加 1。

$$c_{大} = 013, d_{大} = 003$$

$$c_{大} = \left[ 13 \bigg/ \left( \frac{20'}{5'} \right) \right] + 1 = 004$$

$$d_{大} = \left[ 3 \bigg/ \left( \frac{20'}{5'} \right) \right] + 1 = 001$$

所求的 1:10 万地形图编号中的行、列代码分别为 004 和 001。

### (三)现行国家基本比例尺地形图分幅与编号

　　现行的国家基本比例尺地形图分幅和编号标准是《国家基本比例尺地形图分幅和编号》(GB/T 13989—2012),该标准 2012 年 6 月 29 日发布,2012 年 10 月 1 日起实施。

　　原先使用的《国家基本比例尺地形图分幅和编号》(GB/T 13989—1992)已经实施近 20 年了,国家基本比例尺地形图概念的范围已经有了变化,扩展到了大比例尺的范畴,即已经从原来的 1:100 万~1:5 000 延伸为 1:100 万~1:500,而 GB/T 13989—1992 版的标准内容不包括 1:500、1:1 000、1:2 000 比例尺地形图的分幅和编号要求。随着国民经济的快速发展,国家对基础地理信息的需求在广度和深度上提出了新的要求,新的标准引出了对大比例尺地形图测制的规范化问题,特别是对大比例尺地形图的分幅和编号方面规范化、标准化的迫切要求。

《国家基本比例尺地形图分幅和编号》(GB/T 13989—2012)的应用非常广泛,经过对 1992 版标准的修订、完善,其内容范围完整涵盖了我国 1∶500~1∶1 00 万大、中、小基本比例尺地形图分幅和编号的相关内容和要求,其应用范围更加全面、规范,具有科学性和适用性。

新标准一方面针对 1∶2 000、1∶1 000、1∶500 地形图的分幅提出了经纬度分幅、编号和正方形、矩形分幅和编号两种方案,并且推荐使用经纬度分幅、编号方案。采用 1∶2 000、1∶1 000、1∶500 地形图的经纬度分幅,不仅使 1∶2 000、1∶1 000、1∶500 地形图的分幅和编号与 1∶5 000~1∶100 万基本比例尺地形图的分幅、编号方式相统一,而且使得大比例地形图的编号具有唯一性,更加有利于数据的管理、共享和应用,基本上可以解决上述大比例地形图在分幅方面存在的问题。

另外,新标准也充分考虑了与 GB/T 20257.1—2007 标准的协调,同时也为了使标准之间有较好的过渡和延续,标准保留了 1∶2 000、1∶1 000、1∶500 正方形和矩形分幅与编号的方案。

针对新旧标准的以上不同之处,这里仅对新增的 1∶2 000、1∶1 000、1∶500 地形图的分幅与编号做以下表述。

1.1∶2 000、1∶1 000、1∶500 地形图经纬度分幅

1∶2 000、1∶1 000、1∶500 地形图宜以 1∶100 万地形图为基础,按规定的经差和纬差划分图幅。

每幅 1∶100 万地形图划分为 576 行 576 列,共 331 776 幅 1∶2 000 地形图,每幅 1∶2 000 地形图的范围是经差 37.5″、纬差 25″,即每幅 1∶5 000 地形图划分为 3 行 3 列,共 9 幅 1∶2 000 地形图。

每幅 1∶100 万地形图划分为 1 152 行 1 152 列,共 1 327 104 幅 1∶1 000 地形图,每幅 1∶1 000 地形图的范围是经差 18.75″、纬差 12.5″,即每幅 1∶2 000 地形图划分为 2 行 2 列,共 4 幅 1∶1 000 地形图。

每幅 1∶100 万地形图划分为 2 304 行 2 304 列,共 5 308 416 幅 1∶500 地形图,每幅 1∶500 地形图的范围是经差 9.375″、纬差 6.25″,即每幅 1∶1 000 地形图划分为 2 行 2 列,共 4 幅 1∶500 地形图。

1∶2 000、1∶1 000、1∶500 地形图经纬度分幅的图幅范围、行列数量和图幅数量关系见表 2-7。

2.1∶2 000、1∶1 000、1∶500 地形图的编号

1∶2 000 地形图经纬度分幅的图幅编号方法与 1∶50 万~1∶5 000 地形图的图幅编号方法相同,具体见前述章节。

1∶2 000 地形图经纬度分幅的图幅编号亦可根据需要以 1∶5 000 地形图编号分别加短线,再加 1、2、3、4、5、6、7、8、9 表示,其编号示例见图 2-43。图 2-43 中灰色区域所示图幅编号为 H49H192097-5。

表 2-7　1∶100 万～1∶500 地形图的图幅范围、行列数量和图幅数量关系

| 比例尺 | | 1∶100万 | 1∶50万 | 1∶25万 | 1∶10万 | 1∶5万 | 1∶2.5万 | 1∶1万 | 1∶5000 | 1∶2000 | 1∶1000 | 1∶500 |
|---|---|---|---|---|---|---|---|---|---|---|---|---|
| 图幅范围 | 经差 | 6° | 3° | 1°30′ | 30′ | 15′ | 7′30″ | 3′45″ | 1′52.5″ | 37.5″ | 18.75″ | 9.375″ |
| | 纬差 | 4° | 2° | 1° | 20′ | 10′ | 5′ | 2′30″ | 1′15″ | 25″ | 12.5″ | 6.25″ |
| 行列数量关系 | 行数 | 1 | 2 | 4 | 12 | 24 | 48 | 96 | 192 | 576 | 1152 | 2304 |
| | 列数 | 1 | 2 | 4 | 12 | 24 | 48 | 96 | 192 | 576 | 1152 | 2304 |
| 图幅数量关系（图幅数量=行数×列数） | | 1 | 4 (2×2) | 16 (4×4) | 144 (12×12) | 576 (24×24) | 2304 (48×48) | 9216 (96×96) | 36864 (192×192) | 331776 (576×576) | 1327104 (1152×1152) | 5308416 (2304×2304) |
| | | | 1 | 4 (2×2) | 36 (6×6) | 144 (12×12) | 576 (24×24) | 2304 (48×48) | 9216 (96×96) | 82944 (288×288) | 331776 (576×576) | 1327104 (1152×1152) |
| | | | | 1 | 9 (3×3) | 36 (6×6) | 144 (12×12) | 576 (24×24) | 2304 (48×48) | 20736 (144×144) | 82944 (288×288) | 331776 (576×576) |
| | | | | | 1 | 4 (2×2) | 16 (4×4) | 64 (8×8) | 256 (16×16) | 2304 (48×48) | 9216 (96×96) | 36864 (192×192) |
| | | | | | | 1 | 4 (2×2) | 16 (4×4) | 64 (8×8) | 576 (24×24) | 2304 (48×48) | 9216 (96×96) |
| | | | | | | | 1 | 4 (2×2) | 16 (4×4) | 144 (12×12) | 576 (24×24) | 2304 (48×48) |
| | | | | | | | | 1 | 4 (2×2) | 36 (6×6) | 144 (12×12) | 576 (24×24) |
| | | | | | | | | | 1 | 9 (3×3) | 36 (6×6) | 144 (12×12) |
| | | | | | | | | | | 1 | 4 (2×2) | 16 (4×4) |
| | | | | | | | | | | | 1 | 4 (2×2) |
| | | | | | | | | | | | | 1 |

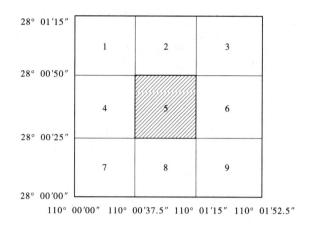

**图 2-43  1∶2 000 地形图的经纬度分幅顺序编号**

1∶1 000、1∶500 地形图经纬度分幅的图幅编号均以 1∶100 万地形图编号为基础,采用行列编号法。1∶1 000、1∶500 地形图经纬度分幅的图号由其所在 1∶100 万地形图的图号、比例尺代码和各图幅的行、列号共 12 位码组成(见表 2-8)。1∶1 000、1∶500 地形图经纬度分幅的编号组成见图 2-44。

**表 2-8  1∶2 000~1∶500 地形图的比例尺代码**

| 比例尺 | 1∶2 000 | 1∶1 000 | 1∶500 |
|---|---|---|---|
| 代码 | I | J | K |

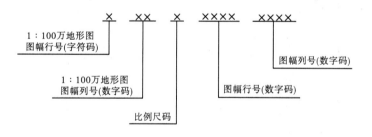

**图 2-44  1∶1 000、1∶500 地形图经纬度分幅的编号组成**

## 二、正方形或矩形图幅分幅与编号

### (一)正方形或矩形图幅分幅

为满足规划设计、工程施工等需要而测绘的大比例尺地形图,大多数采用正方形或矩形分幅法,它是按统一的坐标格网线整齐行列分幅。图幅大小见表 2-9。1∶2 000、1∶1 000、1∶500 地形图除采用经纬度分幅与编号外,还可以采用该分幅方法。

常见的图幅大小为 50 cm×50 cm、50 cm×40 cm 或 40 cm×40 cm,每幅图中以 10 cm×10 cm 为基本方格。一般规定 1∶2 000、1∶1 000 和 1∶500 比例尺的图幅,采用纵、横各 50 cm 的图幅,即实地为 1 km²、0.25 km²、0.062 5 km² 的面积。以上均为正方形分幅,也可采用纵距为 40 cm、横距为 50 cm 的分幅,总称为矩形分幅。

表2-9　几种大比例尺图的图幅大小

| 比例尺 | 正方形分幅 | | 矩形分幅 | |
|---|---|---|---|---|
| | 图幅大小(cm×cm) | 实地面积(km²) | 图幅大小(cm×cm) | 实地面积(km²) |
| 1：2 000 | 50×50 | 1 | 50×40 | 0.8 |
| 1：1 000 | 50×50 | 0.25 | 50×40 | 0.2 |
| 1：500 | 50×50 | 0.062 5 | 50×40 | 0.05 |

**(二)正方形或矩形图幅分幅的图幅编号**

正方形或矩形图幅分幅的图幅编号常用的方法有以下两种。

1.图幅西南角坐标千米数编号法

坐标千米数编号法,即采用图幅西南角坐标千里数,$x$坐标在前,$y$坐标在后。其中1：1 000、1：2 000比例尺图幅坐标取至0.1 km(如245.0-112.5),而1：500图则取至0.01 km(如12.80-27.45)。以每幅图的图幅西南角坐标值$x$、$y$的千米数作为该图幅的编号,如图2-45所示为1：1 000比例尺的地形图,按图幅西南角坐标千米数编号法编号。其中,画阴影线的两幅图的编号分别为2.5-1.5和3.0-2.5。

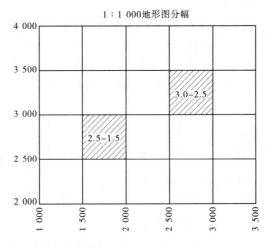

图2-45　图幅西南角坐标千米数编号法

2.基本图幅编号法

将坐标原点置于城市中心,用$X$、$Y$坐标轴将城市分成Ⅰ、Ⅱ、Ⅲ、Ⅳ四个象限,如图2-46(a)所示。以城市地形图最大比例尺1：500图幅为基本图幅,图幅大小为50 cm×40 cm,实地范围为东西250 m、南北200 m。行号按坐标的绝对值$x$=0~200 m编号为1,$x$=200~400 m编号为2……;列号按坐标的绝对值$y$=0~250 m编号为1,$x$=250~500 m编号为2……;依次类推。$x$,$y$编号中间以斜杠(/)分割,成为图幅号。

如图2-46(b)所示为1：500比例尺图幅在第一象限中的编号;每4幅1：500比例尺的图构成1幅1：1 000比例尺的图,因此同一地区1：1 000比例尺的图幅的编号如图2-46(c)所示。每16幅1：500比例尺的图构成一幅1：2 000比例尺的图,因此同一地区1：2 000比例尺的图幅的编号如图2-46(d)所示。

这种编号方法的优点是:看到编号就可知道图的比例尺,其图幅的坐标值范围也很容易

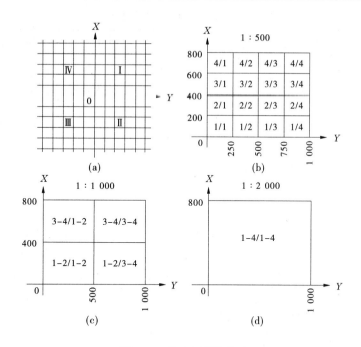

**图 2-46　基本图幅编号法**

计算出来。例如有一幅图编号为Ⅱ39-40/53-54,即知道这是一幅 1:1 000 比例尺的图,位于第二象限(城市的东南区),其坐标值的范围是:

$x$：$-200 \text{ m} \times (39-1) \sim -200 \text{ m} \times 40 = -7\ 600 \sim 8\ 000 \text{ m}$；

$y$：$250 \text{ m} \times (53-1) \sim -250 \text{ m} \times 54 = -13\ 000 \sim 13\ 500 \text{ m}$。

另外已知某点坐标,即可推算出其在某比例尺的图幅编号。如某点坐标为(7 650,-4 378),可知其在第四象限,由其所在的 1:1 000 比例尺地形图图幅的编号可以算出

$N_1 = [\text{int}(\text{abs}(7\ 650))/400] \times 2 + 1 = 39$；

$M_1 = [\text{int}(\text{abs}(-4\ 378))/500] \times 2 + 1 = 17$。

所以其在 1:1 000 比例尺图上的编号为Ⅳ39-40/17-18。

例如,某测区测绘 1:1 000 地形图,测区最西边的 $Y$ 坐标线为 74.8 km,最南边的 $X$ 坐标线为 59.5 km,采用 50 cm×50 cm 的正方形图幅,则实地 500 m×500 m,于是该测区的分幅坐标线为:由南往北是 $X$ 值为 59.5 km、60.0 km、60.5 km……的坐标线,由西往东是 $Y$ 值为 75.3 km、75.8 km、76.3 km……的坐标线。所以,正方形分幅划分图幅的坐标线须依据比例尺大小和图幅尺寸来定。

**3.其他图幅编号方法**

如果测区面积较大,则正方形分幅一般采用图廓西南角坐标千米编号法,而面积较小的测区则可选用流水编号法或行列编号法。

(1)流水编号法即从左到右,从上到下以阿拉伯数字 1、2、3……编号,如图 2-47 中第 13 图可以编号为:××-13(××为测区名称)。

(2)行列编号法一般以代号(如 A、B、C……)为行号,右上到下排列;以阿拉伯数字 1、2、3……作为列代号,从左到右排列。图幅编号为行号-列号,如图 2-48 所示的 B-5。

| | 1 | 2 | 3 | 4 | 5 |
|---|---|---|---|---|---|
| 6 | 7 | 8 | 9 | 10 | |
| 11 | 12 | 13 | 14 | 15 | 16 |

图 2-47　流水编号法

| A–1 | A–2 | A–3 | A–4 | A–5 | A–6 |
|---|---|---|---|---|---|
| | B–2 | B–3 | B–4 | B–5 | B–6 |
| C–1 | C–2 | C–3 | C–4 | C–5 | |

图 2-48　行列编号法

# ■ 小　结

本项目主要介绍了地图上确定地理要素分布位置和几何精度的数学基础,是本课程的理论重点和难点,也是技能训练的重点;通过本项目的学习,应清楚地球的形状、大小、坐标系,会使用地图比例尺,掌握地图投影的原理和常用的地图投影,并能进行地图投影的设计,能进行地图经纬网和坐标格网的绘制;掌握地图分幅与编号的内容,能对地图进行分幅与编号。

# ■ 复习思考题

1.自然球体、大地球体和旋转椭球体的关系是怎样的?

2.空间参照系有哪几种类型?

3.地图比例尺有什么作用?

4.简要说明地图投影的概念。地图投影的方法有哪几种?

5.地图投影按变形性质分哪几类? 各有什么特征?

6.我国基本比例尺地形图都选用哪几种投影? 说明它们的投影原理。

7.说明高斯-克吕格投影变形分布规律。为什么要采用分带投影的方法? 说明6°带和3°带的分带规定。

8.简述现行国家基本比例尺地形图分幅与编号的方法。

【技能训练】

# ■ 训练三　地图投影的判别与选取

## 一、实验目的

地图投影是构成地图学数据基础的重要组成部分,通过对地图投影的判别,掌握常见地图投影的类型和投影变形的相关知识;地图投影的选择是否恰当,直接影响地图的精度和实用价值,通过对地图投影的选取,掌握编制针对不同区域和不同用途地图时的投影选取方法。

## 二、实验任务

判别几种地图中地图投影的类型;针对所编地图的具体要求,选择最为适宜的投影。

## 三、实验内容

### (一)判别投影类型和性质

量测判别以下地图的投影类型和性质。

1.已知地图

(1)世界地图。

(2)亚洲图。

(3)非洲图。

(4)美国图。

(5)中国行政区划图。

2.判别投影的类型和变形性质的主要方法

判别投影的类型和变形性质,是正确使用地图的基础。由于大比例尺地图通常属于国家基本比例尺地形图,投影简单,易于查知,且包含的制图区域小,无论采用何种投影,变形都很小。因此,地图投影的判别主要是针对小比例尺地图而言的。判别地图投影,一般先是根据经纬线网的形状确定投影的类型,如方位投影、圆柱投影、圆锥投影等;然后是判定投影的变形性质,如等角、等积或任意投影。

1)确定投影类型

不同类型的投影通常具有不同的经纬线特点,因此投影类型可以通过判别经纬线网的形状来确定。在确定投影类型时,准确区分经纬线是直线还是曲线、同心圆弧还是同轴圆弧,是非常重要的。直线只要用直尺比量,便可确定。判断曲线是否为圆弧,可用点迹法。判别纬线是同心圆弧还是同轴圆弧,可量算相邻圆弧间的纬线间隔(即经线长),若处处相等,则证明这些圆弧为同心圆弧,否则便是同轴圆弧。

此外,由于正轴圆锥投影与正轴方位投影的经纬线形状有时可能完全相同,因此在判别时,可以通过以下两种方法来区分:一是量算相邻两条经线的夹角是否与实地经差相等,若相等则为方位投影,否则就是圆锥投影;二是分析制图区域所处的地理位置,若制图区域在极地一带,则为正轴方位投影,若在中纬度地带,则为圆锥投影。

2)确定投影变形性质

在确定了投影的类型之后,可以进一步根据经纬线网的图形特征,确定投影的变形性质。

通常,中央经线上纬线间距的变化规律是确定投影变形性质的重要标志。目视观察和分析经纬线网的形状,也能大致确定投影的变形性质。如同一纬度带内,经差相同的各个梯形面积明显不同,当然不可能是等积投影。对于数字地图来说,可以利用软件来直接显示投影的各种属性。

### (二)选取地图投影

针对编制地图,选取最适宜的地图投影。

1.已知地图

(1)世界航海图。

(2)东西半球图。

(3)南极洲图。

(4)中国土地资源图。

(5)中国地势图。

2.地图投影选择的依据和主要方法

地图投影的选择是否恰当,直接影响地图的精度和实用价值。投影的选择也主要针对中、小比例尺的地图,不包括国家基本比例尺的地形图。选择地图投影时,需要综合考虑多种因素及其相互影响。

1)制图区域形状和地理位置

根据制图区域的轮廓形状选择投影时,有一条基本的原则,即投影的无变形点或线应位于制图区域的中心位置,等变形线尽量与制图区域轮廓的形状一致,从而保证制图区域的变形分布均匀。因此,近似圆形的地区宜采用方位投影;中纬度东西方向伸展的地区,宜采用正轴圆锥投影;赤道附近东西方向伸展的地区,宜采用正轴圆柱投影;南北方向延伸的地区,一般采用横轴圆柱投影和多圆锥投影。制图区域的地理位置和形状,在很大程度上决定了所选地图投影的类型。

2)制图区域的范围

制图区域范围的大小也影响到地图投影的选择。当制图区域范围不太大时,无论选择什么投影,投影变形的空间分布差异也不会太大。但是,由于区域较大,投影变形明显,因此在这种情况下,投影选择的主导因素区域的地理位置、地图的用途等,这也从另外一个方面说明,地图投影的选择必须考虑多种因素的综合影响。

3)地图的内容和用途

地图表示什么内容,用于解决什么问题,关系到选用哪种投影。航空、航海、天气、洋流和军事等方面的地图,要求方位正确、小区域的图形能与实地相似,因此需要采用等角投影。行政区划、自然或经济区划、人口密度、土地利用、农业等方面的地图,要求面积正确,以便在地图上进行面积方面的对比分析和研究,需要采用等积投影。有些地图要求各种变形都不太大,如教学地图、宣传地图等,应采用任意投影。又如等距方位投影从中心至各方向的任一点,具有保持方位角和距离都正确的特点,因此对于城市防空、雷达站、地震观测站等方面的地图,具有重要意义。

3.出版方式

地图在出版方式上,有单幅地图、系列图和地图集之分。单幅地图的投影选择比较简单,只需考虑上述的几个因素即可;对于系列图来说,虽然表现内容较多,但由于性质接近,通常需要选择同一种类型和变形性质的投影,以利于对相关图幅进行对比分析。就地图集而言,投影的选择是一件比较复杂的事情。由于地图集是一个统一协调的整体,因此投影的选择应该自成体系,尽量采用同一系统的投影。但不同的图组之间在投影的选择上又不能千篇一律,必须结合具体内容予以考虑。

# ■ 训练四　图像/地图的配准

## 一、实验目的

任何一幅地图都有其特定的坐标体系,在不同的坐标系下做出来的地图是不相同的。

配准的目的就是选择一种投影,并确定栅格图像在这一投影上的坐标体系。通过对图像的镶嵌配准,掌握栅格地图配准的两种方法。

## 二、实验任务

(1)掌握手工输入坐标值的配准方法。
(2)掌握利用已有矢量地图的坐标传递坐标值的配准方法。

## 三、实验内容

配准一幅栅格图像很重要的一点是提供准确的控制点信息。控制点首先应考虑在整幅图形的中心,并在四周均匀分布,每一幅图像最基本的控制点的选取要求至少为四个,但为了使配准精度提高,可以适当地增加控制点,一般来说控制点的数量越多,图像精度越高。控制点最好是通过实地考证的地方。图像的配准有两种方法,两种方法都需在参考地图上指定控制点的地图坐标,并将它们与图像上的相应位置匹配。

**(一)采用 MAPGIS 预处理图像**

(1)启动 MAPGIS 主程序,打开"图像处理"模块中的"图像分析"子系统。

(2)在"文件"下拉菜单中选择"数据输入"选项,在系统弹出的对话框(见图 2-49)中进行参数设置,然后点击"添加文件"按钮,通过浏览方式添加需转换的"南河镇地形地质图.tif"文件(注意在调入文件之前,最好是在 PhotoShop、ACDSee 等图像处理软件中通过调整亮度、对比度等对原图像进行降噪和锐化处理),点击"转换"按钮,系统自动完成转换并将其保存于与源文件"南河镇地形地质图"相同的路径之下,转换完毕后关闭此对话框结束转换。

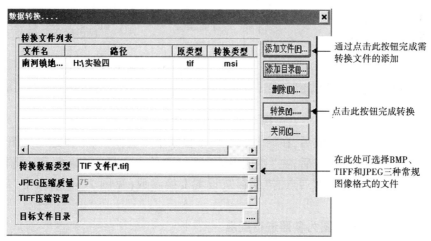

图 2-49　图像数据转换对话框

**(二)手工输入坐标值进行配准**

(1)在"文件"下拉菜单中选择"打开影像"选项,在系统弹出的选择界面,如图 2-50 中选择"南河镇地形地质图.msi"文件,点击"打开"按钮载入影像文件。

(2)在"镶嵌融合"下拉菜单中选择"删除所有控制点"。

(3)在"镶嵌融合"下拉菜单中选择"添加控制点",然后在已知坐标的控制点上点击鼠

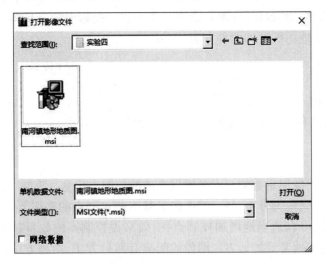

图 2-50　打开影像

标左键,再按下空格键弹出坐标输入对话框,将已知坐标输入(其中 $X$ 坐标为横坐标,$Y$ 坐标为纵坐标),如图 2-51 所示。

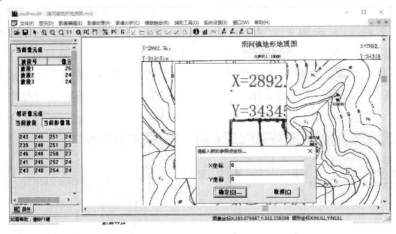

图 2-51　添加控制点

(4)控制点依次添加完成后,在"镶嵌融合"下拉菜单中选择"校正预览"(见图 2-52)。

(5)控制点依次添加完成后,在"镶嵌融合"下拉菜单中选择"影像校正",将校正后的图像进行命名(见图 2-53),然后点击"保存",设置变换参数(见图 2-54)后点击"确定",完成图像配准。

**(三)利用已有矢量地图为参照进行配准**

(1)打开影像。

(2)在"镶嵌融合"下拉菜单中选择"删除所有控制点"。

(3)在"镶嵌融合"下拉菜单中选择"打开参照文件"中的"参照线文件"选项,在系统弹出的对话框中参照图 2-55 所示选择"FRAM10000.WL"文件。

(4)若在视图下方控制点信息显示框中已有数据,在"镶嵌融合"下拉菜单中选择"删所有控制点"选项,将已有控制点信息删除。

(5)在"镶嵌融合"下拉菜单中选择"添加控制点"选项,将光标移至左边影像窗口中图

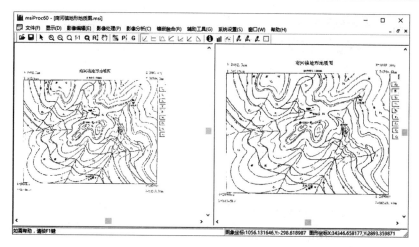

图 2-52　校正预览

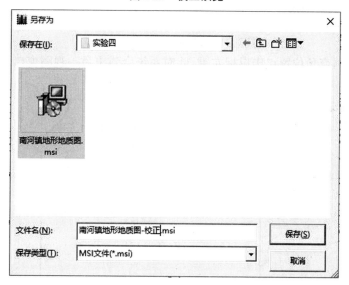

图 2-53　命名校正后影像

| 变换参数设置.... | ✕ |
| --- | --- |

X最小坐标　34344.7533505391

X最大坐标　34348.763206312

Y最小坐标　2889.70630891884

Y最大坐标　2892.84668149776

重采样方式　最邻近

输出分辨率　72　DPI

影像外廓　10　[图幅距离]

确定[O]　取消[C]

图 2-54　影像"变换参数设置"对话框

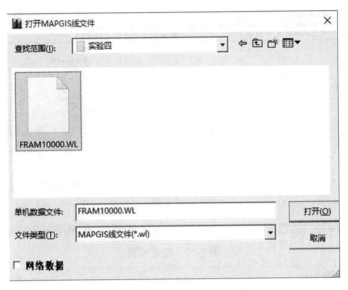

**图 2-55　装载参照线文件对话框**

像左下角坐标图框交角位置点击鼠标左键,此时系统会弹出另一视图窗口,如图 2-56 所示。

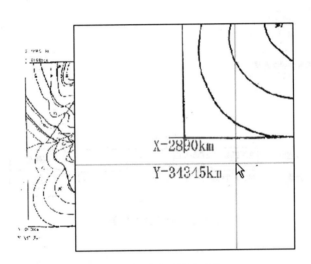

**图 2-56　控制点添加窗口**

在此窗口中进行进一步选择以确定控制点的准确位置,待确定准确位置后点击空格键确定选择;再将鼠标移至右边参照文件窗口,在图形中的对应位置点击鼠标键,在系统弹出的另一视图窗口按上述方法确定一位置,这时系统会弹出图 2-57 所示提示框,点击"是"按钮完成第一个控制点的选择,这时在控制点列表框中会显示此控制点信息。

按照逆时针或顺时针方向,按上述方法依次完成其余三个控制点的确定。完成控制点选择后系统状况如图 2-58 所示。

(6)在"镶嵌融合"下拉菜单中选中"校正预览"选项,这时在右侧参照文件窗口中会出现影像校正后的情况。然后在此下拉菜单中选择"影像校正"选项,在系统弹出的对话框中确定校正影像的保存路径和校正后影像的文件名,影像保存路径与 PhotoShop 处理图像文件的保存路径相同。设置好各项参数后,点击"保存"按钮,系统会弹出图 2-59 所示对话框,在此对话框不做修改,点击"确定"按钮即可。系统根据所设置的参数自动完成影像校正。保存文件为"南河镇地形地质图校正结果.MSI"。

图 2-57　控制点确认提示框

# 训练五　地图图框制作

## 一、实验目的

掌握地图图框的形式及其内容。

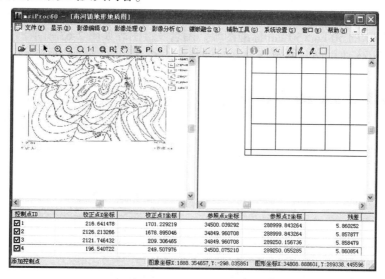

图 2-58　影像校正控制点信息界面

图 2-59　影像"变换参数设置"对话框

## 二、实验任务

使用 CASS 软件进行地形图图框的制作及地形图分幅。

## 三、实验内容

### (一)在 CASS 软件中制作图框

1.给地形图加上标准图幅图框

(1)选择 CASS 软件主菜单"绘图处理"下的"标准图幅"子菜单,可选择 50 cm×50 cm 或 50 cm×40 cm 两种图幅。

(2)在图 2-60 所示的标准图幅对话框中填入各项内容,首先输入图名,再输入测量员、绘图员、检查员。

(3)在接图表下面输入与该幅图相邻的八幅图的图名。

(4)输入需要加图框的地图的西南角的 $X$(北)、$Y$(东)坐标,或者用鼠标直接点取。生成如图 2-61 所示的 50 cm×50 cm 标准图幅。图名及接图表如图 2-62 所示。

(5)对图 2-63 所示的测图单位、测图日期、坐标系、高程系等进行修改。

图 2-60　标准图幅对话框

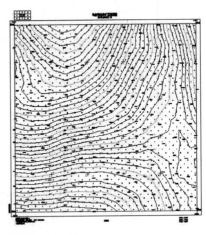

图 2-61　50 cm×50 cm 标准图幅

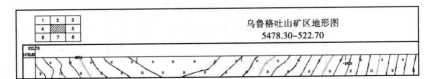

图 2-62　标准图幅图名及接图表

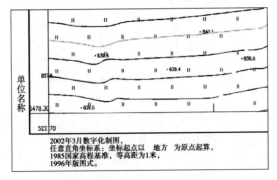

图 2-63　标准图幅测图单位、日期示意图

2.给地形图加上任意图幅图框

作用:根据地形图的时间范围,加入多个格数的图框,而不是标准图幅(50 cm×50 cm)那样固定为 25 个格。

(1)选择 CASS 软件主菜单"绘图处理"下的"任意图幅"子菜单。

(2)在图 2-60 所示的标准图幅对话框中填入各项内容。不同的是,任意图幅可以控制方格的长度和宽度,可以不是固定的 50 cm×50 cm。如图 2-64 所示为任意图幅图框。

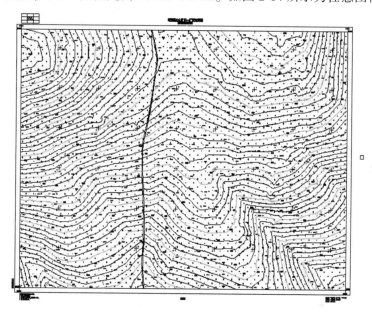

图 2-64　任意图幅图框

3.给地形图加上指定长度和宽度的方格

作用:可以给指定地图的某个区域加上方格网,覆盖位置、覆盖范围、方格长宽可以人为控制,可以用在地形图上局部设计及计算等。

(1)选择 CASS 软件主菜单"绘图处理"下的"图幅网格(指定长度)"子菜单。

(2)在命令行中按提示输入方格长度和方格宽度(以 mm 为单位),如长、宽均输入 100 mm。

(3)在图上加上如图 2-65 所示的方格网。

4.在指定的区域内加上十字状绘图方格

作用:可以给指定地图的某个区域加上十字状方格网,覆盖位置、覆盖范围可以人为控制,方格长、宽可以人为控制,可以用在地形图上局部设计及计算等。

(1)选择 CASS 软件主菜单"绘图处理"下的"加方格网"子菜单。

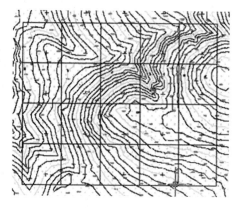

图 2-65　方格网示意图

(2)在命令行中按提示用鼠标分别点取需要加方格网区域的左下角点和右上角点。

（3）在图上加如图 2-66 所示的十字方格(为了显示清楚,十字格网的线宽设置得较宽)。

5.给十字方格处加上纵横坐标

作用:给加入十字方格的位置加上坐标,可以显示当前位置的坐标,方便用图者快速了解当前位置的坐标数据。如该图中十字方格间距为 10 cm,而显示坐标差为 100 m,所以比例尺为 1∶1 000。

（1）选择 CASS 软件主菜单"绘图处理"下的"方格注记"子菜单。

（2）在命令行中按提示用鼠标分别点取需要加方格注记的十字方格的位置。

图 2-66　十字方格示意图

（3）重复第二步,将所需要加入坐标的位置全部添加坐标注记,如图 2-67 所示。

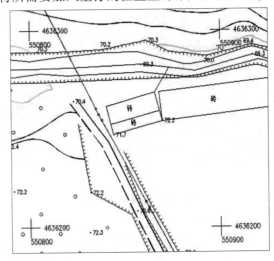

图 2-67　给十字方格加上坐标

**（二）在 MapGIS 软件中制作图框**

1.数据准备

将实验数据复制,粘贴至各自文件夹内。

启动 MapGIS 主程序。在主菜单界面中,点击"参数"按钮,在弹出的对话框中,设置工作目录最终指向实验五(盘符依据各人具体情况设置)。

2.标准图框生成

执行如下命令:实用服务→投影变换→系列标准图框→生成 1∶10 万图框(或者点击图框工具栏中的 10 按钮),见图 2-68～图 2-70。

3.非标准图框生成

执行如下命令:系列标准图框→生成 1∶1 000 图框(或者点击图框工具栏中的 1 000 按钮),见图 2-71。

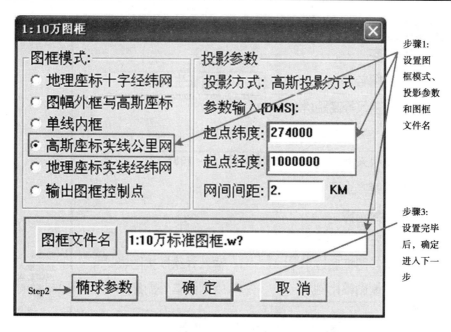

图 2-68　1∶10 万图框

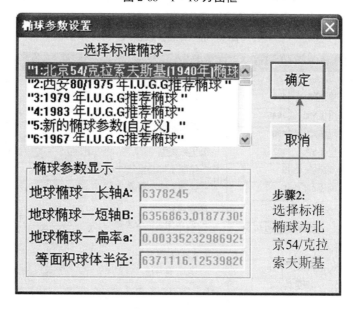

图 2-69　椭球参数设置

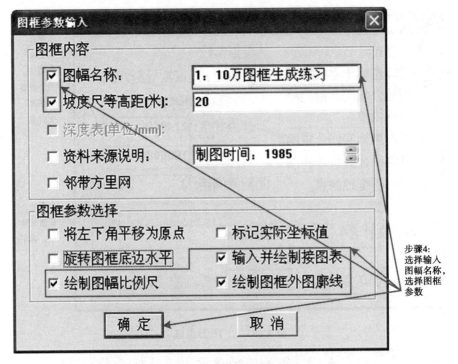

图 2-70　图框参数输入

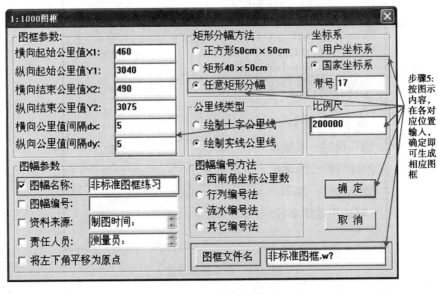

图 2-71　1∶1 000 图框制作

# 项目三　地图图型

**项目概述**

　　随着现代科技的进步,地图的内容和形式都发生了很大的变化,多种形式的地图不断出现。地图图型是指按照某种指标,对地图所划分的类型。地图的种类很多,按照不同的分类标志其分类的方法也不同。本项目主要介绍了按内容划分的地图图型,把地图分为普通地图和专题地图两大类,详细介绍了各类地图的含义、特点及类型。除了以内容作为通常所采用的指标,还可以按比例尺、要素或现象的概括程度等进行划分。

**学习目标**

　◆**知识目标**

1.掌握普通地图的概念及分类。

2.掌握地形图的特点。

3.掌握专题地图的概念和特性。

4.熟悉专题地图类型。

　◆**技能目标**

1.会判断地图的图型。

2.知道地形图的特点和类型。

3.知道专题地图的特性和类型。

**【导入】**

　　地图的种类很多,不同的地图能够反映不同的信息,根据使用目的,正确选择地图,才能及时、准确地获取有用的信息。这就需要认识和掌握不同的地图图型。

# 单元一　普通地图

## 一、普通地图概述

### (一)普通地图概念

　　普通地图(general map)是以相对均衡的详细程度,全面、综合地反映一定区域内的自然要素和社会经济现象的普遍特征的地图。包含居民点、交通网、境界线、水系、土壤、植被等内容。其广泛应用于国防、经济、科学研究及文化教育等方面,并可作为编制各种专题地图

的基础。普通地图分为地形图和地理图。

地形图通常是指比例尺大于 1∶100 万,按照统一的数学基础、图式图例、统一的测量和编图规范要求,经过实地测绘或根据遥感资料,配合其他有关资料编绘而成的一种普通地图。它的几何精度高、内容详细,可以从图上提取比较详细的地形信息。地貌要素主要用等高线表示,其他地物则按统一规定的图式符号、注记加以表示。

地理图是指概括程度比较高,以反映要素基本分布规律为主的一种普通地图。地貌要素多以等高线加分层设色表示,有的还配以晕渲;地物因地图概括程度比较高,多以抽象符号表示。

**(二)普通地图的主要特点**

**1.地形图的主要特点**

1)具有统一的数学基础

各国的地形图除选用一种椭球体数据,作为推算地形图数学基础的依据外,还有统一的地图投影、统一的大地坐标系统和高程系统,有完整的比例尺系统、统一的分幅和编号系统。

2)具有统一的编制要求

按照国家统一的测量和编绘规范完成,即精度、制图综合原则、等高距、图式符号和整饰规格等都有统一的要求。

3)几何精度高、内容详细

地形图有国家基本地形图和专业生产部门测制的大比例尺地形图。前者是由国家统一组织测制的,并提供各地区、各部门使用。后者的地形图都有自订的规范,内容一般都按专业部门需要而有所增减。

**2.地理图的主要特点**

数学基础因制图区域的不同而异,具体表现在比例尺灵活、地图投影多样、图廓范围大小不同。

内容和表示方法因用途而异,具体表现在地图内容灵活,表示方法和图式符号不统一,而且重视反映区域地理特征。普通地理图的品种多、数量大,除了有不同比例尺、不同范围的各种普通地理图,还有单张图、多张拼合而成的图,有大挂图、桌图和合订成册的普通地理图集,在用途上还有科学参考图、教学用图和普及用图等。

普通地图集是由统一设计的普通地图为主构成的系统地图汇编。以水体、地貌、居民地、道路网、境界和一些土质植被要素为基本内容。一般包括少量显示制图区域概貌的序图、反映分区地理特征的基本普通地理图和补充地图、文字说明和地名索引等三大部分。构成图集主体的普通地图根据地区面积大小和开发程度,以不同比例尺的地图相配合来描绘,内容有详有略,着重反映制图区域地理要素主要特征和分布规律。在基本地图部分,为了突出表示某些重要地区,可采用补充图加以配合,一般选取有代表性的城市、水利枢纽、著名山岳、湖泊和名胜古迹等内容。文字说明须简明扼要,与地图内容紧密结合。地名索引是地图集中查阅地名的有利工具。

## 二、国家基本比例尺地形图

### (一)国家基本比例尺地形图的分类

我国把 1∶500、1∶1 000、1∶2 000、1∶5 000、1∶1 万、1∶2.5 万、1∶5 万、1∶10 万、

1∶25万、1∶50万、1∶100万11种比例尺的地形图规定为国家基本比例尺地形图。这种地形图有严密的大地控制基础,采用统一投影、统一分幅编号,根据国家颁布的测绘规范和图式测制。图上全面反映自然地理条件和社会经济状况,能够满足国民经济建设、国防建设和科学文化教育事业的需要。我国基本比例尺地形图随着比例尺的不同,其内容与精度也有区别,从而它的功用也就各异。

1.大比例尺地形图

一般来说,大比例尺地形图是指比例尺1∶500~1∶10万范围内的地形图,其内容可以表示出:作为方位物的突出地物,如工厂烟囱、古塔、塔形建筑物、纪念碑、城楼、革命烈士陵园、文化古迹、独立地物等,对于水系以及附属建筑物,能根据比例尺所允许的完备程度详尽地显示出来,对于居民地不但基本上能全部显示出来,而且还能表示出居民人口数或户数,以及行政意义;道路网能按比例允许的完备程度加以表示;地貌按规定的等高距显示;土质植被能表示出沼泽、林地、灌木丛、耕地、草地、沙地等;政区界线能表示出国界、省(区)界、县界,必要时也可以表示到村界或乡界。由于大比例尺地形图的内容详尽,可用于各项建筑的设计,进行各种勘测,规划与研究农、林、牧、副、渔各业的发展等。此外,它还是编绘较小比例尺地图的主要资料。

2.中比例尺地形图

中比例尺地形图是指1∶25万~1∶50万比例尺范围内的地形图。它们可以表达出不同地区的水系类型和形态特征、河网密度对比、主支流关系、河流的弯曲程度、湖泊分布、水利建设的成就以及水系和其他要素的关系;海岸类型和海岸地貌的基本形态也能显示出来;对于居民地,能正确表示出其位置、外部轮廓的基本特征、行政意义、居民地分布特点、密度以及与其他要素的关系;对于道路,不仅能表示出铁路、公路和其他道路类型,而且能表示出道路的等级、质量、道路网的密度、结构特征以及和其他要素的关系;对于境界线,可以正确地表示出国界、省(区)界,必要时可以表示到县界;对于地貌,则能显示出各类地貌的基本形态特征,能保持地貌结构线、特征点位置的正确,至于等高距,则随比例尺不同而有变化,如1∶25万地形图基本等高距为50 m、1∶50万地形图基本等高距为100 m;对于植被,能反映出森林、经济林、竹林、灌木林、矮林、幼林、苗圃等的种类和分布范围;对于独立地物,则能表示出三角点和具有方位意义及革命历史意义的独立物,对于具有经济和科学意义的地物,如发电站、变电所、油库、矿井、水文站、气象站等也能表示出来。中比例尺地形图可供拟订国民经济计划中规划巨大的工程建筑时研究地形之用,或用于局部地区短距离航行时标定的方向,又可作为编制较小比例尺地形图或专题地图的基本资料。

3.小比例尺地形图

小比例尺地形图是指1∶100万及更小比例尺的地形图。这种图是根据各种地形地物在实地上的重要性和在地图各要素综合中的意义,表示居民地、道路网、国界、省(区)界、海岸线、水系、地貌、土质植被以及航空资料等内容。它可以用于了解与研究广大地区内自然地理条件和社会经济概况,拟订具有全国和省、自治区意义的总体建设规划、工农业生产布局、资源开发利用,或长距离飞行时标定总方向,或作为编制更小比例尺地图的基本资料。

(二)国家基本比例尺地形图的主要用途

不同比例尺地形图表达的详细程度和侧重点各有不同,因此用途也不尽相同。大比例尺用于各种工程的详细设计等,而中小比例尺主要用于各种宏观管理和决策使用。各种比

例尺地形图的主要用途如下。

**1. 1：100 万地形图**

1：100 万地形图综合反映了制图范围内的自然地理和社会经济概况,用于大范围内进行宏观评价和研究地理信息,是国家各部门共同需要的基本地理信息和地形要素的平台,可以作为各部门进行经济建设总体规划、经济布局、生产布局、国土资源开发利用的计划和管理用图或工作底图,或作为国防建设用图,或可作为更小比例尺普通地图的基本资料和专题地图的地理底图。

**2. 1：50 万地形图**

1：50 万地形图综合反映了制图范围内的自然地理和社会经济概况,用于较大范围内进行宏观评价和研究地理信息,是国家各部门共同需要的基本地理信息和地形要素的平台,可以作为各部门进行经济建设总体规划、省域经济布局、生产布局、国土资源开发利用的计划和管理用图或工作底图,也可作为国防建设用图,或作为更小比例尺普通地图的基本资料和专题地图的地理底图。

**3. 1：25 万地形图**

1：25 万地形图比较全面和系统地反映了区域内自然地理条件和经济概况,主要供各部门在较大范围内做总体的区域规划、查勘计划、资源开发利用与自然地理调查,也可供国防建设使用,或作为编制更小比例尺地形图或专题地图的基础资料。

**4. 1：10 万地形图**

1：10 万地形图主要用于一定范围内较详细研究和评价地形,供工业、农业、林业、水利、铁路、公路、农垦、畜牧、石油、煤炭、地质、气象、地震、环保、文化、卫生、教育、体育、民航、医药、海关、税务、考古、土地等国民经济各部门勘察、规划、设计、科学研究、教学等使用;也是军队的战术用图,供军队现场勘察、训练、图上作业、编写兵要、国防工程的规划和设计等军事活动使用;同时是编写更小比例尺地形图或专题图的基础资料。

**5. 1：5 万地形图**

1：5 万地形图是我国国民经济各部门和国防建设的基本用图。这种比例尺地形图主要用于一定范围内较详细研究和评价地形,供工业、农业、林业、水利、铁路、公路、农垦、畜牧、石油、煤炭、地质、气象、地震、环保、文化、卫生、教育、体育、民航、医药、海关、税务、考古、土地等国民经济各部门勘察、规划、设计、科学研究、教学等使用;也是军队的战术用图,供军队现场勘察、训练、图上作业、编写兵要、国防工程的规划和设计等军事活动使用;同时是编写更小比例尺地形图或专题图的基础资料。

**6. 1：2.5 万地形图**

1：2.5 万地形图主要用于较小范围内详细研究和评价地形,城市、乡镇、农村、矿山建设的规划、设计,林斑调查,地籍调查,大比例尺的地质测量和普查,水电等工程的勘察、规划、设计,科学研究,国防建设的特殊需要,以及可作为编制更小比例尺地形图或专题地图的基础资料。

**7. 1：1 万地形图**

1：1 万地形图主要用于小范围内详细研究和评价地形,城市、乡镇、农村、矿山建设的规划、设计,林斑调查,地籍调查,大比例尺的地质测量和普查,水电等工程的勘察、规划、设计,科学研究,国防建设的特殊需要,以及可作为编制更小比例尺地形图或专题地图的基础资料。

8.1：5 000 地形图

1：5 000 地形图主要用于小范围内详细研究和评价地形,可供各部门勘察、规划、设计、科研等使用,也可作为编制更小比例尺地形图或专题地图的基础资料。

9.1：500、1：1 000、1：2 000 地形图

1：500、1：1 000、1：2 000 地形图主要用于小范围内精确研究、评价地形,可供勘察、规划、设计和施工等工作使用。

## 三、普通地图内容

普通地图的内容包括数学要素、地理要素、图外要素三大类。普通地图的内容中,地理要素是地图的主体。这里主要介绍地理要素。

**(一)自然地理要素**

1.水系

1)海洋要素

地图上表示的海洋要素,主要包括海岸和海底地貌,有时也表示海流、海底底质以及冰界、海上航行标志等。

A.海岸

海岸由沿岸地带、潮浸地带和沿海地带三部分组成。沿海地带和潮浸地带的分界线即为海岸线,它是多年大潮的高潮位所形成的海陆分界线。在地形图上海岸线通常都是以蓝色实线来表示的;低潮线一般用点线概略地绘出。潮浸地带上各类干出滩是地形图上的表示重点。海岸线以上的沿岸地带,主要通过等高线或地貌符号显示。沿岸地带重点是表示该区域范围内的岛礁和海底地形。图3-1是地形图上海岸的表示方法。

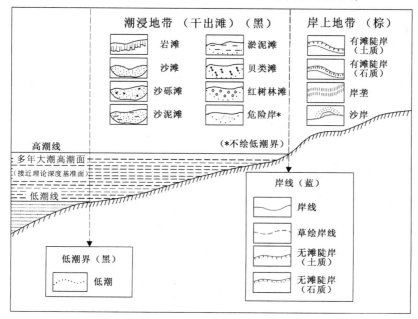

**图3-1 地形图上海岸的表示方法**

**B.海底地貌**

海底地貌可以用水深注记、等深线、分层设色和晕渲等方法来表示。

水深注记是水深度注记的简称,许多资料上还称水深。海图上的水深注记有一定的规则,普通地图上也多引用。例如,水深点不标点位,而是用注记整数位的几何中心来代替;不足整米的小数位用较小的字注记在整数后面偏下的位置,中间不用小数点,例如 $23_5$ 表示水深 23.5 m。

等深线是从深度基准面起算的等深点的连线,画法同陆地等高线的绘制。图 3-2 是我国海图上所用的等深线的符号。

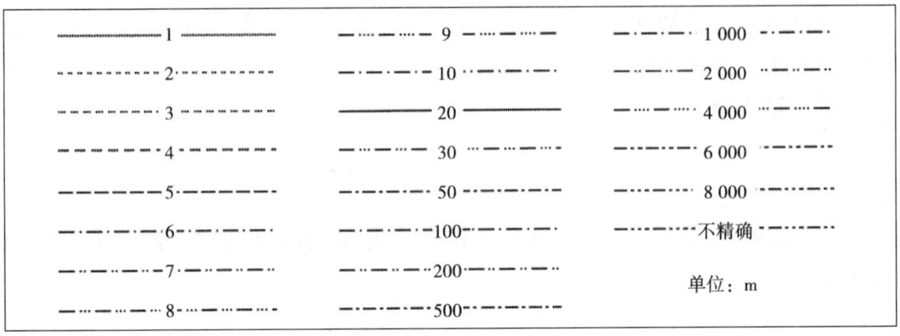

| 1 | 9 | 1 000 |
| 2 | 10 | 2 000 |
| 3 | 20 | 4 000 |
| 4 | 30 | 6 000 |
| 5 | 50 | 8 000 |
| 6 | 100 | 不精确 |
| 7 | 200 | |
| 8 | 500 | 单位:m |

**图 3-2　我国海图上多用的等深线的符号**

**2)陆地水系**

陆地水系包括井、泉及储水池,河流、运河及沟渠,湖泊、水库及池塘和水系的附属物。井、泉及储水池这些水系物体形态都很小,在地图上一般只能用蓝色记号性符号表示其分布位置,有的还加上有关的说明注记。河流、运河及沟渠在地图上都是用线状符号配合注记来表示的。

**A.河流**

地图上通常要表示出河流的大小、形状及水流状况。

当河流较宽或地图比例尺较大时,只要用蓝色水涯线符号正确地描绘河流的两条岸线,其水部多用与岸线同色的网点表示就基本上能满足要求。河流的岸线是指常水位所形成的岸线,如果雨季的高水位与常水位相差很大,在大比例尺地图上还要求同时用棕色虚线来表示高水位岸线。

时令河是季节性的河流,用蓝色虚线表示;消失河段用蓝色点线表示;干河床属于一种地貌形态,用棕色虚线符号表示。

由于比例尺的关系,一些河流在地图上只能用单线表示。用单线表示河流时,通常用0.1~0.4 mm 的渐变线表示。究竟线粗为多少由河流的长度而定。当河宽在图上大于 0.4 mm 时,可用双线表示,单双线符号相应于实地河宽见表 3-1。

**表 3-1　不同比例尺中河流单双线符号对应于实地河宽**

| 比例尺 | 1:2.5万 | 1:5万 | 1:10万 | 1:25万 | 1:50万 | 1:100万 |
|---|---|---|---|---|---|---|
| 0.1~0.4 mm 单线 | 10 m以下 | 20 m以下 | 40 m以下 | 100 m以下 | 200 m以下 | 400 m以下 |
| 双线 | 10 m以上 | 20 m以上 | 40 m以上 | 100 m以上 | 200 m以上 | 400 m以上 |

往往为了使单线河与双线河衔接及美观的需要,也常用 0.4 mm 的不依比例尺的双线符号使单线符号自然地过渡到依比例尺的双线表示,如图 3-3 所示。

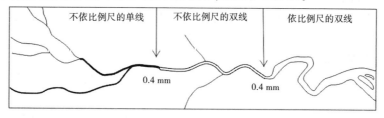

图 3-3　河流的表示

小比例尺地图上,河流有两种表示方法:一是与地形图相同的方法,只是单线符号往往稍加粗,不依比例尺的双线河使用较长,要到一个能清楚表示河床特征的宽度处为止;二是采用不依比例尺的单线配合真形单线符号来表示,如图 3-4 所示,这种表示方法能真实地反映河流宽窄,河流图形显得生动而真实。

图 3-4　真形单线河段符号

B.运河及沟渠

运河及沟渠在地图上都是用平行双线或等粗的实线表示的,并根据地图比例尺和实地宽度分级使用不同粗细的线状符号。

C.湖泊、水库及池塘

地图上用蓝色水涯线配合浅蓝色水部来表示湖泊、水库及池塘等面状分布的水系物体。季节性有水的时令湖的岸线不固定,则用蓝色虚线配合浅蓝色水部来表示。湖水的性质往往是借助水部的颜色来区分的,例如用浅蓝色和浅紫色分别表示淡水和咸水。水库的表示通常是根据其容量用比例尺真形或者不依比例尺的记号性符号表示的,如图 3-5 所示。

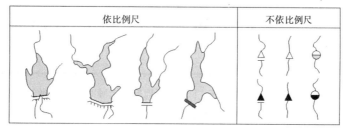

图 3-5　地图上常见的水库的表示

D.水系的附属物

水系的附属物包括两类:一类是自然形成的,如瀑布、石滩等;另一类是附属建筑物,如渡口、徒涉场、水闸、拦水坝、加固岸、码头、轮船停泊场等。这些物体在地图上用半依比例尺或不依比例尺的符号表示,在较小比例尺的地图上则多数不表示。

### (二)社会人文要素的表示

普通地图上的社会人文要素包括独立地物、居民地、交通网和境界等内容。

#### 1.独立地物

在实地形体较小,无法按比例表示的一些地物,统称为独立地物。地图上表示的独立地物主要包括工业、农业、历史文化、地形等方面的标志。

独立地物一般高于其他建筑物,具有比较明显的方位意义,对于地图定向、判定方位等意义较大。独立地物在大比例尺地形图上表示得较为详细,如表3-2所示。随着地图比例尺的缩小,表示的内容逐渐减少,在小比例尺地图上,主要以表示历史文化方面的独立地物为主。

表3-2　独立地物的内容

| | |
|---|---|
| 工业标志 | 烟囱,石油井,盐井,天然气井,油库,煤气库,发电厂,变电所,无线电杆、塔,矿井,露天矿,采掘场,窑 |
| 农业标志 | 水库,风车,水轮泵,饲养场,打谷场,储藏室 |
| 历史文化标志 | 革命烈士纪念碑、像,彩门,牌坊,气象台、站,钟楼、鼓楼、城楼,古关寨,亭,庙,古塔,碑及其他类似物体,独立大坟,坟地 |
| 地形方面的标志 | 独立石,土堆,土坑 |
| 其他标志 | 旧碉堡,旧地堡,水塔,塔形建筑物 |

独立地物由于实地形体较小,无法以真形显示,所以大都是用侧视的象形符号来表示的。图3-6是我国1∶2.5万~1∶10万地形图上独立符号的举例。

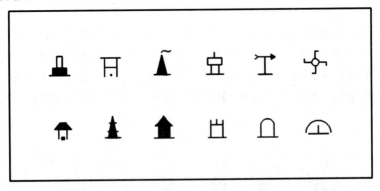

图3-6　我国1∶2.5万~1∶10万地形图上独立符号的举例

在地形图上,独立地物必须精确地表示其实地位置,所以符号都规定了符号的主点,便于定位。当独立地物符号与其他符号绘制位置有冲突时,一般保持独立地物符号准确位置其他物体移位绘出。街区中的独立地物符号,一般可以中断街道线、街区留空绘出。

**2.居民地**

居民地是人类居住和进行各种活动的中心场所。在地图上应表示出居民地的形状、建筑物的质量特征、行政等级和人口数。

1)居民地的形状

居民地的形状包括内部结构和外部轮廓,在普通地图上都尽可能地按比例尺描绘出居民地的真实形状。

居民地的内部结构主要依靠街道网图形、街区形状、水域、种植地、绿化地、空旷地等配合显示。其中,街道网图形是显示居民地内部结构的主要内容。随着地图比例尺的缩小,有些较大的居民地往往还可用很概括的外围轮廓来表示,而许多中小居民地就只能用圈形符号来表示了。图 3-7 为普通地图上居民地的表示。

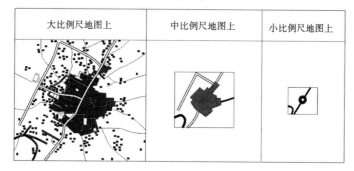

**图 3-7　居民地内部结构和外部轮廓的表示**

2)居民地建筑物质量特征

在大比例尺地形图上,由于地图比例尺大,可以详尽区分各种建筑物的质量特征,例如表示出独立房屋、突出房屋和街区。图 3-8 为我国地形图上居民地建筑物质量特征的表示法。随着地图比例尺的缩小,表示建筑物质量特征的可能性随之减小。

| 独立房屋 | ■ 不依比例尺<br>⌐ ■ 依比例尺的 | | 普通房屋 | ■ 不依比例尺的<br>■ 半依比例尺的<br>⌐ ■ 依比例尺的 | |
|---|---|---|---|---|---|
| 突出房屋 | ⊡ 不依比例尺<br>▣ 依比例尺的 | 1:10万<br>不区分 | | ■ 不依比例尺的<br>■ 依比例尺的 | 1:10万<br>不区分 |
| 街区 | ■ 坚固的<br>■ 不坚固的 | 1:10万 | | | 1:10万 |
| 破坏的房屋<br>及街区 | □ 不依比例尺<br>▭ 依比例尺的 | | | 同左 | |
| 棚房 | □ 不依比例尺<br>▭ 依比例尺的 | | | 同左 | |

**图 3-8　我国地形图上居民地建筑物质量特征的表示**

3) 居民地的行政等级

居民地的行政等级是国家法定标志,表示居民地驻有某一级行政机构。

地图上表示行政等级的方法有很多。例如可以用地名注记的字体、字大来表示,居民地用圈形符号的图形和尺寸的变化来区分,这种方法适用于不需要表示人口数的地图。当地图比例尺较大,有些居民地还可用平面轮廓图形来表示时,仍可用圈形符号表示其相应的行政等级。居民地轮廓图形很大时,可将圈形符号绘于行政机构所在位置;居民地轮廓范围较小时,可把圈形符号描绘在轮廓图形的中心位置或轮廓图形主要部分的中心位置上。图 3-9 为我国地图上表示行政等级的几种常用方法举例。

| 类别 | 用注记(辅助线)区分 | | 用符号及辅助线区分 | | |
|---|---|---|---|---|---|
| 首都 | □□□ | 粗等线体 | ★ (红) | ★ (红) | |
| 省、自治区、直辖市 | □□□ | 粗等线体 | ● (省) | (省辖市) ◎ ◎ | ✦ |
| 自治州、地、盟 | □□□ | 粗等线体 | ● (地) | (辅助线) | ⊙ ▣ |
| 市 | □□□ | 粗等线体 | | | |
| 县、旗、自治县 | □□□ | 中等线体 | ● | ⊙ | ⊙ |
| 镇 | □□□ | 中等线体 | | | |
| 乡 | □□□ | 宋体 | | | ⊙ |
| 自然村 | □□□ | 细等线体 | ○ | ○ | ○ |

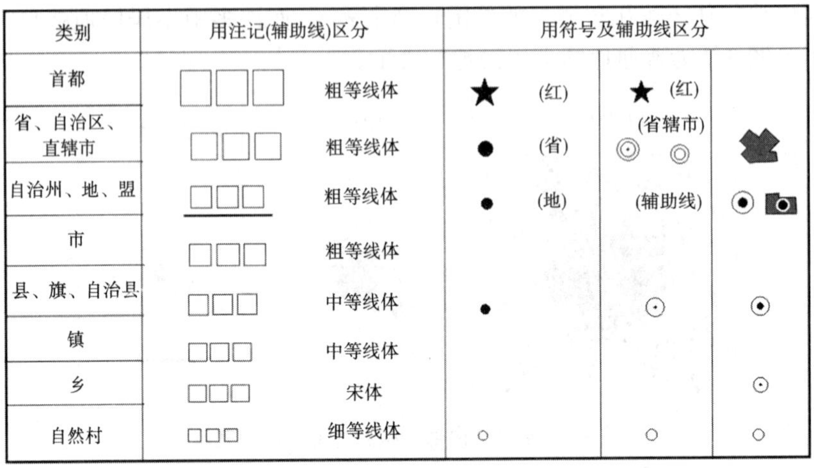

**图 3-9　表示行政等级的几种常用方法举例**

4) 居民地的人口数量

地图上表示居民地的人口数,能够反映居民地的规模大小及经济发展状况。

居民地的人口数量通常是通过注记字体、字大或圈形符号的变化来表示的。在小比例尺地图上,绝大多数居民地用圈形符号表示,这时人口分级多以圈形符号图形和大小变化来表示,同时配合字大来区分。图 3-10 是表示居民地人口数的几种常用方法举例。

| 用注记区分人口数 | | | 用符号区分人口数 | | | |
|---|---|---|---|---|---|---|
| (城镇) | (农村) | | | 100万以上 | | 100万以下 |
| **北京** 100万以上 | 沟帮子 | 2 000以上 | | 50万~100万 | | 30万~100万 |
| **长春** 50万~100万 | 茅家埠 | | ⊙ 10万~50万 | | ◉ | 10万~30万 |
| **绵州** 10万~50万 | 南坪 | 2 000以下 | ◎ 5万~10万 | | ◎ | 2万~10万 |
| 通化 5万~10万 | 成远 | | ⊙ 1万~5万 | | ⊙ | 5 000~2万 |
| 海城 1万~5万 | | | ○ 1万以下 | | ○ | 5 000以下 |
| 永陵 1万以下 | | | | | | |

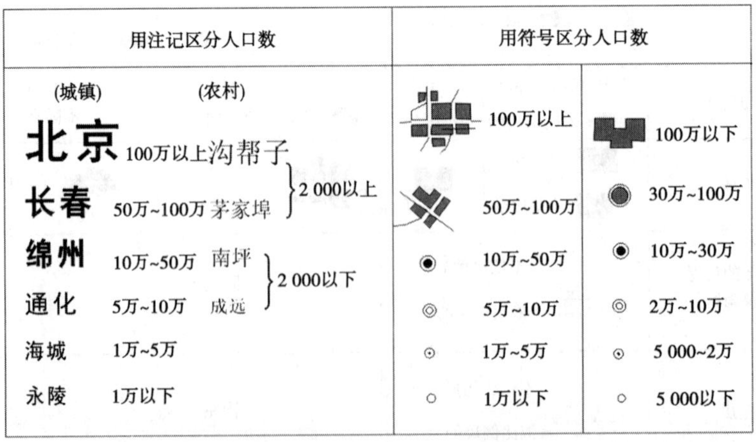

**图 3-10　居民地人口数的几种常用方法举例**

当地图上需要同时表示出居民地的行政意义和人口数时,通常用名称注记的字体、字大变化表示行政意义,用符号的变化表示人口数分级。

3.交通网

交通网是各种交通运输线路的总称。它包括陆地交通、水路交通、空中交通和管线运输等几类。在地图上应正确表示交通网的类型和等级、位置和形状、通行程度和运输能力以及与其他要素的关系等。

1）陆地交通

陆地交通地图上表示为铁路、公路和其他道路三类。

A.铁路

在大比例尺地图上,要区分单线铁路和复线铁路,普通铁路和窄轨铁路,普通牵引铁路和电气化铁路,现有铁路和建筑中的铁路等;而在小比例尺地图上,铁路只区分主要铁路和次要铁路两类。我国大、中比例尺地形图上,铁路皆用传统的黑白相间的符号来表示。其他的一些技术指标,如单、双轨用加辅助线来区分,标准轨和窄轨以符号的尺寸来区分,已成和未成的用不同符号来区分等。小比例尺地图上,铁路多采用黑色实线来表示。图 3-11 为我国地图上使用的铁路符号示例。

| 类别 | 大比例尺地图 | 中小比例尺地图 |
|---|---|---|
| 单线铁路 | （车站） | （车站） |
| 复线铁路 | （会让站） | |
| 电气化铁路 | 电气 | 电 |
| 窄轨铁路 | | |
| 建筑中的铁路 | | |
| 建筑中的窄轨铁路 | | |

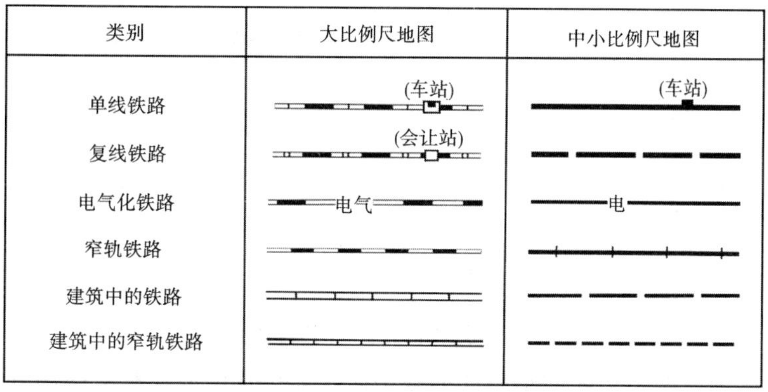

图 3-11　我国地图上使用的铁路符号示例

B.公路

公路分为主要公路和简易公路两类。主要以双线符号表示,再配合符号宽窄、线号粗细、色彩的变化和说明注记等反映其他各项技术指标。例如,注明路面的性质、路面的宽度。在大比例尺地形图上,还要详细表示涵洞、路堤、路堑、隧道等道路的附属建筑物。

新图式上的公路,依据交通部的技术标准来划分,将公路分为汽车专用公路和一般公路两大类。汽车专业公路包括高速公路、一级公路和部分专用的二级公路;一般公路包括二、三、四级公路。图 3-12 是我国新的 1∶2.5 万～1∶10 万地形图上公路的示例。

C.其他道路

其他道路是指公路以下的低级道路,包括大车路、乡村路、小路、时令路、无定路等。低级道路在地形图上也根据其主次分别用实线、虚线、点线并配合线号的粗细区分,如图 3-13 所示。

在小比例尺地图上,低级道路表示得更为简略,通常只分为大路和小路。

2）水路交通

水路交通主要可分为内河航线和海洋航线两种。地图上常用短线（有的带箭头）表示河流通航的起讫点。在小比例尺地图上,有时还标明定期和不定期通航河段,以区分河流航线的性质。

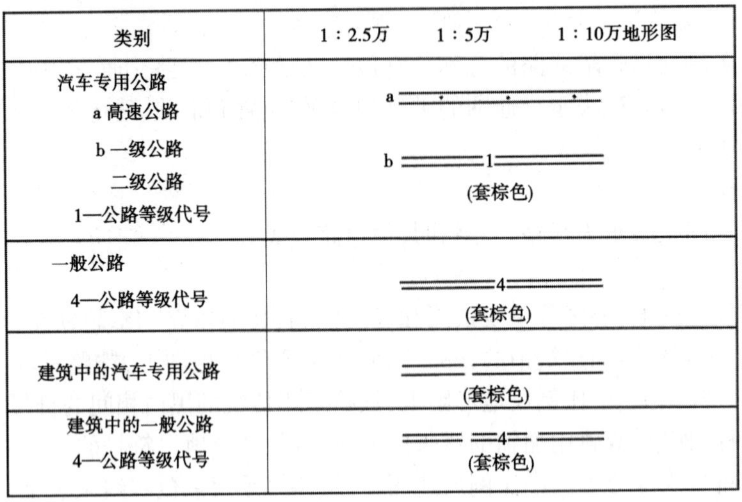

| 类别 | 1:2.5万　　1:5万　　　1:10万地形图 |
|---|---|
| 汽车专用公路<br>a 高速公路<br>b 一级公路<br>二级公路<br>1—公路等级代号 | a ━━━━━━━━<br>b ━━━━━━1<br>(套棕色) |
| 一般公路<br>4—公路等级代号 | ━━━━━━━━4<br>(套棕色) |
| 建筑中的汽车专用公路 | ━ ━ ━ ━<br>(套棕色) |
| 建筑中的一般公路<br>4—公路等级代号 | ━ ━4━ ━<br>(套棕色) |

图 3-12　我国新的 1:2.5 万～1:10 万地形图上公路的示例

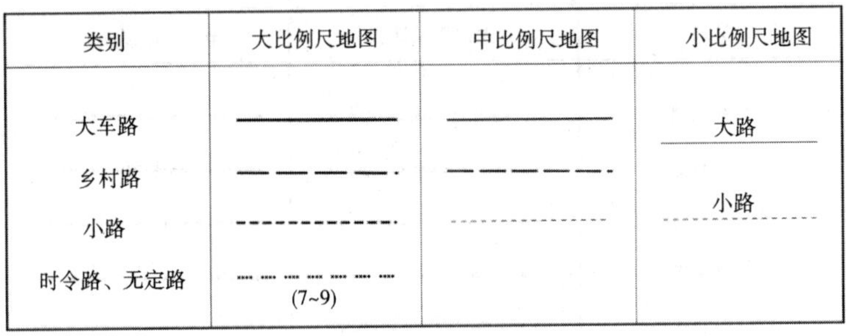

| 类别 | 大比例尺地图 | 中比例尺地图 | 小比例尺地图 |
|---|---|---|---|
| 大车路 | ━━━━━━ | ━━━━━━ | 大路 |
| 乡村路 | ━ ━ ━ ━ · | ━ ━ ━ ━ · | |
| 小路 | ‑ ‑ ‑ ‑ ‑ | ········· | 小路 |
| 时令路、无定路 | ···· ···· ···· ····<br>(7~9) | | |

图 3-13　我国地图上低级道路的示例

　　一般在小比例尺地图上才表示海洋航线。海洋航线常由港口和航线两种标志组成。港口只用符号表示其所在地,有时还根据货物的吞吐量区分其等级。航线多用蓝色虚线表示,分为近海航线和远洋航线。近海航线沿大陆边缘用弧线给出,远洋航线常按两港口间的大圆航线方向绘出,但注意绕过岛礁等危险区。相邻图幅的同一航线方向要一致,要注出航线起讫点的名称和距离。当几条航线相距很近时,可合并绘出,但需加注不同起讫点名称。

　　3) 空中交通

　　在普通地图上,空中交通是由图上表示的航空站体现出来的,一般不表示航空线。我国规定地图上不表示航空站和任何航空标志。国外地图一般都较详细地表示。

　　4) 管线运输

　　管线运输主要包括管道运输和高压输电线两种。它是交通运输的另一种形式。

　　管道运输有地面和地下两种。我国地形图上目前只表示地面上的运输管道,一般用线状符号加说明注记来表示。

　　在大比例尺地图上,高压输电线是作为专门的电力运输标志,用线状符号加电压等说明注记来表示的。另外,作为交通网内容的通信线也是用线状符号来表示的,并同时表示出有方位的线杆。在比例尺小于 1:20 万的地图上,一般都不表示这些内容。

　　4.境界

　　地图上,境界分为政区境界和其他境界。政区境界包括国界,省、自治区、中央直辖市界,自治州、盟、省辖市界,县、自治县、旗界等;其他境界包括地区界、停火线界、禁区界等。

地图上所有境界线都是用不同结构、不同粗细与不同颜色的点线符号来表示的,如图 3-14 所示。

| 国界 | 行政区界 | 其他界 |
|---|---|---|

**图 3-14 表示境界的符号示例**

## (三)地貌

地貌是地理环境中最基本的要素之一。它不仅影响和制约着其他自然地理要素的分布,而且极大地影响人文地理要素的分布与发展。地图上表示地貌在军事上也有极其重要的意义。

地图上地貌的表示方法主要有写景法、晕渲法、等高线法、分层设色法等。

### 1.写景法

以绘画写景的形式表示地貌起伏和分布位置的地貌表示法称为写景法。

现代地貌写景法有三种绘制方法,第一种方法是根据等高线素描的地貌写景,第二种是根据等高线作密集而平等的地形剖面叠加形成地貌写景图,第三种为计算机制图立体写景的方法。

绘图者根据等高线素描的手法塑造地貌形态进行写景法表示地貌,这种方法手法简便,但受绘图者对等高线的理解和绘画技巧的影响,对绘图者要求要有一定的绘画素养。

电子计算机应用于制图为绘制立体写景图创造了有利的条件。根据 DEM 自动绘制连续而密集的平面剖面变得十分方便。这种方法的优点是排除了绘图员主观因素的影响,图形精度较高,形态生动。此外,还可以选择视点的方位和高度,获得不同的立体写景效果。图 3-15 为自动绘图仪绘制的立体写景图。

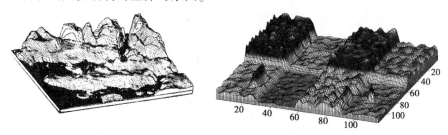

**图 3-15 自动绘图仪绘制的立体写景图**

### 2.晕渲法

晕渲法是显示地貌立体的主要方法之一。

它的原理是根据假定光源对地面照射所产生的明暗程度,用浓淡不一的墨色或彩色沿斜坡渲绘其阴影,造成明暗对比,显示地貌的分布、起伏和形态特征。

晕渲法的优点是能生动直观地表示地貌形态,容易建立地貌的立体感。晕渲法的缺点是不能直接测量坡度,也不能明显地表示地面高程的分布。图 3-16 为晕渲法表示的地貌。

### 3.等高线法

在等高线地形图上,根据等高线不同的弯曲形态,可以判读出地表形态的一般状况。等高线呈封闭状时,高度是外低内高,则表示为凸地形(如山峰、山地、丘顶等);等高线高度是外高内低,则表示的是凹地形(如盆地、洼地等)。等高线是曲线状时,等高线向高处弯曲的部分表示为山谷;等高线向低处凸出处为山脊。数条高程不同的等高线相交一处时,该处的地形部位为陡崖。由一对表示山谷与一对表示山脊的等高线组成的地形部位为鞍部。等高线密集的地方表示该处坡度较陡;等高线稀疏的地方表示该处坡度较缓。典型地貌的等高线表示见图 3-17。

**图 3-16　晕渲法表示的地貌**

用等高线表示地貌还应加注适当数量的等高线注记和高程点注记。等高线注记应选注在适当的位置,使字头指向山顶,但不得倒置。在斜坡方向不易判读的地方和凹地的最低一条等高线绘出示坡线。

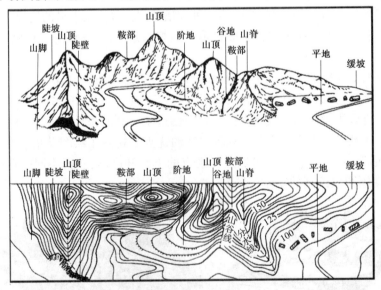

**图 3-17　典型地貌的等高线表示**

等高线法表示地貌的优点是方法科学,可以量算高差和坡度。缺点是缺乏立体效果,两条等高线之间的微地形无法详细表示。

4.分层设色法

以一定的颜色变化次序或色调深浅来表示地貌的方法。首先将地貌按高度划分为若干带;各带规定具体的色相和色调,称为"色层"。为划分的高度带选择相应的色系,称为"色层表"。在地图上,按色层表给不同高度带以相应颜色。目前,常见的色层表为绿褐色系、低地丘陵用黄色、山地用褐色、雪山和冰川用白色或蓝色等。能醒目地显示地势各高程带的范围、不同高程带地貌单元的面积对比,具有立体感,如图 3-18 所示。

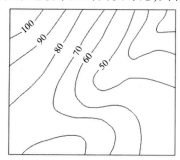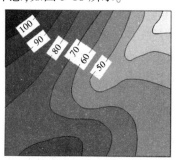

**图 3-18　分层设色法表示地貌**

此法由制图学家雷马虚克发明。设色的原则,是按地面由低到高,以绿、黄、棕等颜色分别表示平原、高原和高山,以浓淡不同的蓝色表示海洋的不同深度带。该法的优点是能概括地表示图内区域的地形大势,在分层设色法绘制的小比例尺地图中,平原、丘陵、山地等的分布状态一目了然、阅读很方便。

目前,我国常用的地形图,200 m 等高线以下填绘深绿色,200~500 m 等高线间填绘浅绿色。500~1 000 m 等高线间填绘浅黄色,1 000~2 000 m 等高线间填深黄色,2 000~3 000 m 等高线间填浅赭色。

# 单元二　专题地图

## 一、专题地图的概念

专题地图是以普通地图为地理基础,着重表示制图区域内某一种或几种自然或社会经济现象的地图。普通地图以相对平衡的程度来描述地表最基本的自然、人文现象,而专题地图是根据专业的需要,突出反映一种或几种主题要素的地图。

19 世纪开始,随自然科学的专题研究出现了专题地图,并不断细化和深入,有单一要素的、多种要素的,有小范围的、大范围的,并且各种专题地图各有其独立的对象、研究方法及地图模式。各专题地图的内容,具有各自的主题和特点。如人口分布专题地图反映不同地区人口的分布数量、密度等;资源分布专题地图重点表达某种或某几种资源在研究范围区域内的分布数量、种类等。地质图反映地层岩石的分布、形成与发展,反映地壳运动的空间、时间和强度;地貌图反映地貌营力、物质基础和发育过程。专题地图因比例尺而异,随比例尺的增大或缩小,要改变其外在形式和内在结构。

随着国家经济建设和科研教育的迅速发展,专题地图已发展到所有区域性学科及其许多的生产部门,在国民经济和社会生活等方面的应用越来越广泛。

## 二、专题地图的内容

专题地图的内容一般分两层平面,主要由专题内容和地理底图组成。专题地图反映的内容是广泛多样的,从空间而言,除了表示地表上、地表下、高空能见到的和能进行测量的自然要素或社会经济现象,还能表示不能见到的或不能直接测量的自然要素或社会经济现象,甚至是抽象的现象;从时间而言,它能反映现象的过去、现在及其发展,反映现象随着时间而发生的变化。专题地图不仅能直观地表示任何范围制图对象的质量特征、数量差异和动态变化,而且能够反映各现象的分布规律及其相互联系。专题内容表示得比较详细,运用各种符号的形状、大小和色彩将专题内容突出显示在第一平面;地理底图作为专题内容的背景基础,表示得相对比较简单,符号线划细小,颜色较浅,居于第二层平面。

## 三、专题地图的特性

### (一) 内容广泛

专题地图以表示各种专题现象为主,也能表示普通地图上的某一个要素如水系、交通网等。因此,所表示的内容十分广泛:既能表示自然地理现象(如气温),又能表示社会经济或人文地理现象(如旅游资源);既能表示各种具体、有形的现象(如企事业单位分布、风向频率),又能表示抽象、无形的现象(如气压分布);既可表示空间状况(如农作物、矿产的分布),又可反映现象在特定时刻的分布状况(如统计到某日期的人口数、某个时段的气温平均值);既可表示静态的现象(如城市的外贸总量),也可反映动态变化(如人口增长、我国某港口至世界各地的贸易量);既可反映历史事件(如 500 年来我国洪涝灾害的分布),又可预测未来变化(如海岸线沉降变幅的预测)。

### (二) 具备地理底图

专题地图由两部分组成:地图底图与专题内容。地理底图是以普通地图为基础,根据专题内容的需要重新编制的。专题内容不可能孤立地存在,必须依附于一定的地理基础。两者分别处于不同的层面:表现地图主题的专题内容以各种符号组成第一层面,地理底图内则以较浅淡的色彩作为第二层面。两者在内容与形式上具有一定的内在联系。地理底图是专题地图不可分割的组成部分。

### (三) 图型丰富,图面配置多样

由于用途、目的及编制特点的不同,专题地图图型及图面配置的变化相当丰富。长期以来,地图设计与编制所形成的十余种点、线、面状符号的表示方法,大部分由专题地图总结得出。在色彩运用及地图的图名、图例、主图与副图、附图、附表及其他表现内容的配置关系上,专题地图比普通地图特别是地形图更为复杂多变,留给编图设计人员更多的创造空间。

### (四) 新颖图种多,与相关学科的联系更密切

科学技术的发展,观测方法、观测手段的不断增加与更新,特别是地理信息系统中分析功能、决策功能的支持,各类空间信息扩展和视觉化的需求也日益增长。以我国专题地图的发展状况看,从 20 世纪五六十年代主要由专业普查(如地质、土壤等)、综合考察、自然区划等方面的专题地图编制,逐渐发展到人口、社会经济、自然资源、环境,乃至跨越地学界线的医学、教育等领域用图。编图所依据的数据源,很多就是有关学科的现场一年调查资料、统计数据以及研究成果或结论。遥感图像也已成为了专题地图十分重要的信息源。具体的图

种,也从总结、反映时空分布的一般规律,发展到预测预报、宏观决策等更深层次的功能。

### 四、专题地图的类型

#### (一)按专题内容分类

根据内容,专题地图可分四大类:表示自然现象主题的自然地图;表示社会经济现象主题的社会经济地图;反映环境状况的环境地图;其他专题地图。

专题地图按内容进行分类时,应根据图件所涉及学科、专业的特点及结构层次,将所编的专题地图相对应地进行分级,这对于同一层次以及不同层次的专题内容进行对比和应用分析,各类信息数据库的建立,进行地理信息系统中的迭置分析、多因子综合分析等都是重要的。

**1.自然地图**

自然地图主要包括地理环境中各种自然地理要素形成的专题地图(见图3-19)。较常见的如大气现象地图(气象、气候图)、地质图、地势图及水文图。此外,土壤、植被、动物地理、地球物理、综合自然地理等类型的专题地图也属于自然地图的范畴。

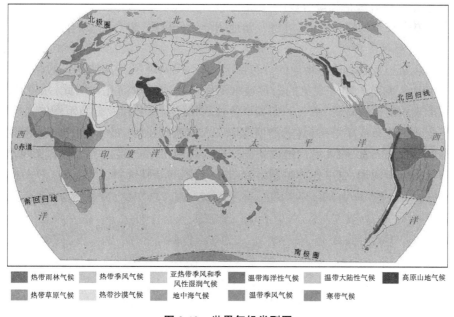

**图3-19　世界气候类型图**

**2.社会经济地图**

社会经济地图涉及面十分广泛。它所包括的主要类别有人口地图、经济地图、社会事业地图、政治行政区划地图以及分别在区域及时间上有特殊意义的城市地图和历史地图等(见图3-20)。

**3.环境地图**

人类对自身生存环境的重视、环境状况的恶化趋势以及对环境持续化发展的需求,使环境地图成为专题地图中的新型独立图种。它主要包括的类型有环境背景条件地图,环境污染现状地图、环境质量评价及环境影响评价地图,环境预测及区划、规划地图,自然灾害地图等。

**4.其他专题地图**

指上述类型以外的专题地图,主要有各类航空图及工程技术图等专用地图。

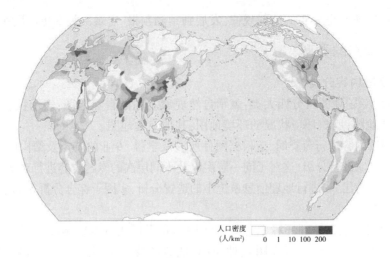

图 3-20　世界人口分布图

### (二) 按专题现象概括程度分类

根据对专题现象的概括程度,可将专题地图分为分析图、组合图、综合图。

### 1.分析图(解析图)

分析图通常用来表示单一现象的分布情况,但不反映现象与其他要素的联系或相互作用(见图 3-21)。对这种单一现象的内容通常不做简化或很少简化。因此,从资料的获取、处理到图形表示都比较直观、单一。如表示各行政单位人口数量及分布范围的人口图;表示各个工厂企业的分布或单一指标(总产值或职工人数或利税等)的工业图;表示某时刻气温分布的温度等值线图;反映区域内地面切割程度的切割密(深)度图等。分析图可直接获取某专题的空间分布规律,也可作为编制组合图、综合图的基础资料。

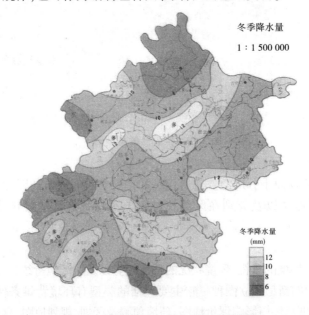

图 3-21　分析图——北京市冬季降水量

2.组合图(多部门图)

组合图可在同一幅地图上表示一种或几种现象的多方面特征(见图3-22)。这些现象及其特征必须有内在联系,但又有各自的数量指标、概括程度及表示方法。因此,组合图都是多变量的专题地图。采用组合图方法编制地图的目的,是更完整、深入地说明某一明确的主题。如在地图上同时表示某区域的经济作物分布(范围法)、所形成的工业中心及结构(点状符号)以及原材料及产品的产销路径(运动线),从而组成简明的工业区图。

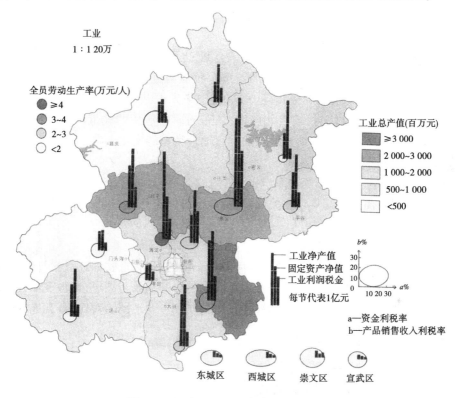

图3-22　组合图——北京市工业分布图

3.综合图(合成图)

综合图表示的不是各种现象的具体指标,而是把几种不同的,但互有关联的指标进行综合与概括,以获取某种专题现象(或过程)的全部完整特征。各种类型的区划图、综合评价图都属于此类。如气候区划图中对气候区划的划分依赖于气候及其他诸多因子(气温、降水、湿润度、地貌等),但在气候区划图上,并不出现上述各单因子的解析图,而是通过这些单因子建立综合指标来划分。又如某区域的环境质量综合评价图,是通过大气、水、噪声、固体废弃物、生态与绿化状况等有关的十多个因子,按一定的标准分别打分,以各因子在影响环境质量中的作用确定权重,得到综合性的评价指标及分级,从而编制出环境质量综合评价图。

以传统的方法,分析图、组合图、综合图在设计与编制时的复杂程度是逐步增加的。而运用计算机进行自动制图,特别是地理信息系统方法的介入,它们之间的差异已不十分明显。

有一些类型的专题地图,是为特定的专业需要设计的,并且往往只在相关的专业部门中阅读、作业、使用,可称为专用地图。它们在功能、表示方法、图面配置等与一般的专题地图

有一定差异。航图(航空、航海、宇航)就是典型的专用地图。其他如教学地图、旅游地图,也可划入专用地图的范畴。

### 五、专题地图的应用

随着相关学科,特别是现代科学技术对地图学的渗透,地图的应用领域更加得到扩展与深入。在这方面,专题地图更为突出。专题地图在各领域的应用可以归纳为以下几个主要方面。

#### (一)研究各种现象的分布特点与规律

专题地图上的现象可以是单一要素、单一类型,也可以是多要素或综合要素。其分布特点往往用目视分析的方法就可得到概略的了解。对地图进行分析,可以查明各种现象的分布特征、界线,了解区域的特点和结构等。如在《中华人民共和国地图集》的土壤图及植被图上,可以分析出我国土壤与植被自北向南、从东向西所包括的地带性和非地带性分布规律,也可了解到各地带内受局部地形影响的垂直地带类型的变化。

#### (二)研究各种现象的相互联系

运用地图进行专题现象相互联系、相互制约的研究,是地图应用的优势所在。这种分析,可以通过对同一幅图中的几个相关要素进行,也可以对几种不同内容的地图进行目视分析或图形迭置。

#### (三)研究各种现象的动态变化

地图以反映事物的静止状态为主。但借助于一定的表示方法,如在点状符号中,以扩张的形式或不同的色彩,在线状及面状符号中以不同色彩的线条与图斑,都可表示分布范围在不同时期的动态特征。可以通过对多幅不同时相、同一主题地图的对比,直观地进行动态分析见图 3-23。

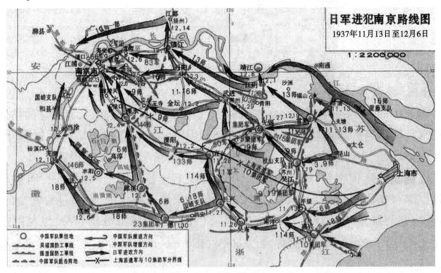

图 3-23　日军进犯南京路线图

#### (四)进行预测预报

通过地图分析进行地理要素的预测预报是一项综合研究,需要准确了解地图上各类事物分布的现状特点,了解相关事物之间的联系与制约,了解历史过程中的动态变化规律。而分析的方法不仅需要目视分析,更得依赖图解、图解分析、数理统计以及数学—地图模型方法的综合运用。在这些预测工作中,地图既是研究对象及研究手段,又是最终研究成果的重要表达形式(见图3-24)。

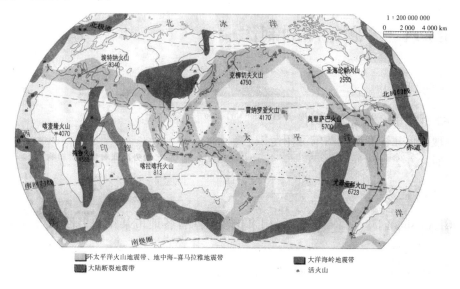

**图 3-24　世界火山和地震带分布图**

### (五) 进行综合评价

地图应用中的综合评价,必须根据明确的目的要求进行。在分析评价了主题各相关要素的地图后,找出影响因素中的主导因素及评价的指标系统。利用地图进行综合评价,一般都以系列图或地图集的形式出现。

### (六) 进行区划和规划

区划是根据现象内部的一致性和外部的差异性所进行的地域划分。规划是根据需要对未来的发展提出设想和具体部署。在制作区划与规划的过程中,始终需要应用许多相关主题的专题地图。而它们的归宿也分别是各类区划与规划的专题地图(或图集)。自然地理各要素以及社会经济各部门都需要制作单项或综合性的区划,各级行政部门也都需要制作与本级行政单位相适应的区划。制定区划实际上就是在各类单要素专题地图上,运用各种地图分析的方法,制定多级分类、分级指标,确定区划界线,勾绘成具有明确分级系统的区划图。

# ■ 小　结

本项目主要介绍了普通地图和专题地图两种地图图型。通过本项目的学习,掌握普通地图的分类,掌握地形图特点,掌握专题地图的含义、特性和类型,能进行地图类型判定。

# ■ 复习思考题

1.什么是普通地图,普通地图是如何分类的?

2.简述地形图的含义和特点。

3.专题地图的主要特性有哪些?

4.什么叫专题地图,专题地图是如何分类的?

【技能训练】

# 训练六　专题地图的制作

## 一、实验目的

(1)掌握常用专题地图的制作方法。

(2)理解这几种专题地图的适用范围。

(3)通过专题地图的制作,了解计算机制图中专题地图的制作方法。

## 二、实验任务

利用 ArcMap 创建一幅专题地图,用来比较河南省各地市某年的男性人口与女性人口数量。

## 三、实验内容

(1)对底图进行数字化,作成地理底图。

(2)输入专题属性数据。

(3)打开要创建专题地图的文件。

(4)点击地图文件选择属性,弹出如图 3-25 所示对话框,在"符号系统"中选择"图表"→"饼图",加载专题制图要素属性(女性人口和男性人口),调整饼图大小,点击"确定",完成专题地图制作。

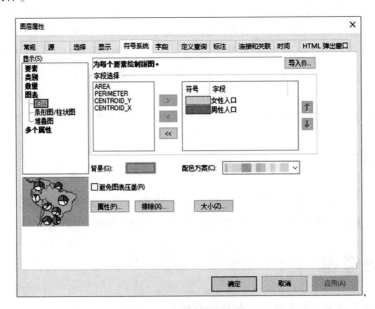

图 3-25　专题地图制作

（5）进入布局视图,插入图名、图例、比例尺等要素,整饰专题地图(见图3-26)。

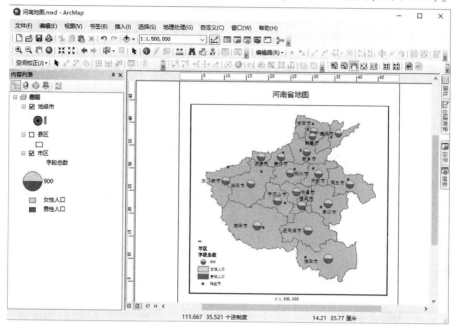

图3-26　布局视图整饰专题地图

（6）专题地图输出。页面设置后,通过"文件"→"导出地图",可将地图输出为图片(见图3-27、图3-28)。

图3-27　导出专题地图

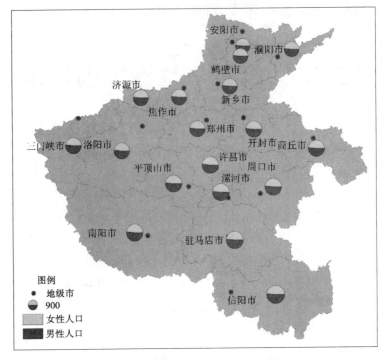

图 3-28　河南省人口分析专题图

# 项目四　地图符号与地图内容表示

**项目概述**

　　地图符号是表示地图内容的基本手段,它由形状不同、大小不一、色彩有别的图形和文字组成。地图符号是地图的语言,是一种图形语言。地图符号不仅具有确定客观事物空间位置、分布特点以及质量和数量特征的基本功能,而且具有相互联系和共同表达地理环境诸要素总体特征的特殊功能。本项目主要介绍地图符号及地形图符号的使用,重点介绍地形图、专题地图及电子地图的内容及其表示方法。

**学习目标**

　　**◆知识目标**

　　1.掌握地图符号的基本概念、基本特征及分类方法。

　　2.掌握地形图符号的使用方法。

　　3.掌握普通地图内容及表示方法。

　　4.掌握专题地图内容及表示方法。

　　**◆技能目标**

　　1.能进行不同类型地图符号使用。

　　2.会依据地形图图式,进行地形图内容的表示。

　　3.能根据制图要求,进行专题地图内容的表示。

　　4.能根据要求,进行电子地图的表示。

## 【导入】

　　客观世界的事物错综复杂,人们根据需要对它们进行归纳(分类、分级)和抽象,用比较简单的符号形象表现它们,这样不仅解决了描绘真实世界的困难,而且能反映出事物的本质和规律。地图具有负载和传递信息的功能,功能的发挥靠的是一种特殊的语言——地图符号。因此,要进行地图制作,首先要清楚地图符号及地图内容表示。

# 单元一　地图符号概述

## 一、地图符号的概念和意义

　　地图符号是地图的语言,是一种图形语言。它与文字语言相比较,最大的特点是形象直

观,一目了然。广义的地图符号是指表示各种事物现象的线划图形、色彩、数学语言和注记的总和,也称为地图符号系统。狭义的地图符号是指在图上表示制图对象空间分布、数量、质量等特征的标志和信息载体,包括线划符号、色彩图形和注记。就单个符号而言,它可以表示各事物的空间位置、大小、质量和数量特征;就同类符号而言,可以反映各类要素的分布特点;而各类符号的总和,则可以表明各类要素之间的相互关系及区域总体特征。因此,地图符号不仅具有确定客观事物空间位置、分布特点以及质量和数量特征的基本功能,而且具有相互联系和共同表达地理环境诸要素总体特征的特殊功能。

原始地图并无现代地图符号的概念,更谈不上符号系统,那时的地图就像写景的山水画,实地上看到什么就画什么,而且尽量使它愈像愈好。随着生产的发展和人类对自然与社会环境认识的不断深入,要在地图上表示的客观事物愈来愈多,形象的画法逐渐难以满足需要,再加上数学与测量学的发展,使地图的表示方法从写景向具有一定数学基础的水平投影的符号方向发展,由此地图表示的内容具有了精确定位的可能。进而又出现了将只能反映客观事物的个体符号向分类、分级方向发展,使地图符号具有了一定的概括性,即用抽象的具有共性的符号来表示某一类(级)客观事物。例如,用不同形状的线状符号将道路分为铁路、公路和大车路;用两种不同颜色(或晕线)的符号区分建筑物的坚固与不坚固的特征等。这种定位的概念化的地图符号,不仅解决了把复杂繁多的客观事物表示出来的困难,而且能反映事物的群体特征和本质规律。因此,对客观事物进行归纳、分类、分级后制订的概念化了的抽象的地图符号,实质上是对客观事物的第一次概括,这是地图概括的基础。

符号的作用,在于它能保证它所表示的客观事物空间位置具有较高的几何精度,从而提供了可量测性;能用不依比例尺符号或半依比例尺符号表示出地面上较小但又很重要的事物,还能表示地面上没有具体外形的现象;不但能表示事物的分布,而且能表示事物的质量和数量特征。特别是运用地图符号,经过概括,可以突出主要事物,使地图内容主次分明,清晰易读,因而才可能在地图上进一步研究客观事物的分布规律、相互关系,使地图成为地理研究中的重要工具。

## 二、地图符号的分类

地图符号,虽然经过了抽象概括,但数量还是日趋增多。为了更好地利用各种符号,现根据符号的某些特点进行分类。

### (一)按符号所代表客观事物的分布状况分

按符号所代表客观事物的分布状况可分为点状符号、线状符号和面状符号(见图 4-1)。

1. 点状符号

点状符号是一种表达不能依比例尺表示的小面积事物(如油库、气象站等)和点状事物(如控制点等)所采用的符号。点状符号的形状和颜色表示事物的性质,点状符号的大小通常反映事物的等级或数量特征,但是符号的大小和形状与地图比例尺无关,它只具有定位意义。

点状符号有如下特点:

(1)符号图形固定,不随符号位置的变化而改变。

(2)符号图形有确切的定位点和方向性。

(3)符号图形比较规则,能用简单的几何图形构成。

(4)符号图形形体相对较小。

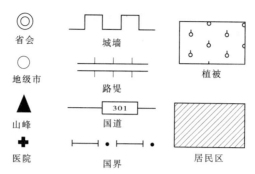

**图4-1　地图符号按符号所代表客观事物的分布状况分类**

（5）符号图形不随比例尺的变化而变化。

2.线状符号

线状符号是一种表达呈线状或带状延伸分布事物的符号,如河流,其长度能按比例尺表示,而宽度一般不能按比例尺表示,需要进行适当的夸大。因而,线状符号的形状和颜色表示事物的质量特征,其宽度往往反映事物的等级或数值。这类符号能表示事物的分布位置、延伸形态和长度,但不能表示其宽度。

线状符号有如下特点:

（1）线状符号都有一条有形或无形的定位线。

（2）线状符号可进一步划分为曲线、直线、虚线、点状符号线等。

（3）线状符号的图形可以看成若干图形组合而成,例如虚线是由短直线和空白段组合而成的。

3.面状符号

面状符号是一种能按地图比例尺表示出事物分布范围的符号。面状符号是用轮廓线（实线、虚线或点线）表示事物的分布范围,其形状与事物的平面图形相似,轮廓线内加绘颜色或说明符号以表示它的性质和数量,并可以从图上量测其长度、宽度和面积。

面状符号有如下特点:一般有一个有形或无形的封闭轮廓线。为区别轮廓范围内的对象,多数面状符号要在轮廓范围内配置不同的点状、线状符号或着染颜色。

**（二）按符号与地物的比例关系分**

按符号与地物的比例关系可分为依比例尺符号、半依比例尺符号和不依比例尺符号（见图4-2）。

| 依比例尺<br>符号 | 街区 | 苗圃 | 盐碱地 |
|---|---|---|---|
| 不依比例尺<br>符号 | 宝塔 | 亭 | 小面积树林 |
| 半依比例尺<br>符号 | 铁路 | 堤 | 单线河 |

**图4-2　地图符号按符号与地物的比例关系分类**

（1）依比例尺符号又叫轮廓符号或面状符号,即实地面积较大的地物,依比例尺缩小后,仍保持与实地形状相似、图形清晰的符号,如居民地、森林、大的河流与海、湖、沼泽等。

（2）半依比例尺符号又叫线状符号,用以表示如道路、垣栅、堤、小河等线状地物。这种符号在多数情况下只能依比例尺表示其长度,但不能依比例尺表示其宽度。因此,在图上只可量测长度,不能量测宽度。

（3）不依比例尺符号又叫记号性符号或点状符号,即实地上一些面积较小,缩小后仅是一个点,不能依比例尺表示,但又是非常重要的地物,如宝塔、亭、独立树等。因此,这种符号在图上不能量测其大小。

### （三）按符号的定位情况分

按符号的定位情况可分为定位符号和说明符号。

（1）定位符号是指图上有确定位置,一般不能任意移动的符号。如河流、居民地、境界等。地图上的符号大部分都属于这一类。它们都可以根据符号的位置,确定其所代表的客观事物在实地的位置。

（2）说明符号是指为了说明事物的质量和数量特征而附加的一类符号,它通常是依附于定位符号而存在的。如说明森林树种的符号、果园符号等。它们在图上配置于地类界范围内,或规则排列或不规则排列,但都没有定位意义。

### （四）按符号的图形特征分

按符号的图形特征可分为正形符号、侧视符号和象征符号。

（1）正形符号以正形投影为基础,按地物平面轮廓形状构成,好像从空中垂直俯视时所见到的轮廓一样,符号图形与地物轮廓形状相似。如居民地、河流、桥梁等。地图符号多数都属正形符号。

（2）侧视符号以透视投影的原理,按地物的侧面形状设计而成。如同在地面上习惯于从侧面观察地物所获得的印象一样,符号图形与地物的侧视形状相象。如地图中突出表示的阔叶树、水塔、烟囱等。

（3）象征符号。有些地物既不宜用正形符号表示,又不宜用侧视符号表示,而是用一种象征地物含意的图形表示的,如变电站、气象站等(见图4-3)。

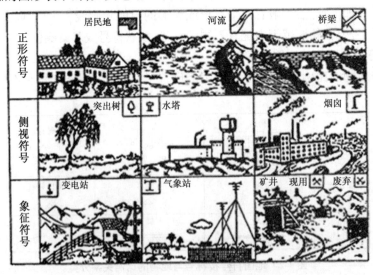

**图4-3　地图符号按符号的图形特征分类**

# ■ 单元二　地形图符号的使用

## 一、地形图符号的分类

地形图是按一定的比例尺和统一的地形图符号表示地物和地貌的一种正射投影图。地形图上所使用的符号均以地形图图式为依据,地形图图式是地形图上表示各种地物和地貌要素的符号、注记和颜色的规则和标准,是测绘和出版地形图必须遵守的基本依据之一,是由国家统一颁布执行的标准。统一标准的图式能够科学地反映实际场地的形态和特征,是人们识别和使用地形图的重要工具,是测图者和使用者沟通的语言。我国目前颁布实施的国家地形图图式标准有 1∶500、1∶1 000、1∶2 000 地形图图式等。

地形图图式按地面物体的性质把地形图符号分为十大类,由于地面物体平面轮廓的大小各不相同,又按符号与地物的比例关系进行分类。

(1)测量控制点:如平面控制点、高程控制点和 GPS 控制点等。

(2)居民地和垣栅:如普通房屋、特殊房屋、房屋附属设施和垣栅等。

(3)工矿建(构)筑物及其他设施:如矿山开采、地质勘探设施,工业设施,农业设施,公共设施,有纪念意义的建筑物等。

(4)交通及附属设施:如铁路和其他轨道、火车站及附属设施、公路等。

(5)管线及附属设施:如电力线、通信线、管道等。

(6)水系及附属设施:如河流、湖泊、水库、沟渠等。

(7)境界:如行政区划界、其他界线等。

(8)地貌和土质:如等高线、坡、坎、土质等。

(9)植被:如耕地、园地、林地、草地等。

(10)注记:如居民地名称、山名、水系名称、各种说明注记等。

## 二、地形图符号的使用

为了正确运用《地形图图式》,现以 1∶500、1∶1 000、1∶2 000 地形图图式为例,将地形图符号的使用规定做一简要说明。

**(一)符号尺寸**

(1)图式上符号旁以数字标注的尺寸,均以 mm 为单位。

(2)符号的规格。

①在一般情况下,符号的线粗为 0.15 mm,点大为 0.3 mm,符号非主要部分的线段长为 0.6 mm。

②以虚线表示的线段,凡未注明尺寸的,其实部为 2.0 mm,虚部为 1.0 mm。

③组合符号图形部分未标明尺寸的,一般以图式为准。但楼梯、台阶线、斜坡与陡坎的长短线和短线,其间隔可视图形的大小放大或缩小。

**(二)符号的定位点和定位线**(见图 4-4)

(1)圆形、矩形、三角形等几何图形符号,定位点在其图形的中心。

(2)宽底符号(蒙古包、烟囱、独立石等),定位点在其图形的底线中心。

(3)底部为直角形的符号(风车、路标等),定位点在其图形直角的顶点。

(4)几种图形组成的符号(气象站、雷达站、无线电杆等),定位点在其下方图形的中心点或交叉点。

(5)下方没有底线的符号(窑、亭、山洞等),依比例尺表示的,定位点在两端点上;不依比例尺表示的,定位点在其下方两端点间的中心点。

(6)不依比例尺表示的其他符号(桥梁、水闸、拦水坝、溶斗等),定位点在符号的中心点。

(7)线状符号(道路、河流、堤、境界等),成轴对称的线状符号,其定位线是符号的中心线;非轴对称的线状符号,其定位线是符号的底线或缘线。

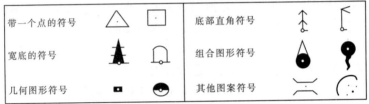

(a)符号定位点

| 类别 | 名称 | 符号示例 |
|------|------|----------|
| 轴对称图形 | 铁路 | |
| | 公路 | |
| | 篱笆 | |
| 非轴对称图形 | 城墙 | |
| | 围墙 | |

(b)符号定位线

**图4-4　符号定位点和符号定位线**

**(三)符号的方向和配置**

(1)独立性地物符号除简要说明中规定按真方向表示者外,其他的均垂直于南图廓描绘。

(2)土质和植被符号的配置(见图4-5)为:①整列式:按一定行列配置,如苗圃、草地、稻田等;②散列式:不按一定行列配置,如林地、灌木林、石块地等;③相应式:按实地疏密或位置配置,如疏林、散树、独立树等。

(3)土质或植被面积较大时,其符号间隔可放大1~3倍描绘;在能表示清楚的原则下,也可采用注记的方法表示;还可将图中最多的一种省绘符号,图外加附注说明,但一幅图或一批图应统一。

(4)以虚实线表示的符号(大车路、乡村路等),按光影法则描绘,其虚线绘在光辉部、实线绘在暗影部,一般在居民地、桥梁、渡口、徒涉场、山洞、涵洞或道路相交处变换虚实线方向。如图4-6所示。

**(四)符号在图上的正确显示**

(1)为了使各种地物的大小能正确地表示在图上,图式中所列符号有三种情况:①依比

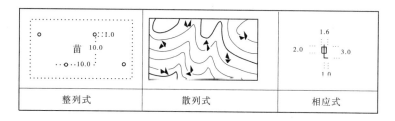

| 整列式 | 散列式 | 相应式 |

**图4-5　土质和植被符号的配置**

例尺符号(符号旁不注尺寸);②不依比例尺符号(符号旁注尺寸);③地物轮廓依比例尺描绘,其内描绘不依比例尺的符号作为说明符号,配置在轮廓内适中位置。

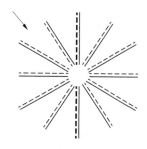

(2)为了使地形图清晰易读,各符号间的距离不应小于0.3 mm。在符号密集、相距很近的情况下,允许将符号尺寸缩小1/3描绘或移动次要要素符号。线状符号相距很近时,可移位或采用共线描绘。

(3)符号旁的深度、宽度、比高(除树高)数字注记一般注至0.1 m。

**图4-6　道路表示的光线法则**

(4)图式上简要说明中的各种数量指标,凡"大于"者含数字本身,"小于"者不含数字本身。

(5)图式中的点、线符号,除特殊标注的外,一般实线表示建筑物、构筑物的外轮廓(或中心线)与地面的交线,虚线表示地下部分或架空部分在地面上的投影,点线表示地类界、地物分界线、范围线、坎(坡)脚线。

(6)图式中某些符号(如斜坡、陡坎、墩、柱、栅栏、地下出入口等),与其他符号配合表示时,凡未加说明者,其含义及表示方法仍以相应符号的简要说明为准。

(7)实地有些建筑物、构筑物,图式中无符号,又不便归类表示者,可实测该物体的地面轮廓图形,并加注专名。

(8)图式土质和植被符号栏中,凡打框线者表示实地无明显范围线。

## ■ 单元三　地形图内容表示

地形是地貌和地物的总称。地形要素包括地物要素和地貌要素。它是地形图最基本的内容。我们已经知道地形图内容,是通过地形图的特定语言——地形图符号来表示的。为此,我们有必要了解地形图各要素表示的要求及其表示的方法和要领,下面分要素介绍。

### 一、测量控制点和独立地物

测量控制点是测制地形图和工程测量的主要依据,在图上必须精确表示。图上各测量控制点符号的几何中心,表示地面上控制点标志的中心位置。高程注记表示实地标志顶的高程或木桩顶的高程。点名和高程以分式表示,分子为点名或点号,分母为高程,一般注在符号的右方(见图4-7)。

| △ 张湾岭 156.718 | ⊗ Ⅱ 京石5 32.805 | ▲ B14 495.263 |
|---|---|---|
| 三角点 | 水准点 | 卫星定位等级点 |

图4-7　测量控制点表示符号

　　测量控制点与烟囱、水塔等地物重合时,当地物依比例尺用平面图形表示,且平面图形内能容纳控制点符号时,在平面图形内真实位置绘出控制点符号,相应地物的说明符号可以不绘,但需注出点名或点号以及地物名称,如建院(水塔);否则只绘独立性地物符号,控制点符号可省略不绘,除注点名外还应注出测量控制点的类别,如建院(三角点);位于房屋上的测量控制点,应在房屋符号的真实位置上绘出控制点符号,并注出点名。

## 二、居民地和垣栅

### (一)居民地

　　居民地是大比例尺地形图上的主要地物要素,测绘居民地要求准确反映实地各个房屋的外围轮廓和建筑特征。房屋的轮廓线一般以墙基外角连线为准。城区的主要街道边线以路沿线绘出,次要街道(包括小镇不通车的主要街巷)一般以各类地物自然形成的边线表示。居民地主要包括普通房屋、特殊房屋和房屋附属设施。

#### 1. 普通房屋

　　普通房屋主要有一般房屋、简单房屋、破坏房屋、棚房、架空房屋和廊房。以钢、钢筋混凝土、混合结构为主要建筑结构的坚固房屋和以砖(石)木为主要建筑结构的普通房屋均以一般房屋符号表示。1:2 000 地形图上根据需要可填绘晕线或只注房屋层数表示。房屋一般不综合,应逐个表示。不同层数、不同结构性质、主要房屋和附加房屋都应分割表示。城镇内的老居民区,房屋毗连、庭院套递,应根据房屋形式不同、屋脊高低不一、屋脊前后不齐等因素进行分割表示,如图4-8 所示。

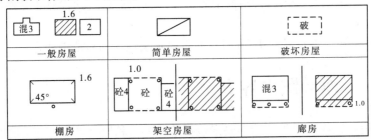

图4-8　普通房屋的表示符号

#### 2. 特殊房屋

　　特殊房屋主要有窑洞和蒙古包。窑洞按其外观形式可分为地面上的(指在陡壁上挖成)和地面下的(指在地面向下挖成平底大坑,再从坑壁挖成)两种。地面上的窑洞按其真方向表示;地面下依比例尺的窑洞按坑的边缘或围墙绘出范围,中间加绘符号,不依比例尺表示时,符号绘在坑的中心。砖或石块建筑的房屋式窑洞,测绘外形轮廓线,并填绘窑洞符号。蒙古包是指游牧区牧民居住的毡房,如季节性的应加注驻扎月份,如图4-9 所示。

**图4-9　特殊房屋的表示符号**

**3. 房屋附属设施**

房屋附属设施主要有廊、建筑物下的通道、台阶、院门等。建筑物下的通道指建筑物底层联系道路的通道(见图4-10)。

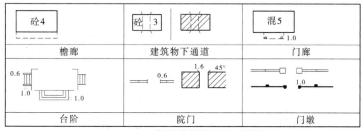

(a)房屋附属设施表示符号

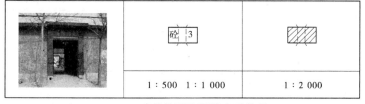

(b)建筑物下的通道表示符号

**图4-10　房屋附属设施及建筑物下的通道表示符号**

**(二)垣栅**

垣栅主要包括长城及砖石城墙、土城墙、围墙、栅栏、栏杆、篱笆等,在图上用半依比例尺的线状符号表示,其符号的中心线或基线为实地物体的中心位置,如图4-11所示。

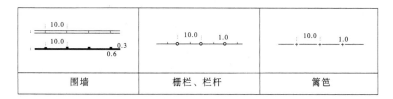

**图4-11　垣栅表示符号**

## 三、工矿建(构)筑物及其他设施

工矿建(构)筑物及其他设施主要指矿山开采、地质勘探、工业、农业、科学、文教、卫生、体育设施和公共设施等国民经济建设的主要设施。图上要准确表示其位置、形状和性质特征。如农业设施中常见的打谷场依比例尺表示,并加注"谷"字。

## 四、交通及附属设施

交通是国民经济发达程度的重要标志。图上必须准确反映陆地道路的类别和等级、附属设施的结构和关系;正确处理道路的相交关系及与其他要素的关系;正确表示水运和海运的航行标志、河流的通航情况及各级道路的通过关系。

交通及附属设施主要指铁路和其他轨道、火车站及附属设施、公路等。如一般铁路、公路等。一般铁路指按标准轨(轨距为1.435 m,以轨内侧量测)表示的铁路。1:500、1:1 000地形图上按轨距以双线依比例尺表示,1:2 000地形图上用不依比例尺符号表示。根据用图需要,铁路符号也可简化用单线表示。公路中的高速公路、等级公路和等外公路按其技术等级分别用高速公路、等级公路(1~4级)、等外公路符号表示(见表4-1),并在图上每隔15~20 cm注出公路技术等级代码。国家干线公路(简称国道)需注出国道路线编号(见图4-12)。

表4-1　公路的技术等级及其代码

| 代码 | 0 | 1 | 2 | 3 | 4 | 9 |
|---|---|---|---|---|---|---|
| 公路技术等级 | 高速公路 | 一级公路 | 二级公路 | 三级公路 | 四级公路 | 等外公路 |

图4-12　交通及附属设施表示符号

专用公路按其技术等级用相应的公路符号和技术等级代码表示。高速公路的配套设施,如隔离带、栅栏、排水沟、绿化带、铁丝网等以相应符号表示,收费站实测范围线,加注记表示。

## 五、管线及附属设施

管线是各种管道、电力线和通信线等的总称,图上要求准确反映管线类别、实地点位和走向特征。管线在图上是用半依比例尺的线状符号表示的,其符号的中心线为实地物体的中心位置。电力线分为输电线和配电线,输电线路均为高压线,图上以双箭头符号表示;配电线路一般为低压线,图上以单箭头符号表示,实地测绘可以瓷瓶、杆型、档距等特征加以判别。地下电力线根据需要表示,图上每隔3~4节绘一节电压符号。电缆标位置实测表示,但在1:2 000地形图上除拐弯、变陡处外,直线部分可取舍,电缆标符号垂直于电力线描绘。电杆不区分建造材料、断面形状,均用同一个符号表示。电杆、电线架、铁塔位置实测表示。多种电线在一个杆柱上时,只表示主要的。电力线、通信线根据需要,可不连线,仅在杆位或转折、分岔处绘出线路方向。入地口短线紧靠杆位垂直于电力线描绘,地下部分用虚线表示,如图4-13所示。

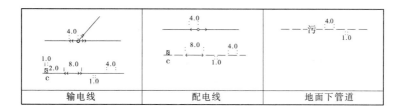

| 输电线 | 配电线 | 地面下管道 |

**图4-13　管线表示符号**

## 六、水系及附属设施

水系是江、河、湖、海、井、泉、水库、池塘、沟渠等自然和人工水体的总称,地形图上必须准确表示,凡有名称者均要加注。在地形图上的表示分为三种情况:一种是依比例尺表示的,如海洋、大的湖泊和水库、双线河流等;另一种是半依比例尺表示的,如单线河流和单线沟渠等;还有一种是不依比例尺表示的,如水井、泉等(见图4-14)。

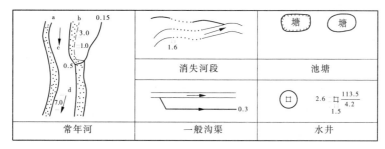

| 常年河 | 一般沟渠 | 水井 |

**图4-14　水系及附属设施表示符号**

沟渠是经人工修建供引水、排水的设施,沟渠内侧上边缘用水涯线表示,其宽度在图上大于1 mm(1∶2 000地形图上大于0.5 mm)的用双线表示;小于1 mm(1∶2 000地形图上小于0.5 mm)的用单线表示,每条沟渠均需加流向符号。

## 七、境界

境界是区域范围的分界线,包括行政区划界和其他地域界,图上要求正确反映境界的类别、等级、位置以及与其他要素的关系。如图4-15所示在地形图上表示时应注意以下几点:

(1)国内各级行政区划界应根据勘界协议、有关文件及权宜画法,准确、清楚地绘出。界桩、界标等要准确绘出,界标若为石碑,则以碑的符号表示。境界以线状地物为界,不能在线状符号中心绘出时,可沿两侧每隔3~5 cm交错绘出3~4节符号,但在境界相交或明显拐弯及图廓处,境界符号不应省略,以便明确走向和位置。

(2)应清楚表示岛屿、沙洲等的隶属关系。

(3)两级以上境界重合时,只绘高一级境界符号。

(4)"飞地"的界线用其隶属行政单位的境界符号表示,并在范围内加隶属注记。

(5)直辖市、地级市内的区界,用县界符号表示。

(6)乡级以上的国营农、林、牧场界,用乡、镇界符号表示,并注记名称。

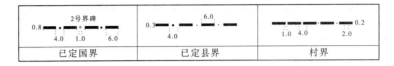

| 已定国界 | 已定县界 | 村界 |
|---|---|---|

**图 4-15　境界表示符号**

## 八、地貌和土质

### (一)等高线

地貌指地球表面起伏的形态,在地形图上地貌主要是以等高线来表示的。而对地面上无法用等高线表示的特殊地段或微形地貌特征,如冲沟、陡岩、露岩地、陡石山、溶斗、山洞、岩峰、干河床以及各种沙地地貌,则采用特殊的地貌符号表示。土质指地面表层覆盖物的类别和性质。地貌和土质是经济建设部门规划设计、资源调查的基本依据之一,图上要求正确表示其形态、类别和分布特征。

(1)每一条等高线代表的是一个高程面。同一条等高线上各点的高程均相等。

(2)每一条等高线都是连续闭合曲线,即使在小范围内不闭合,但在较大范围内最终还是要闭合起来的。

(3)等高线的图形特点代表着实地地貌的具体特征,其尖、圆、直、疏、密等均具有实际意义。如:弯曲的形状反映地貌的基本形态及地面切割特征(弯曲的方向代表山脊或谷地,弯曲的程度表示地面的切割程度);等高线的疏密反映地面的坡度(在等高距一定的条件下,等高线的数量反映地面的相对高度,等高线数量多则地面相对高度大,数量少则地面相对高度小)。

(4)等高线与实地地貌保持水平相似关系,因此平面位置准确,可供图上量测与判读。

### (二)等高距及等高线种类

地形图上表示地貌的详细程度,主要取决于等高距的大小。所谓等高距,是指相邻两条等高线之间的高程差。等高距越小,则等高线越密,所表示的地貌越详细;相反,等高距越大,则等高线越稀,所表示的地貌就越概略。国家基本比例尺地形图的等高距都是统一规定的,均在图式中有具体说明。

按照基本等高距测绘的等高线,称为基本等高线。从高程零点起算,将高程为 5 倍于等高距的基本等高线,用加粗等高线即计曲线表示,不加粗的基本等高线为首曲线。当用基本等高距不能显示地貌中某些有特征意义的微小地貌形态时,则以半距等高线即间曲线加以表示。半距等高线还不能显示的微小地貌形态,还可以用 1/4 基本等高距测绘的辅助等高线,即助曲线进一步补充表示。间曲线和助曲线的使用只限于图幅的局部地段,不可滥用,在图上也不一定要自闭合(见图 4-16)。

用等高线表示地貌还应加注适当数量的等高线注记和高程点注记。等高线注记应选注在适当的位置,使字头指向山顶,但不得倒置。在斜坡方向不易判读的地方和凹地的最低一条等高线绘出示坡线。

### (三)特殊地貌符号及其表示

用特殊地貌符号表示地貌是对等高线表示地貌的补充,它弥补了等高线的不足。恰当地运用特殊地貌符号能明显、生动地反映出地貌的特殊景观,乃至某些细小的特征。但是特

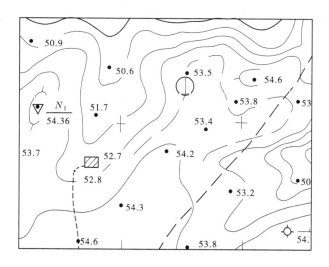

**图4-16 间曲线的表示方法**

殊地貌符号本身很难显示一种确切的数量概念,往往加注数字说明,并与等高线配合来表示地貌,起到互相补充的作用。

特殊地貌符号多达几十种,其中沙地地貌就分为三种。在实测地形图过程中,要弄清各种特殊地貌符号所表示实地地貌形态、质地的区别,各种数量指标的差异、符号定位、定向的不同规定,才能正确运用特殊地貌符号。关于各种特殊地貌符号所表示的地貌形态及其表示法,在《1:500 1:1 000 1:2 000 地形图图式》、《1:5 000 1:1万地形图图式1:25 000》和《1:50 000 1:100 000地形图图式》等中均有说明,这里不一一列举。下面就几种有代表性的特殊地貌符号的表示方法(见图4-17)和要求说明如下。

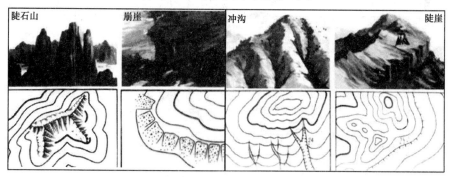

**图4-17 特殊地貌符号的表示方法**

1. 陡崖

陡崖指形态壁立,有明显上棱线,坡度大于70°,难以攀登的陡峭崖壁。分别用相应的符号表示,符号上沿的实线为崖壁上棱线。坡宽较大时以等高线配合陡崖符号表示。

2. 冲沟

冲沟指地面长期被雨水急流冲蚀逐渐深化而形成的大小沟壑,准确测绘沟头和沟宽,当图上宽度大于5 mm时需加绘沟底等高线;当图上宽度小于0.5 mm时用单线表示。

3. 梯田坎

梯田坎指依山坡、谷地和平丘地,由人工修成的阶梯式农田的陡坎用此符号表示。梯田

坎需适当测注比高或坎上坎下高程。梯田坎比较缓且范围较大时也可用等高线表示。

## 九、植被

植被是指覆盖在地表上的各种植物的总称,它包括各种天然的和人工栽培的植物,如森林、竹林、草地、稻田、果园等。图上应反映出植被类别特征和分布范围。大面积分布的植被在能表达清楚的情况下,可采用注记说明,如图4-18所示。

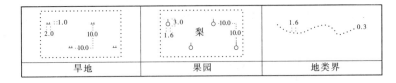

**图4-18　植被表示符号**

在同一地段生长有多种植物时,植被符号可配合表示,但不得超过3种(连同土质符号)。如果种类很多,可舍去经济价值不大或数量较小的。符号的配置应与实地植物的主次和稀密情况相适应。果园指种植各种果树的园地。实测范围,整列配置符号,并加注果树树种名称,如"苹""梨""桃"等字。

地类界、地物范围线是指各类用地界线和各种地物分布范围线。它与地面上有形的线状符号(道路、河流、坡坎线等)重合时,可省略不绘;与地面无形的线状符号(如等高线、境界、架空和地下的管线等)重合时,需移位绘出。

## 十、注记

注记是地形图的重要内容之一,是判读和使用地形图的直接依据(见图4-19)。

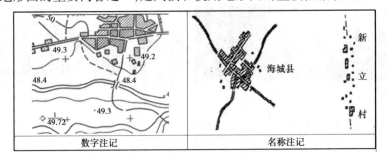

**图4-19　各种注记的表示方法**

### (一)注记的种类

地形图注记的内容非常丰富,但概括起来可分为如下三种类型。

**1.名称注记**

用于注释地物的名称,如居民地名称注记"南京",河名注记"黄河"等。名称注记按所注地物特点,又分为点状注记,如山峰注记、居民地注记等;线状注记,如河流注记、公路注记、铁路注记等;面状注记,如湖泊注记、行政区域注记等。

**2.说明注记**

用于补充说明符号的不足,当用符号还不能区分具体内容时使用。如果园中的注记"苹""橘"表示果园中的果树为苹果、橘子等。

**3. 数字注记**

数字注记用于注释要素的数量,如经纬度度数、等高线的高程值等。

**(二)注记的要素**

**1. 字体**

字体的不同主要用于区分不同事物的类别。例如多用宋体和等线体表示居民地等地理名称,水系名称用左斜体,山脉名称用耸肩体,山峰名称用长中等线体。

**2. 字大**

字大指注记字体的大小在一定程度上反映被注记对象的重要性和数量等级。地物之间的等级关系是人为确定的,表达了人对地物之间关系的认识。地物之间的隶属关系在注记上表现为注记字体大小上的不同,等级高的地物,其相应名称级别、地位越高,其作用亦越大,因而赋于其注记大而明显;反之,则小。

**3. 字隔**

字隔是指注记中字与字的间隔距离。其大小按所注地物的面积或长度来决定,一般可分为三种。

(1)接近字隔:各字间隔为 0.5 ~ 1 mm。

(2)普通字隔:各字间隔为 1 ~ 3 mm。

(3)隔离字隔:各字间隔为字大的 1 ~ 5 倍。

**4. 字位**

字位指文字注记或数字注记相对于被注记的地物的位置关系。采用何种字位,由所说明的地物的性质及周围情况而定。

(1)点状地物注记。应以点状符号为中心,在其上、下、左、右 4 个位置中的任意适当位置配置注记(见图 4-20),其中以上、左、右三者较佳,最好在其右方,凡注记点状物(如居民点等),都使用接近字隔注记。

(2)线状地物(例如河流、道路等)注记。注记要紧挨地物,采用较大字隔沿线状物注出,最大的可为字大的若干倍,过大则不便于联结起来阅读,当线状物很长时尚须分段重复注记(见图 4-21)。

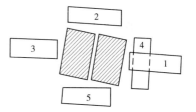

图 4-20　注记字位的选择

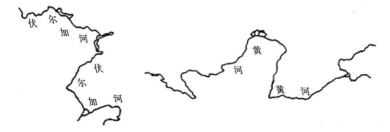

图 4-21　线状地物注记

(3)面状地物注记。字位应与地物的最大轴线相符,首尾两字至区域轮廓线的距离应相等,并大于注记本身字隔,其字隔应根据其所注面积大小而变化,所注图形较大时,亦应分区重复注记(见图 4-22)。

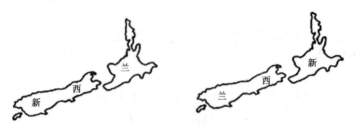

**图4-22　面状地物注记**

5. 字向

字向指字头所朝的方向。各种注记一般为正向字头朝向北图廓,但街道名称、河流名称、道路、等高线等线状地物的注记的字向随所注地物方向变化。

6. 字色

字色指注记所用颜色,它和字体类同,用于强化分类概念。字色一般与所注记的要素颜色一致,例如我国地形图上的等高线高程注记用棕色,水系名称用蓝色等,都随其要素用色。

7. 字列

注记的排列组合是由被注记地物的特点决定的,一般有水平字列、垂直字列、雁形字列、屈曲字列四种(见图4-23)。

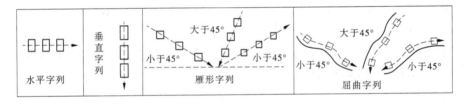

**图4-23　注记排列示意图**

(1)水平字列。各字中心连线平行于南、北图廓,由左向右排列。

(2)垂直字列。各字中心连线垂直于南、北图廓,由上而下排列。

(3)雁形字列。各字中心连线为直线且斜交于南、北图廓。交角小于45°时,文字由左向右排列;交角大于45°时,文字由上向下排列。

(4)屈曲字列。各字字边垂直或平行于线状地物,且依线状地物的弯曲形状而排列。

各种注记的字义、字体、字级、字向、字序、字位应准确无误,间隔应均匀相等,一般应根据所指地物的面积和长度妥善配置。

## 十一、各要素的相互关系

地形图不是实地的简单缩影,而是对地面物体有条件的选取和科学的概括,以地形图符号的形式,反映客观事物的分布规律和内在联系,同时考虑到制印工艺水平等多方面的因素。任何事物和现象都不是一成不变的、孤立存在的。地形图原图是如何正确表现客观实际的呢?这就需要我们要了解各要素的相互关系,这个问题的实质就是如何正确处理地形图符号之间的各种关系。

### (一)衔接关系

衔接关系是指在地形图上符号相交或相遇的相互关系(见图4-24),有以下三种表现形式:

(1)直接通过。适用于单线符号与单线符号相交,如单线河通过等高线、单线桥梁等。

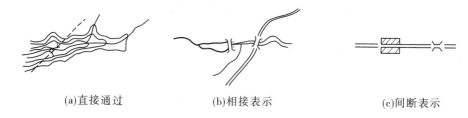

　　(a)直接通过　　　　　　　　(b)相接表示　　　　　　　　(c)间断表示

**图 4-24　衔接关系**

　　(2)相接表示。主要适用于单线符号与双线符号,或者双线符号与双线符号相交。一般是高级的通过,低级的间断相接,如公路与乡村路相交,主要的通过,次要的间断相接,铁路与公路相交,铁路通过,公路间断相接。位于上方的双线符号通过,位于下方的间断相接,如双线桥梁与河流相交。

　　(3)间断表示。适用于黑色线状符号与其他同颜色的符号或任何颜色的注记交接,一般线状符号应间断并留出 0.2 mm 的间隔表示,如道路与桥梁、道路与街道线、道路与独立地物、道路与居民地名称注记等。

**(二)位移关系**

　　位移关系是指实地物体在图上无法同时按其真实位置表示时,则需要在保持相互位置正确的前提下,采取移位的办法来处理相互之间的关系。位移的一般原则是:保持主要地物位置的准确,移动次要地物;当两者的重要性差不多时,则两者可同时位移。例如居民地符号紧靠铁路符号,一般应平移居民地符号,当居民地街区图形较大时,可略缩小街区图形;城镇以上居民地符号与公路符号靠得很近而绘不下时,一般可相互位移;小居民地符号与公路符号靠得很近而绘不下时,一般移动小居民地符号;居民地符号与单线道路符号靠得很近而绘不下时,一般移动单线道路(见图 4-25)。

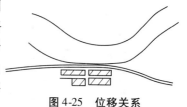

**图 4-25　位移关系**

　　总之,各要求之间关系处理是一个比较复杂的问题,不是简单的几条原则就能解决问题,关键是如何正确区分主次。主要和次要是相对而言的,并不是固定不变的,要对具体的问题做具体、全面的分析。例如,河流在图上起着"骨架"的重要作用,一般不得随便位移,尤其是具有方位作用的弯曲和主支流汇合处,更应当准确表示。但是,一条小的河流对于铁路来讲,铁路就显得重要。如果铁路与双线河并行,可以双方都做适当的位移。若有一方位移将引起新的矛盾(如铁路爬坡、铁路直线段产生弯曲、河流典型弯曲变形、河流汇合点位移等),就不宜采取双方位移的处理办法。

**(三)重叠关系**

　　重叠关系是指地形图符号表示的层次问题。地形图上的各要素,根据其重要性和不影响读图的原则,可分为第一平面和第二平面的层次关系。这种层次关系表现为两种不同颜色的符号可以重叠,两种相同颜色的符号中有一种符号的局部被另一种符号所压盖,其压盖部分应间断。例如,独立地物的符号可以压盖等高线,位于街区内的独立地物符号,其重叠部分的街区轮廓线和街区晕线应间断(见图 4-26)。但是,任何注记、独立的符号都不

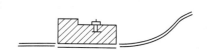

**图 4-26　重叠关系**

得互相压盖,在精度允许的条件下,可适当位移,否则应舍去一方。

# 单元四　专题地图内容的表示

## 一、专题地图的内容

自然界与人类社会中,凡属空间分布的事物,几乎都可作为专题地图的内容。地理事物虽然种类繁多,差异万千,但在地图上传输的信息可概括为以下四个:①表示专题要素的空间分布状态;②表示专题要素的质量差异(即类别);③表示专题要素的数量差异(数量上的等级或主次的关系):④表示专题要素的发展动态。

其中,反映要素的类别及空间分布状态是最基本的,因为地图的根本目的就是反映地理事物在空间的分布位置。地图传输给读者基本的信息是:这是什么? 分布在哪里? 例如粮食作物分布图,它不仅反映出粮食作物的分布范围,还可以区分稻米、小麦、玉米、高粱等不同类别所分布的范围。此外,地图还告诉读者:数量有多少? 如何发展变化的? 如在粮食作物分布图上表示各地区产量的多少;在海岸的变迁图上,表示海岸线在不同时期的具体位置,以说明它的发展速度和形态上的变化特点。

专题要素的空间分布状态分为四种:点状分布——相对集中于较小范围的事物。线状分布——具有线状或带状延伸的事物。面状分布——占有一定面积的事物,其中有的是连续而布满全制图区的,如土壤、植被、气候等;有的是连续分布的,如森林、矿区、农作物分布等:有的是松散(离散)分布的,如人口分布、牲畜分布等。体状分布——具有三维空间分布的事物,如地形的高低起伏。目前在地图上仍然是先将三维的高度投影到二维的平面上,然后采用二维平面表示的方法,如用等高线表示地形。

## 二、专题地图的表示方法

专题地图的表示方法是指在地图上对制图要素进行符号化表示的方法。这些方法在制图实践中逐步创造并经过较长期运用而得到不断的完善。最基本的方法有 12 种(廖克等,1985)。

### (一)个体符号法

个体符号法表示具有固定位置的点状个体现象,所以又叫定点符号法。每个符号代表一个或一种地物或现象,是一种不依比例尺的符号,可以表示制图对象的分布位置、质量和数量特征。

个体符号有几何符号、象形符号和文字符号三种(见图 4-27)。几何符号采用几何图形,其优点是绘制简便,易于确定符号中心点位,占图面较小。缺点是符号本身意义不够明确,辨认和记忆较为困难。象形符号包括示意性符号和艺术性符号两种。前者为简单图案符号,后者为实物素描或影像。其优点是形象直观,通俗易懂,适用于教学地图或宣传普及地图,但绘制复杂,不易精确地表示数量关系。目前象形符号也都趋向于简单图案化。文字符号采用字母或简单文字作符号,它易于辨认和记忆,但符号中心点位不易确定,而且能用外文字母和汉字表示的事物较少。

| 几何符号 | ★　▰　●　▲　▢ |
|---|---|
| 象形符号 | |
| 文字符号 | Ⓟ　　Fe　　旅　　煤 |

**图4-27　个体符号的类型**

个体符号一般以其形状、结构和颜色表示制图对象的质量特征,而以符号的大小和亮度表示制图对象的绝对或相对数量差异。另外,也可以用符号的组合结构(见图4-28(a))表示制图对象各组成部分所占比例或发展动态。

个体符号的扩张简称扩张符号,它用来反映制图要素的发展动态。常用外接匾、同心圆和其他同心符号,并配以不同的颜色或纹理,来表示不同时期数量的发展(见图4-28(b))。

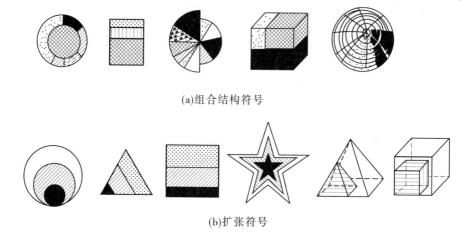

(a)组合结构符号

(b)扩张符号

**图4-28　符号的结构**

### (二)线状符号法

用线状符号表示呈线状分布的地物或不能按地图比例尺表示宽度的线状地物(或称带状事物),如河流、道路、境界线、山脊线等。通常用颜色和图形表示质量特征,如区分不同的地质构造线、海岸类型和不同时期的河床变迁情况等;用符号的粗细表示质量等级的差异;符号的位置通常描绘于所示对象的中心线上,也有描绘于线状地物的一侧,形成一定宽度的彩色带或晕线带(如海岸类型等),线状符号的长短与制图对象相对应(见图4-29)。

### (三)范围法

范围法是在轮廓线或者轮廓线内饰用颜色、晕线或注记表示成片分布的某种地理要素的区域范围。例如煤田分布区、森林分布区、某种农作物分布区、自然保护区等的表示方法,常常采用范围法,用颜色、晕线、注记等方式表示制图对象的类别(见图4-30)。

范围法分精确范围法和概略范围法。精确范围法有明确的范围界线,概略范围法是用虚线、点线表示轮廓界线,也可用散列符号、文字或单个符号大致表示出事物和现象的分布范围。

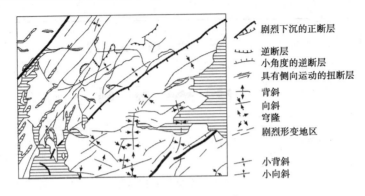

**图 4-29　线状符号法示例**

范围法可以在同一幅图上表示几种不同的制图对象,若几种不同的制图对象发生重叠,可用不同的颜色或晕线来解决。以图形的相互重叠表示制图对象的重合性、渐进性和相互渗透性。范围法也可以表示制图对象的相对数量特征,即在一个范围界线内用更密的晕线或更深的色调分出密度大的部分,成为"范围中的范围"。另外,还要表示具有一定分布范围的制图对象的运动方向,如地质构造图上的沉降地区、抬升地区等。

具体表示方法上有如下几种形式:只表示范围界线、范围界线加底色、范围界线加散列符号、面状网纹符号、单个符号等。范围界线也有形状、粗细与颜色的不同。

### （四）质底法

质底法是质量底色法的简称,表示具有较大范围连续分布现象的质量特征。用不同颜色或晕线、花纹表示整个制图区域内制图对象的质量差别,也就是区分不同的类型。因此,用质底法表示的地图有的称为类型图(见图 4-31)。质底法是自然地图中应用较广的一种表示方法,如地质图、地貌图、土壤图、土地利用图、植被图等。另外,行政区划图、经济区划图也常常采用此法。

对于质底法表示的类型图,首先必须进行类型划分,然后根据划分出来的类型进行图例设计。类型的划分是在一定的科学分类基础上的。一般分别采用形态、成因、组成、年龄以及使用目的等指标进行分类。在已建立的分类系统基础上根据区域特点、制图比例尺和资料占有情况拟订图例,然后设计和选择每个图例(即图上所表示的每个类型)采用的色相、亮度和纯度,或设计不同的晕线、花纹符号。质底法的效果,在很大程度上取决于图例色标或晕线、花纹符号的设计水平。如果分类和图例科学,色彩选择合适,就能很直观地反映制图现象的分布规律和区域差异。

质底法的优点是鲜明美观,缺点是不易表示各制图对象间的渐进性和相互渗透性。同时,当分类很多时,图例比较复杂,必须详细阅读图例才能读图。

### （五）量底法

量底法是数量底色法的简称。表示具有较大范围连续分布现象的数量特征,用不同色调浓淡或网线的疏密,表示整个制图区域对象的数量分级。这种表示方法主要用于编制地面坡度图、地表切割密度图、切割深度图和水网密度图等。数量分级一般以 5～7 级为宜,而界线则根据分级和制图对象的分布特征进行勾绘。色调浓淡和网线疏密应与制图对象的数量分级相对应(见图 4-32)。该方法反映在同一种制图区域内同一种制图对象(内容)在数量上的差别。

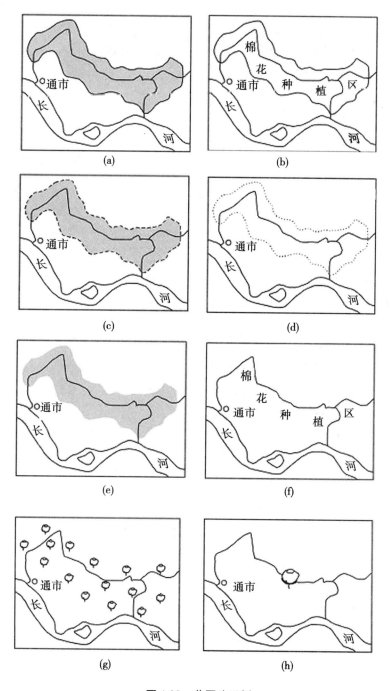

图4-30　范围法示例

## （六）等值线法

等值线法又称等量线法，表示在相当范围内连续分布而且数量逐渐变化的现象的数量特征，用连接各等值点的平滑曲线来表示制图对象的数量差异，如等高线、等深线、等温线、等磁线等。等值线的间距，除个别情况外，最好是一个常数，这样容易根据等值线的疏密判断现象的数量变化趋势。等值线往往表示概括性的、典型的数值变化的地理规律性，为此，

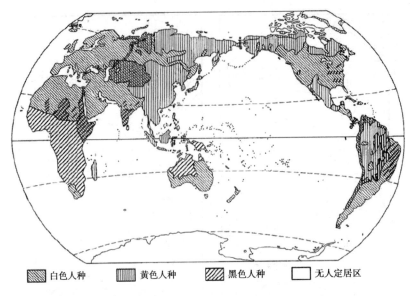

| 白色人种 | 黄色人种 | 黑色人种 | 无人定居区 |

**图 4-31　世界人种分布图**

世界人口的分布

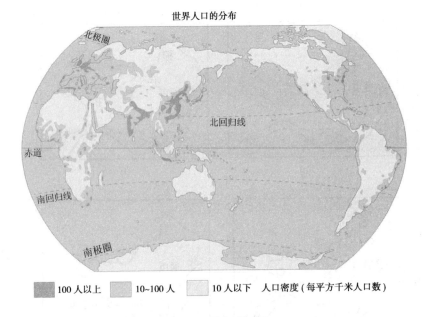

| 100 人以上 | 10~100 人 | 10 人以下 | 人口密度（每平方千米人口数）

**图 4-32　量底法示例**

一方面采取较精确方法测定数据，并采用各站点多年观测、统计的平均数值；另一方面在勾绘等值线时舍去一些局部的、次要的细节或偶然的变化与偏离。等值线是根据一定数量点的数值内插勾绘的。等值线的精确程度取决于观测点的密度，同时，点的选择应有一定的典型性，而且勾绘等值线时应考虑等值线的形状结构和有关因素的影响（如气候图考虑下垫面的影响）。地图上等值线法的应用相当广泛，除常见的等高线、等温线外，还可表示制图现象在一定时间内数值变化的等数值变化线（如年磁偏角变化线、地下水位变化线）、等速度变化线，表示现象位置移动的等位移线（如气团位移及海底抬升、下降），表示现象起止时间的等时间线（如霜期、植物开花期）等。等值线除注明数值外，还常用分层设色，更明显地反映数量变化规律和区域差异。

### （七）点值法

点值法又称点数法、点描法、点子法,用代表一定数值的点子表示大量散布的制图对象的分布范围及其数量与密度。如农作物播种面积、人口、民族分布、牲畜分布等（见图4-33）。

图4-33　点值法示例

布点之前,首先确定点子的大小和每点所代表的数值。确定的原则是:在点稠密处,点子可以几乎相接但不重叠,在点子最稀疏处,也有点子分布。确定点值的方法是:先在图内一个密度最大的小范围内,紧靠地均匀布点（点子的直径大于0.4 mm时,才能在图上明显表示）;然后把该范围内制图对象的总数除以布置在其中的点子数得出每点所代表的数值,并凑整到便于计算的整数,即得点值。如果遇到制图对象分布密集与稀疏悬殊的地区,可采用两种不同点值的点子。两种点子面积之比最好能与点值之比相一致,例如大点比小点的值大10倍,则大点比小点基本也应大10倍。此外,对特别密集区也可采用扩大图的形式去表示。也可采用不同颜色或不同形状的点子同时表示几种现象,如以不同颜色的点子表示民族的分布或不同作物的分布。点值法的点子一般为圆点,也可以采用三角形点、方形点等。

### （八）运动符号法

运动符号法也称动线法。用箭形符号表示制图对象的运动方向、路径和强度,如洋流、风向、军队行动、动物迁移、货运流通等。一般以箭形符号的尖端指示运动方向。以符号的宽度、粗细和长度表示运动的速度和强度,而现象的种类则以箭形符号的不同颜色或形状表示（见图4-34）。箭形符号还可用不同结构来反映运动物体和现象的内部组成。

### （九）定位统计图表法

定位统计图表法指以图表形式表示固定点位的制图对象季节性或周期性的数量变化。例如用柱状图表示年气温、年降水的变化,常用的图表有玫瑰图表法、金字塔图表法、三角形图表法和曲线图表法等。

玫瑰图表是具有方向频率与速度大小、分布状况的定位图表,广泛地应用于表示各方向的风与洋流的频率与速度等（见图4-35）。

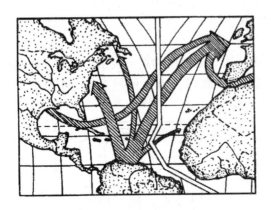

图4-34　运动符号法示例

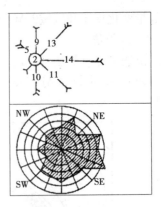

图4-35　定位图表法图表示例（玫瑰图表）

定位图表中各点的数量指标是根据各地长时间记录而得到的，从形式看，好像是反映某些"点"上的现象，实际上是通过这些"点"来说明整个面上的制图对象的分布特征。因此，正确地选择典型点位是十分重要的。

金字塔图表法是一种柱状图表，由于它反映的是同一现象的两种指标，把两种指标做成的柱状图表组合在一起，就构成了金字塔图表。如反映不同时期人口性别状况时的人口金字塔图表。

三角形图表法是以图例形式出现的、在同一幅图上同时表示 3 种数量指标时所使用的方法。

（十）分区统计图表法

分区统计图表法指以图表形式表示制图对象在区域单元间的数量差异，一般以图形面积或体积表示区域单元内制图现象的数量总和，而以图形的不同结构或颜色表示制图对象各部门或各类型的数量和相对比例。例如，农作物的总产量和各类作物的产量比例，工业总产值和各工业部门的产值比例，土地总面积和各类土地的面积，森林总面积和各树种的面积比例等。图表的形式有线状（柱状和带状）统计图形、面状（正方形、圆形、三角形等）统计图形、立体（立方体、球体）统计图形。上述图形的长度、面积、体积应与制图对象的数值成正比。

分区统计图表法的制图单元（见图4-36），一般是行政区，也可用其他分区单位，如林业分区、流域划分等。区划界线是重要的地理基础之一，必须清楚绘出，其他要素如水系、道路、居民地和地貌等应尽量删减。

（十一）分级统计图法

分级统计图法又叫分级比值法，它是把整个制图区域按行政区划或其特定区划单位分成若干小的区划单位，然后按一定的标准对各区制图对象划分级别，再按级别的高低分别填绘深浅不同的颜色或粗细、疏密不同的晕线，以显示制图要素地理分布的差别，同时可以从颜色由浅到深或由深到浅、晕线由疏到密或由密到疏，依此来反映制图要素集中或分散的趋势（见图4-37）。

分级统计图法只能显示各区划单元内制图对象的平均数量特征和各区划单位之间的差别，而不能显示出同一区划单位内部的差别。所以，分级统计图法的区划单位越大，反映的制图要素也就越概略；反之，区划单位越小，反映的制图要素也就越接近实际情况。

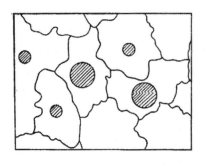

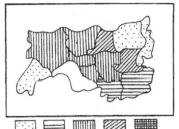

1~10　10~15　15~20　20~25　25~30(%)

图4-36　分区统计图表法示例　　　　图4-37　分级统计图表法示例

　　分级统计图法中分级的数量和分级方法视制图现象数量差异的变化规律和区域分布特征而定。例如数量呈直线均匀变化,可采用等差分级,即相同的级差间距。如果属几何倍数变化,可采用等比分级。如果最大和最小数量之间差距很大,而中间某些数值变化需要强调则可采用任意分级方法。分级统计图法中的不同等级可用同一色调和相近色调的不同浓淡或网线的不同疏密表示,并与数量的变化相适应。

　　**(十二)格网法**

　　格网法指以格网作为制图单元表示制图对象的质量特征和数量差异。格网大小视资料详细程度而定,如 2 mm×2 mm、5 mm×5 mm 或 10 mm×10 mm。当表示质量特征时每一格网表示一个类型,以不同色调或晕线区分;当表示数量差异时,按一定分级,以色度或晕线密度区分(见图4-38)。

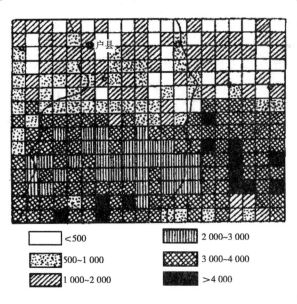

|  |  |
|---|---|
| □ <500 | ▥ 2 000~3 000 |
| ▦ 500~1 000 | ▩ 3 000~4 000 |
| ▨ 1 000~2 000 | ■ >4 000 |

图4-38　格网法示例(地面切割密度图)　(单位:m/km²)

　　地图格网法随着计算机制图的发展而被广泛应用,最初由宽行打印机以不同字符区分制图对象的质量或数量特征,每一字符相当于一个格网,可采用计算机处理打印编制地面坡度图。人口密度图、土地利用图、环境质量评价图等,称为格网地图。当然,采用手工方法编制格网地图也较简便,因此地图格网法的应用越来越广泛。

### 三、几种表示方法的比较

在上述的 12 种表示方法中，尽管有的表示方法在形式上有许多相似之处，但它们在性质上是有严格区别的。下面将对某些方面相近似的有关表示方法进行简要的分析与比较，以示区别。

#### （一）范围法与质底法的区别

范围法只表示某种制图间断分布范围的制图对象，这种对象不布满全制图区域；而质底法则表示连续分布且布满整个制图区域的对象的分布情况。

#### （二）范围法与点值法的区别

范围法的点子只表示分布范围，不表示数量；点值法的点子不仅表示分布范围，而且每个点子代表一定数值。

#### （三）范围法与个体符号法的区别

范围法的符号只表示一定的分布范围，不表示准确的位置和数量，而个体符号法的每个符号则表示制图对象的准确位置，有时还表示一定的数量，而且范围法的符号在图上所占面积往往小于实际分布范围的面积，而个体符号法的符号在图上所占面积往往大于制图现象在地面所占的实际面积。

#### （四）线状符号法与运动符号法的区别

线状符号只以其形状、粗细表示线状地物的分布位置和数量，而运动符号一端要以箭头表示运动方向，或明确表示事物的运动，如货运量等。

#### （五）点值法与个体符号法的区别

点值法的点子表示一定区域的分布数量，不是严格的定位点，而且所有点的数值是相同的，而个体符号法中单个符号具有严格的点位，而且每个符号所代表的数值随符号的大小而不同。

#### （六）定位统计图表法与个体符号法的区别

定位统计图表法表示制图现象和要素季节性或周期性的数量变化特征，而个体符号法中的结构符号表示制图对象数量总和及其组成结构。

#### （七）分区统计图形与个体符号法的区别

分区统计图形和个体符号法中所用的图形可以完全一样，但在意义上却有着本质的差别。分区统计图形反映的是一个区划范围内的制图要素，而个体符号法中的图形反映的是点上的制图现象。

### 四、表示方法的联合运用

上面介绍了地图内容的表示方法，即怎样利用这些表示方法，来表达地图上所要表示的专题内容。做好这项工作必须全面了解各种表示方法的使用特点（见表 4-2），并根据地图的内容和制图的目的与用途，合理地选择表示方法，并运用这些表示方法进行地图内容表现形式的全面设计。

专题内容表示方法的选择方法如下：

首先，需要分析制图对象的性质和分布形式。专题地图制图要素的分布形式有点状分布、线状分布、面状分布、零星散布、断续分布、连续分布等。

其次,分析内容要素的表示特征。专题要素的表示特征有分布范围(位置)、质量特征、数量差异、动态变化等几个方面,同时需要考虑到地图比例尺、地图用途和对制图资料的掌握情况。

最后,在上述各项工作的基础上,选取恰当的表示方法和表现形式。

表 4-2　地图符号表现形式的质量与数量特征

| 表现形式 | 质量特征 | 数量特征 | |
| --- | --- | --- | --- |
| | | 绝对数量 | 相对数量 |
| 符号 | 形状、结构 | 大小 | 大小、明亮度 |
| 线划 | 形状、结构 | 粗细 | 密度 |
| 色彩 | 色相、色调 | | 色度 |
| 文字 | 文字说明 | 数字说明 | 数字说明 |

由于地图上所表示的内容和指标较多,往往需要一种表示方法的互相组合或多种表示方法的搭配。但并不是任意表示方法都可以组合搭配的,有些表示方法不宜组合搭配使用。因此在制图时,要深入研究所表示要素和各种表示方法的本质特征,避免由于表示方法运用不当而影响地图的表示效果(见表 4-3)。

表 4-3　各种表示方法的选择

| 现象分布特征 | 内容特征 | 表示方法 |
| --- | --- | --- |
| 定点分布 | 质量特征 | 个体符号法 |
| | 数量特征 | 个体符号法,定位统计图表法 |
| | 动态变化 | 个体符号组合法,运动线法 |
| 固定线状分布 | 质量特征 | 线状符号法 |
| | 数量特征 | 线状符号法,定位统计图表法 |
| | 动态变化 | 线状符号组合法,运动线法 |
| 固定面状分布 | 分布范围 | 范围法 |
| | 质量特征 | 质底法 |
| | 数量特征 | 点值法 |
| | 动态变化 | 范围法组合 |
| 零星分散分布 | 分布范围 | 范围法,点值法 |
| | 质量特征 | 点值法 |
| | 数量特征 | 点值法,分区(或分级)统计图表法,格网法 |
| | 动态变化 | 范围法组合,运动线法 |
| 断续面状分布 | 分布范围 | 范围法 |
| | 质量特征 | 质底法 |
| | 数量特征 | 等值线法,分区统计图表法 |
| | 动态变化 | 范围法组合 |
| 连续面状分布 | 质量特征 | 质底法,格网法 |
| | 数量特征 | 量底法,等值线法,分区(或分区分级)统计图表法,格网法 |
| | 动态变化 | 等值线法 |

在一幅地图上各种表示方法的组合不能简单地叠置，而必须做到各种表示方法互不干扰，以达到层次分明、清晰易读的效果。例如一幅地图采用两组或三组质底法时，不能都采用底色区分，只能一组用底色，一组用网线或网纹，一组用代号。又如动物分布图上同时采用几组范围法表示各种动物分布时，只能分别采用底色、网线、线划、符号、代号表示。再如一幅地图上一般只能采用两组等值线，一组可用等值线加分层设色，另一组最好用其他颜色的等值线。

在各种图型中，一般较简单的是分析性图型，即一张地图上采用一种表示方法表示一种内容或单项指标，如简单的等值线图、分布图、类型图、区划图等。凡地图上表示多种内容或多项指标，就需要几种表示方法的组合搭配。为了使地图层次分明、清晰易读，往往采取多层平面的图型。所谓多层平面，就是地图内容分多个层次表示，即用最明显的表示方法和手段突出地图的最主要内容，使读者视觉首先感受到，称为第一层平面；较次要的内容用不太明显的表示方法和手段表示在第二层平面；再次一级的内容用不明显的方法和手段表示在第三、四层平面。例如政区图上，政区划分用底色表示，突出到第一层平面上，主要河流用较粗线划和较深蓝色置于第二层平面上，次要的支流用较细的线划和较淡蓝色表示到第三层平面上。同样，较大规模的城市、主要的铁路线路和等级较高的公路也分别用较大的符号和注记，较粗线划和较深的颜色表示到第二层平面，较小的居民点和次要公路分别用较小的符号和注记，较细的线划和较淡的颜色表示到第三层平面。在专题地图上一般以色彩表示第一层平面的内容，以网线网纹表示第二层平面的内容，而以个体符号、代号表示第三层平面的内容。

综合性图型是在一幅地图上同时表示多种要素和现象或一种要素的多种指标。即运用多种表示方法和手段组合搭配，直观地表示关系密切的多种要素或多项指标（见图4-39）。例如综合农业自然条件图，可采用底色（质底法）表示农业自然条件综合评价分级，以面状网纹表示农业土壤和肥力等级，以各种代号表示农业地貌条件，以定点统计图表法表示农业气候和地下水源。另外，在主图周围配置附图表示农业不利自然条件、综合农业自然区划等内容。

又如土地利用现状与改良分区图可采用底色（质底法）表示土地利用现状，以分区统计图表法表示主要粮棉作物构成。以个体符号法和线状符号法及范围法表示农田改良措施（如大中型水库、排灌渠道、河堤、机井、电力排灌站、防护林、主要灌区等），以及用较粗线划和代号表示农田改良分区。这种综合性的农业地图，结论明确突出，依据确切真实，对农业生产的规划和布局，农田基本建设均有重要参考价值。区域综合经济地图也属于综合性图型。这种地图能同时表示工业（点状分布）、交通运输（线状分布）和农业（面状分布），将点、线、面几种表示方法有机地结合起来，以个体（结构）符号法、线状符号法、运动符号法、质底法分别表示工业、运输和农业的内容和指标，达到内容与表示方法的统一，较好地反映区域经济综合体内农业、工业和交通运输的发展及三者之间的联系，最后还可用界线和代号表示经济区划。这对区域（省、地、县）工业、农业、交通运输业的全面布局、统筹规划均有重要参考作用，比单纯的分析性部门经济统计图或农业区划图更有实用价值。

利用综合性图型表示两种直接相关的要素和现象，效果也是较好的。如地震图上除用个体符号法表示震中分布和震级外，还可用质底法表示与地震有关的主要地震构造特征（包括活动断层分布）。又如建筑材料工业图上，除用个体符号表示建筑工业企业分布、结

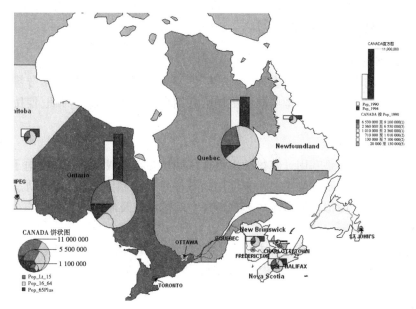

五角星表示城市位置,线表示铁路分布,底色反映各州1990年人口情况,

柱状图反映1990年和1994年各州人口情况,饼状图反映各州1990年不同年龄段的人口情况

**图4-39　表示方法的联合应用示例(综合人口图(局部))**

构及规模外,还用范围法表示建筑原料的分布。同样,矿产与地质、水电站与水力资源、污染与厂矿(污染源)等也都可以采用综合性图型表示。

在地图图型设计中除上述几种图型外,还有立体图型、影像图型等也经常使用。

# 单元五　电子地图的表示方法

## 一、电子地图表示方法特点

### (一)地图符号构图简洁,色彩鲜明

计算机屏幕是发光体,为了提高地图的可读性,就必然要求地图符号醒目、简洁、可视性强。用户的视觉感受特点也对电子地图表示方法有特殊的要求,要根据相应的用途采用相应的符号。若是旅游用途,可采用对比明显和高纯度的颜色区分不同的旅游地区;若是导航地图,则用高亮度的导航路线和色彩较淡而统一的实线表示相关道路。

### (二)表现形式灵活生动

电子地图的制作和显示依托于计算机技术,其表现形式更加多样、生动。可以采用三维、动态图、虚拟环境等更加灵活的表示方法,提高了地图的可读性,满足人们的不同需求。

### (三)地图信息具有超媒体结构

多媒体与超媒体技术在电子地图中的应用,为地图内容的表达提供了多样化的技术手段。可用多媒体手段添加新闻、景点等周边信息链接服务,通过超媒体链接热点地区地图和实时照片。

## 二、电子地图要素表示方法

### (一)二维图形表示方法

电子地图的符号更加灵活多样,但是其尺寸和精细程度也受到屏幕分辨率等方面的限制。地图表示内容的图形选择与搭配更加符合用户的生理和心理习惯,使用户能够迅速理解地理信息和操作系统。

### (二)动态表示方法

动态表示方法就是利用计算机技术设计各种动态符号或者利用各种电子技术动态的表现地理信息。动态表示方法主要包括使用动态符号表示制图现象,运用动态显示技术如三维显示、空中飞行、虚拟环境漫游等表现地理空间信息以及制图内容的动态变化。

1. 动态符号

动态符号的创建主要有两种方式:一种方法是通过一组有序的静态符号及其相关变化的动态视觉变量来创建,另一种方法是将动态视觉变量或静态变量与用户的操作方式结合形成动态符号。

2. 动态显示技术

电子地图的动态显示技术包括三维显示技术以及动态效果,它们都是以数据建模、动态场景生成为基础的。三维显示技术为用户提供了一种多角度、全方位的观察地理空间的方式。动态显示技术的另一方面就是电子地图各种动态效果的应用,主要体现在用户的交互操作中,增强了交互过程中的趣味性和艺术性。

3. 地图内容的动态变化

电子地图与静态的纸质地图不同,它允许用户对表达的内容进行选择,并通过缩放、漫游等方式对地图区域进行调整。地图内容的动态变化包含三个层次:比例尺的变化,用户交互操作产生的内容变化和同一比例尺内地图要素的改变。

4. 多媒体表示方法

多媒体表示方法是利用音频、视频、图像、文字等多媒体信息综合表现地理空间信息,是人与计算机系统之间的交互表示方法,扩展了用户的感知通道,使地理空间信息的可视化更加直观、生动。

## 三、导航电子地图特殊表示方法

### (一)适应特殊屏幕的表示方法

移动设备的屏幕相对较小,因此在有限的屏幕之间充分表现地理信息需要特殊的表示方法。一是符号设计,采用简洁的地图符号,符号的易读性比较强,尺寸较大;二是地图载负量,小尺寸屏幕必然会导致地图载负量的降低,采用高度综合的表示方法,还有一些技术手段如自适应缩放技术、鱼眼技术等。

### (二)适应移动认知环境的表示方法

移动性形成了移动网络地图复杂的认知环境,移动性不仅指地图显示媒介的移动,还包括移动的使用和内容,在移动环境中,用户的注意力不总是集中在系统或者系统的界面上,更多的集中在与外界环境的交互上。使用较少交互操作的自适应表示方法来降低用户的认知负担,尽量缩短用户形成形象地图、理解空间信息的时间。

### （三）适应认知习惯和个性特点的表示方法

移动电子地图的出现使个性化的用户需求逐渐增加，移动的内在特点要求电子地图必须具有快速响应、迅速感知、便捷操控等特性。用户可以在地图系统中选择适合自己行为的操作界面和信息表达模式。

### （四）适应特殊交互方式和导航方式的表示方法

移动地图的主要交互方式是按键、触控、声音和振动，为用户提供了高效、快捷的交互方式和导航方式。

## ■ 小　结

本项目主要介绍了地图符号及地形图、专题地图和电子地图的内容表示，是本课程的理论重点和难点，也是技能训练的重点。通过本项目的学习，应清楚地图符号含义和类型，会进行地形图符号的使用，能根据制图图式规范进行地图符号设计及地形图、专题地图和电子地图内容表示。

## ■ 复习思考题

1. 什么是地图符号？地图符号的作用有哪些？
2. 简述地图符号的分类及特点。
3. 说明测绘地形图时道路表示的光线法则。
4. 简述 1:500、1:1 000、1:2 000 地形图符号的使用规定。
5. 简述等高线及其特性。
6. 地图上注记配置的原则和方法是什么？
7. 地形图各要素的相互关系有哪些？如何正确处理地形图符号之间的各种关系？
8. 专题地图的表示方法有哪几种？
9. 电子地图表示方法的特点有哪些？
10. 简述电子地图要素表示方法中动态表示方法。

【技能训练】

## ■ 训练七　地图符号设计与制作

一、实验目的

(1)通过符号设计，了解计算机制图符号设计的方法以及符号库的管理。

(2)了解 GIS 符号库的概念以及它的使用方法和修改方法。

二、实验任务

根据要求，以一组不同尺寸点状符号为例，设计和制作地图符号。

### 三、实验方法和内容

#### (一)实验方法

1.手工方法

(1)计算比例圆的尺寸。

(2)按分级要求,对比例圆进行分组。

(3)绘出各级比例圆,也可以填充彩色和晕线,增加美感。

(4)绘制一个扩充符号,尽可能设计象形的符号。

2.计算机方法

(1)打开符号制作窗口,调整到合适位置、大小。

(2)利用绘图工具(即点、线、面绘制工具)绘制要设计的点状符号。

(3)符号库管理。

(4)符号的处理。

#### (二)实验内容

1.手工方法

(1)计算平若县各乡蚕丝年产量对应比例圆的半径。基础资料及比例圆计算半径见表4-4,所得比例圆如图4-40所示。

表4-4　平若县各乡蚕丝产量

| 编号 | 乡名 | 产量<br>(kg) | $r$<br>(mm) | 编号 | 乡名 | 产量<br>(kg) | $r$<br>(mm) | 编号 | 乡名 | 产量<br>(kg) | $r$<br>(mm) |
|---|---|---|---|---|---|---|---|---|---|---|---|
| 1 | 平望 | 1 746 | 23.6 | 12 | 润德 | 1 499 | 21.9 | 23 | 洛舍 | 714 | 15.1 |
| 2 | 方庄 | 948 | 17.4 | 13 | 黄冈 | 1 217 | 19.7 | 24 | 下江 | 988 | 17.7 |
| 3 | 张坟 | 1 124 | 18.9 | 14 | 峡山 | 882 | 16.8 | 25 | 石涣 | 1 872 | 24.4 |
| 4 | 荷玉 | 1 374 | 20.9 | 15 | 陈半 | 1 037 | 18.2 | 26 | 长泰 | 2 111 | 26.0 |
| 5 | 白江 | 134 | 6.5 | 16 | 岩兴 | 987 | 17.7 | 27 | 干川 | 1 258 | 20.0 |
| 6 | 庄户 | 816 | 16.1 | 17 | 发利 | 1 546 | 22.3 | 28 | 石马 | 1 477 | 21.7 |
| 7 | 张屋 | 554 | 13.3 | 18 | 陈屋 | 1 742 | 23.5 | 29 | 奇利 | 1 036 | 18.2 |
| 8 | 郑竹 | 1 928 | 24.8 | 19 | 石仔围 | 2 163 | 26.2 | 30 | 小留 | 473 | 12.3 |
| 9 | 陈庄 | 473 | 12.3 | 20 | 杨桥 | 1 104 | 18.7 | 31 | 番瓜弄 | 394 | 11.0 |
| 10 | 赵圈 | 578 | 13.6 | 21 | 新围 | 2 013 | 25.3 | | | | |
| 11 | 水城 | 876 | 16.7 | 22 | 乌川 | 2 398 | 27.6 | | | | |

(2)按数据大小进行分组,得到比例圆分级。从表4-4中可知,产量最小的白江乡 $r$ 值为6.5 mm,产量最大的乌川乡 $r$ 值为27.6 mm,差值约21 mm,将数据分为平均的5组时,分成5等份的数值如表4-5所示。

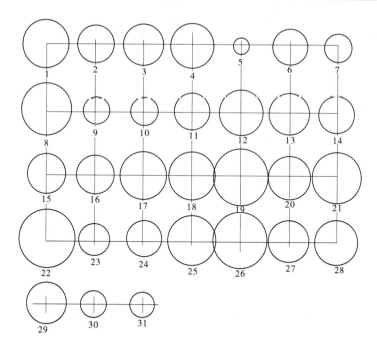

图 4-40　蚕丝年产量比例圆(按半径的 1/2 绘出)

表 4-5　比例圆分级　　　　　　　　　　　　　　　　(单位:mm)

| 比例圆半径 | 6.5 | 11.8 | 17.0 | 22.3 | 27.6 |
|---|---|---|---|---|---|
| 半径中值 | 9.1 | 14.4 | 19.6 | 24.9 ||
| 比例圆代表值域 | <9.1 | 9.1~14.4 | 14.4~19.6 | 19.6~24.9 | >24.9 |

(3)按照比例的分级,绘制出各比例圆。本例中,比例圆用按值域分级的一组符号表示(见图 4-41)。

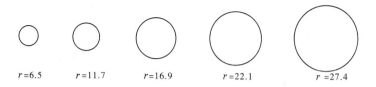

图 4-41　分五级比例圆(按半径的 1/2 绘出)

(4)根据表 4-6、表 4-7,分别制得乌川乡蚕丝历年产量的柱状图和多种作物种植面积及比例的百分数图(见图 4-42、图 4-43)。

表 4-6　乌川乡历年蚕丝产量

| 年份 | 1949 | 1958 | 1966 | 1979 | 1998 |
|---|---|---|---|---|---|
| 产量(kg) | 134 | 674 | 576 | 479 | 1 637 |

表4-7　乌川乡多种作物种植面积及比例

| 项目 | 水稻 | 旱作 | 桑田 | 茶园 | 花圃 | 总计 |
|---|---|---|---|---|---|---|
| 面积(hm²) | 1 764 | 298 | 177 | 364 | 96 | 2 699 |
| 百分数(%) | 65 | 11 | 6.5 | 14 | 3.5 | 100 |

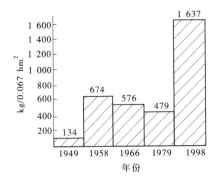

图4-42　乌川乡蚕丝的发展　　　图4-43　乌川乡多种作物耕作比例

**2. 计算机方法**

在计算机制图中,与地图符号相关的属性数据都是与空间数据一一对应的,也就是说,属性数据的每条记录都与一个点、线或区域相关联,对一些有数字规律的地图符号,制图系统可通过专题地图制作,根据属性数据,自动绘制不同分级、分组的比例尺符号。

(1)在 MAPGIS 中,新建一工程。

(2)显示符号框。

(3)在符号框中绘制圆形符号,存入点状符号库,在存入符号库中时,可新建自己的符号库、符号分类、符号编号(也可采用默认符号分类、符号编号)。

(4)在线层中任意画31个多边形(作示意性质的图,以便输入相应的属性数据),并转成弧段,存入面层中。

(5)自动建区,通过生成拓扑关系,从而生成面状要素。

(6)创建属性库,系统弹出"创建属性表"对话框,供选择与其中一层或多层相关联的属性表,在此例中,只需选择面层。

(7)显示属性库以及面层属性表数据(选择面层,点击右键,在弹出菜单中选择显示数据)。

(8)显示表结构,在表结构对话框中,添加两个字段:"乡名"和"面积"。

(9)按照表输入"乡名"和"面积"各字段的值。一般在属性查询或图形窗口和属性窗口都可见时,对应输入。

(10)创建专题图,选择等级图按钮,添加"面积"字段,点击"确定"后,系统弹出"渐变符号专题图设置"对话框,在此对话框中选择符号、符号尺寸所代表的数值、图元位置、分级方式(平方根、常量、对数三种)以及修改图例按钮(包括修改图例注记、位置等),设置完后,确定即可。

# 项目五　地图概括

## 项目概述

　　地图最重要、最基本的特征，就是以缩小的形式表示地理环境。但它不可能把真实世界中所有现象无一遗漏的表现出来，因而就存在着许多地理事物与地图清晰易读要求的矛盾，这种矛盾随着比例尺的缩小越发显得突出。繁多的空间事物与有限的地图显示幅面，这一矛盾的解决依赖于地图概括的理论、方法和技术。本项目首先介绍了地图概括的含义，其次介绍了地图概括的数量分析方法，之后重点介绍了地图概括的方法，最后说明了地图概括的现代发展。

## 学习目标

### ◆知识目标

1. 熟悉地图概括的方法。
2. 掌握地图概括的影响因素。
3. 掌握地图概括设计方法。

### ◆技能目标

1. 能进行不同类型地图要素的选取。
2. 能进行不同类型地图要素的概括。
3. 能根据制图要求，进行地图概括的设计。

## 【导入】

　　任何地理区域都是由自然和人文现象构成的复杂综合体，而地图或地理数据库则是客观的抽象与简化。要把真实世界如此众多的信息存储下来，最终表现在有限的显示幅面的地图上，而且要清晰易读，能明显地反映客观世界的规律性，不可避免地要产生矛盾，即繁多复杂的地理事物与有限的地图显示幅面之间的矛盾，这个矛盾贯穿于任何制图过程和整个制图过程中的各环节。无论采用何种数据源、何种数据收集手段和处理办法，地图都不可能将地面上一切事物毫不遗漏地表现出来。因此，必须对地图内容进行概括。

# 单元一　地图概括概述

## 一、地图概括的概念

### (一)传统概念

地图概括又称制图综合,在地图制图中占有很重要的地位,无论是外业测图还是内业编图,无论是编制普通地图还是专题地图,都少不了地图概括。制图综合是指根据地图资料制作新地图时所进行的地图图形综合,它主要体现在由较大比例尺地图编制较小比例尺地图,或者由详细地图编制内容概略的同比例尺地图之中。假设由1:10万地图编绘1:25万地图时,显然不可能将1:10万地图的内容毫无遗漏地表现在1:25万地图中,必须对1:10万地图的内容进行取舍,对图形进行简化,也就是说要进行制图综合。在有地图资料编制新地图过程中,首先遇到的问题是在资料地图上选取哪些内容,其次是如何将这些内容简化表示。以编制小比例尺地势图为例说明这两个问题:地势图往往是根据地形图编制而成的,我们知道地形图上均衡地表示了制图区域内的水系、地貌、植被、土质、交通网、居民地、境界线等基本地理要素,而地势图是以反映制图区域内的地势起伏为主要内容,通常采用等高线配合分层设色的方法表示。在编制地势图时,无疑首先要选取地形图上能反映地势高低起伏变化的等高线作为地势图的主要内容,其次是选取与地貌关系非常密切的水系。因为水系的结构往往能间接反映出地质构造和地貌发育的阶段,如向心状河系往往是在火山死去或岩盘隆起地区出现。居民地在地势图上只起到定位作用,所以要做较多的舍弃,其他要素仅适当表示或者不表示。

对于已经确定选取的要素,是否需要与资料图同样的详细程度来表现其图形结构呢?一般来说不是的。由于编绘地图往往是由大比例尺地图编绘较小比例尺地图,一般情况下必须进行图形简化,以突出空间现象总体和本质的特征。

由于比例尺缩小,地图上不依比例尺符号大大增加,就会出现非比例尺符号压盖与之相邻的其他符号,改变了原有的空间关系。为保证地图要素的客观合理性,就必须对其进行图形删除、移位等工作,称为制图要素的关系协调。

综上所述,地图概括是根据地图比例尺、地图的用途和制图区域的特点,采用简单扼要的手段,把空间信息中主要的、本质的信息提取出来,形成新的空间概念的过程。在这一过程中,制图对象在地图上得以抽象概括反映。地图概括是在不同比例尺和不同用途变换的过程中进行的,是对那些能表达制图目的、反映制图区域内最基本特点和典型特征的信息进行选取,而对那些对制图目的而言是次要的、非本质的信息进行舍弃,以求客观地反映地理实体的空间特征,达到地图内容详细性与清晰性(易读性)、几何精确性与地理适宜性(地理特征)的相互协调与对立统一。

地图概括的任务,就是要研究从原始稿图或制图数据到编制成各种新编地图时所采用的概括原则和方法,以实现原始稿图与制图数据到新编内容的转换,促进新编地图的形成和体现新图作者的认知概念与科学抽象。

实际上,上述定义并不能涵盖所有制图过程中的综合问题,例如统计制图和遥感制图。统计地图是地图的主要类型之一,统计制图的对象是数字而不是图形;遥感制图依据的原始资料是遥感图像,它改变了传统由大比例尺地图生产小比例尺地图的生产模式。前面制图综合定义所描述的选取、概括和关系协调方法,对统计制图和遥感制图显然并不完全适用。这说明原有对制图综合的定义和认识有一定的局限性,不能充分反映地图学理论和技术发展的特点,因而忽略了对一些问题的研究。

### (二)现代概念

#### 1. 数字综合

计算机技术的发展,愈来愈多的数学方法(如模糊几何论、图论、分形几何)及生物和地学技术(如神经元网络系统、专家系统)被引入到地图概括中来,为地图自动化铺平了道路,减少了地图概括的主观性,促进了地图概括的现代化,使得传统的手工地图制图技术基本被淘汰,手工制图中的综合问题不免受到数字技术的影响而产生新的概念、方法和理论。现在很多国家都建立起了内容详细、精度很高的基础地理数据库,它们往往对应着这些国家或地区大比例尺的地形图系列。然而,这样的数据对于用户的具体应用并不一定十分合适,因为人们有时只需要其中的部分数据,以产生专题地图或更小比例尺的地图,或作为源数据进行空间查寻与分析。如果不对原始数据进行处理,则会增加用户的数据购买费用和处理信息的困难。另外,随着空间数据获取能力的提高,空间数据急剧增长,引起一定程度上的"信息爆炸",为数据存储、分析处理、网上传输和地理信息发布带来许多困难和负担。所有这些问题,都促使数字综合技术的进一步发展。

地图由模拟地图发展到数字地图,也导致了地图综合定义及研究范围的变化。人们把数字环境下的综合称为数字综合或者计算机综合,它可以被定义为"是一种对数据源进行空间和属性信息的变换而派生出地图数据集的过程,其目的是符合地图用途和地图读者的需求,减少数据的数量、类型,进行数据的地图表达,并在预定比例尺下保持图形表达的清晰度"(McMaster 和 Shea,1992)。这个定义比较好地反映了数字环境下综合的内涵和特点,表明数字综合是传统制图综合的延伸和发展。

#### 2. 地理信息综合

从模拟地图环境到数字环境下定义的制图综合,使传统的制图综合概念得到扩展,但是仍然不够全面。在实际应用中,经常涉及对已有空间数据的深加工,从大量的数据中提取出潜在的空间信息,它可以通过一种称为数据挖掘的方法实现。按照地图信息传输论的观点,制作地图不是以生产出地图产品为终极目标。地图是空间信息的载体和传输通道,作为一个完整的空间信息传输过程,用图者在接收到地图信息后,通过阅读、分析、解译把地图信息转换成地理环境信息。无论是直接成图,或者进行数据挖掘,其间无不体现和渗透着科学的综合思想和方法。在信息传输的各个环节中,都要用到综合的方法,因为相应地也就形成了一个个信息综合环节,它们环环相扣,构成了一个完整的地理信息综合链。一般概括为 4 个环节:地理对象综合、属性数据综合、图形综合和归纳综合。直接由真实地理实体到初始空间数据库的建立,其间所进行的综合称为地理对象综合;属性是数据载负地理对象的意义,对属性信息进行的简化处理称为属性信息综合,简称数据综合;对位置数据或者模拟地图的图形所进行的综合处理,称为图形综合或者制图综合,也称为几何综合;归纳综合是运用地理逻辑推理方法,通过对地理数据或模拟地图的直接信息概括、分析和归纳,获取空间潜在信息、空间事物分布模式和演变规律的过程与办法。

## 二、地图概括的影响因素

为什么要对制图内容进行地图概括呢?是因为在制图过程中,地图所表达的内容是否能符合制图目的的需要,受到许多因素的影响。这些因素有地图比例尺、地图的用途和主题、制图区域的地理特征、制图数据(资料)的质量、符号图形的图解限度等。

### (一)地图比例尺

地图比例尺决定着地图对地面的缩小程度,直接影响着地图内容表达的详细程度,从而决定着地图概括的程度。地图比例尺是引起制图概括的最根本因素之一,我们把这种概括又称为比例概括。

地图比例尺对地图概括的影响主要表现在以下三方面:

(1)由于地图比例尺决定着地面的缩小程度,即限定了制图区域的幅面,因而也限定了图上所表示要素的数量。

(2)地图比例尺影响着图上所表示的地物的重要性,在小范围内相对重要的事物,在大范围内则相对不一定重要,所以同一事物在大小不同比例尺地图上的相对重要程度也就不同。例如,当图纸面积一定时,不同比例尺地图所反映的实地范围不同,大比例尺地图上表示河流,在小区域内只表示河流的某一段,这时河流宽度、河水深度、水的流速、能否徒涉等都是应该表示的内容。但是在大区域内,图上表示整个河系的分布,上述的某段河流的详细情况就失去意义了,而河网的形态、结构特点、密度差异、水系与其他要素之间的关系,则成为应当反映出来的主要内容。

(3)当比例尺缩小时,图形也随之缩小,以至图上一些面积不大的事物难以表达其碎部,甚至连整个事物都无法表示,产生描绘的困难,不得不对其形状进行简化,使得图上表示的地物的碎部特征(地物形状)发生改变。

在图5-1中,随着地图比例尺的缩小,3种比例尺地图上居民地和街区的表示方法是不同的。在大比例尺的地图上,街道网图形,街区形状和其他建筑物分布,都可以经过概括表示出来;在中比例尺地图上,只能用概括的外部轮廓来表示,在较大居民地周围的小居民地则予以删除;在小比例尺地图上,只能用圈形符号来表示。

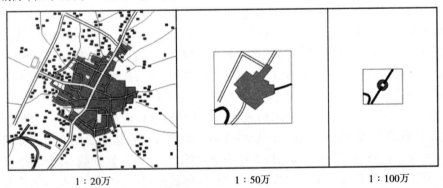

|　1:20万　|　1:50万　|　1:100万　|

图5-1　不同比例尺居民地的表示方法

### (二)地图的用途和主题

不同的地图有着不同的用途和主题,它决定了地图的内容与要求,因而决定了所表示内容的广度、深度和详细程度,还决定了比例尺的大小,所以地图的用途和主题实际上是引起地图概括的主导因素,我们也可以将这种概括称为目的的概括。

地图的主题即地图上所反映的主要内容,它决定着某要素在图上的重要程度,因而影响地图概括程度。这在专题地图上表现明显。例如,比例尺相同的同一地区而主题不同的两幅地图,一幅是水网图,另一幅是航道图。在水网图上,水系要详细,尽量选取一切可能选取的小支流与湖泊,以反映河网是密度差异与结构特点,图上可不表示道路,适当地选取少量的重要居民地作为地理位置的标志;在航道图上,重点是表示航道的河段,一般要按航道的等级绘成宽度不同的条带,可舍弃许多或者全部不通的河流,图上选取的居民地应多于水网图,凡是主要的港口、码头都需表示出来。

地图主题不同影响着对同一要素的处理问题。例如,同是居民地,在行政图上表示行政意义为主,在人口图上则要突出人口数量,在经济图上则要表示经济地位,对这三种不同的地图,居民地的选取标准和表示方式就不能类同了。这其中体现了属性数据的综合。

### (三)制图区域的地理特征

制图区域的地理特征指的是该区域的自然和社会经济条件。制图区域不同,其相应的地理特征就不同。众所周知,居民地类型、河网类型、道路网类型等在不同区域是有所差异的,它们都是指导相应要素的地图概括的重要因素。另外,不同区域相同要素的重要性也不相同,其取舍的标准就有很大差别。例如,在人烟稀少的荒漠地区,小的集镇也很有意义;在交通困难的高山丛林里,一条人行小道也十分重要;再如水资源对于干旱地区是极其宝贵的,一般情况下,图斑面积不大的小湖泊,在图上也应予以保留,但在水网相对发育地区,这样的湖泊比比皆是,显得无足轻重,应予舍弃。制图区域的地理特征是客观存在的,是进行地图概括的客观依据,在制图时必须认真研究,区别对待。

说明事物的分布结构及其原因是表示区域特征的重点。当原始资料中结构表示得不很明确时,这一点显得尤为重要。而像河网类型、居民地类型、道路网类型等都是指导相应要素地图概括的重要因素。

### (四)制图数据(资料)的质量

地图概括的各项措施都以制图数据(资料)为基础,数据(资料)的种类、特点、质量、精度、完备程度、可靠程度及现势性等都直接影响地图概括的质量。制图数据包括已有的地图数据(或资料)、像片数据(航空像片、卫星图像)、文字说明及统计数据等。

制图时若制图数据(或资料)完备、详细,就能为选择合理而恰当的地图概括方法提供有利条件。例如,利用数据资料绘制等温线图,若气象站点密布,资料详细,数据多,就有可能内插出精确的等温线;反之,则只能勾绘出概略的等温线。

制图资料的形式与特点,也影响地图概括措施的选择。例如,提供的资料是文字资料,就需要对资料进行整理与分类、分级;若是地图图形资料,则可根据图形进行类别或级别的概括、合并等。此外,若资料的种类比较多,能相互补充、参考,就为选择满意而适当的概括方法提供可能。

### (五)符号图形的图解限度

各种地理事物,在地图上均以符号表示,符号的图形、尺寸、颜色、结构直接影响地图的负载量,因而也制约着综合的程度与方法。例如,一条弯曲的海岸线,用细线描绘能保留较多细小的弯曲,而图面仍清晰易读;若用粗线描绘,则无法表示细小弯曲。可见,线划的粗细

直接影响要素碎部的表达程度。同样,用细小圈形符号和注记表示居民地,能在单位面积内表示较多的居民地;若改用大符号与注记,相同面积内负载量就小,不得不舍弃很多。可见,细致小巧的符号能提高地图内容的负载量。

如果地图是多色的,则比单色图容纳较多的信息量,而仍能达到清晰易读的效果。除特殊用途外,多数地形图、普通地理图尽量使用细小符号,以便表示较多内容。符号图形的最小尺寸与人的视力、绘图技术及制印技术有关。在正常情况下,人的视力能辨认 0.03 ~ 0.05 mm 的线划,最好的绘图技术能绘出 0.06 ~ 0.09mm 的线划,刻图法可刻绘 0.03 ~ 0.05 mm 的线划,较高的印制技术能印出 0.08 ~ 0.1 mm 的线划。因此,一般规定图上单线最细为 0.08 ~ 0.1 mm,两条实线的间隔为 0.1 ~ 0.15 mm。

符号图形的最小尺寸也与图形的结构和复杂程度有关,一般情况下,实心矩形的最小边长、复杂图形轮廓的突出部分和小圆的最小直径尺寸均为 0.3 ~ 0.4 mm,就可以保持轮廓图形的清晰性。空心矩形的最小边长为 0.4 ~ 0.5 mm,点位 0.2 mm,相邻实心图形的最小间隔和两条粗线最小间隔基本相同,通常为 0.2 mm。轮廓符号的最小尺寸则受轮廓线的形式、内部颜色和背景等因素的影响。用实线表示岛屿、湖泊等,因其轮廓线明显,其内部若涂以深色,最小面积可为 0.5 ~ 0.8 mm$^2$。若涂以浅色,最小面积就要扩大到 1 mm$^2$。如果背景色浅,像海洋中的小岛,甚至可以用小到 0.5 mm$^2$ 的点子表示。如果用点(假设点距为 0.8 mm)表示时,则湖泊、沼泽、森林等最小轮廓面积至少要 2.5 ~ 3.2 mm$^2$,才能清晰可辨。弯曲的线状图形的最小尺寸,其弯曲内径要达到 0.4 mm,宽度达到 0.6 ~ 0.7 mm,才能辨认清楚。符号图形最小尺寸是确定地图概括的必要参考数据。

上述的各项影响因素并不是孤立存在的,而是有着密切联系。例如,地图的用途决定着地图内容的精确性和详细程度,因而也就决定了比例尺和对制图资料的要求,并影响地图符号的使用。

由于地图概括的各项具体措施都会通过制图者来完成,所以制图工作者对客观想象的理解程度及所采取的措施,最终会影响到地图概括的质量,如果制图工作者对地理现象没有比较深刻地认识及一定的编图素养,要在地图上正确进行概括是非常困难的。制图概括的过程就是制图者将科学的理论付诸实践的过程,制图者的创造能力、科学知识及编图技巧与艺术素养等都在地图概括中得到体现。

随着地学研究中定量分析方法的广泛应用,促进制图工作者研究如何更多地以数量指标作为地图概括措施的依据,从而使地图概括由带有一定的经验性与主观性而逐渐向数量化、公式化方向发展,这不仅能提高地图概括的效果与质量,而且能为计算机制图自动综合提供条件。

# 单元二　地图概括的基本方法

地图概括的目的在于用科学的方法,在有限的图面上正确、明显、深刻地反映出制图区域的地理特征和制图对象的主要特点。实现这一目的的方法主要有地图内容的选取、概括和图形简化。在应用这些方法时,必须充分考虑影响地图概括的相关因素。

把制图资料上的内容,科学地表示到新编地图上,需要采取一定的技术方法来实现。实施地图概括的技术方法不是一个简单的、纯技术性的方法,而是一个科学的、创造性的劳动过程。

## 一、地图内容的选取

### （一）地图内容选区的概念

地图内容的选取是指根据地图用途和主题、制图目的及比例尺等，挑选出有关的、重要的、本质的事物和现象或构成部分表示到地图上来，而舍去无关的、其次的、非本质的。选取的顺序，应该是从高级到低级，从主要到次要，从整体到局部，从大到小。所谓的次要和主要是相对的，它随着地图用途、主题、比例尺和制图目的的不同而异。例如，在专题地图中，主题要素是主要内容，应详细表示；地理底图内容处于衬托地位，从中选取足以标明主题要素地理位置的一些底图要素和一些与专题内容有密切关系的某些要素。

再如，在编制普通地理图中，要选取水体、地形、居民地、境界线、交通线与土质植被。相反，在行政区划图上，需要舍弃编图资料中的地形要素、测量控制点、独立地物等。同样地，在相同比例尺的水资源图与交通图上，前者要详细表示水系，尽量选取一切可能的小支流与湖泊，以及人工水体建筑物，而居民地选取得较少，道路也只需表示少数的主干道路。相反，在交通图上，铁路和公路要根据运营情况尽量表示，与道路有关的居民点应适当多些，图上的水系只需表示主要的河流和湖泊即可。

在相同整体要素不同比例尺的地图中，要素的质量分类和数量分级就不同，因而选取的地图内容也不同。例如，同是地势图上的水系，1:10万和1:25万两种比例尺图中所表示的水系有很大区别，在1:10万地势图中所表示出的短小支流或消失河段在1:25万的地势图上就可以舍弃。

实际上，地图内容的选取和舍弃是同一过程，如果我们选取了主要类别，相对地也就舍弃了地理要素中的次要类别。地图内容选取就是要选择地图中的主要类别及主要类别中的主要事物；而地图内容舍弃就是要舍弃次要类别和已选取的类别中的次要事物。

### （二）内容的选取方法

要确定具体的选取对象，是一项复杂的工作。因为对地图内容各要素的取舍，并不是在所有要素中进行的。一般来说，有些要素或事物是必须选的，有些是必须舍的，只有一部分对象要进行取舍，而关键在于如何取舍。常用的选取方法有以下几种。

#### 1. 资格法

资格法是解决"选取谁"的问题，它是按一定的数量指标或质量指标作为选取的资格，够资格（标准）的被选取，不够资格（标准）的被淘汰。

以数量指标作为选取资格，又称为数量指标资格法。

以质量指标作为选取资格，又称为质量指标资格法。例如在中小比例尺普通地图上，将居民地的等级作为选取资格，将道路的宽度或等级作为选取资格。

资格法在进行地图概括时，标准明确，易于掌握，便于计算机制图。其缺点是有时不能准确反映制图区域的地理特征，不能全面衡量制图对象的重要程度，而且不易选取合适的地图容量，难以控制各地区图面负载的差别。

#### 2. 定额法

定额法就是规定单位面积内应选取的事物的总数或密度，以保证地图内容的丰富性与易读性相协调。例如，不同人口密度区单位面积内应分别选取多少个居民地；不同河网密度

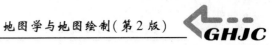

区单位面积内应分别选取多长河流等。定额法的优点是标准明确,易于操作;缺点就是难以同质量指标相协调,也不易反映区域特点。例如编制省(区)行政区划图时,要求将乡级以上的居民地均表示在图上,但是由于不同地区乡的范围大小不一,数量多少不等,若按定额选取,将会出现有的地区乡级居民地选完后,还要选入很多自然村才能达到定额,而另外的地区乡级居民地却超过定额数以至无法保证全部选取,这就形成了各地区质量标准的不统一。为此,要么同资格法相结合,可先确定定额,再根据资料选取;要么先用定额指标给出一个幅度,选取时酌情掌握。

3. 根式定律法

根式定律法又叫开方根定律,它是地图学家托普费尔提出的一种地图内容选取方法。他认为,资料图上的负载量与新编图上的负载量同其比例尺之间有一定的比例关系,可用公式表示为

$$N_B = N_A \sqrt{\frac{M_A}{M_B}} \tag{5-1}$$

式中　　$N_B$——新编地图上地物的数量;

　　　　$N_A$——原始地图上地物的数量;

　　　　$M_B$——新编地图的比例尺分母;

　　　　$M_A$——原始地图的比例尺分子。

例如,由一张 1:5 万地形图编绘成一张 1:10 万地形图,在相应范围内,原始地图有居民点 78 个,则新编地图上的居民点数为

$$N_B = 78 \sqrt{\frac{50\ 000}{100\ 000}} = 78 \times 0.71 \approx 55$$

但是,选取事物的多少,除了与比例尺有关,还受其他因素的影响。比如,地物的重要程度不同,制图区域中选取的事物数量也不同。为反映不同要素的质量等级不同,选取数量则不同,可在式(5-1)的右端乘上一个等级系数 $K$:

$$N_B = N_A \times K \times \sqrt{\frac{M_A}{M_B}} \tag{5-2}$$

这样便构成了一个对任何要素都较为合适的选取率,便于表现不同特征。$K$ 值的大小随选取要素的重要程度而变化。如果要解决因地图比例尺缩小而给符号尺寸带来的变化,需要再乘上符号夸张系数 $C$(又称面积系数):

$$N_B = N_A \times K \times C \times \sqrt{\frac{M_A}{M_B}} \tag{5-3}$$

根式定律法适用于同类符号(或稍缩小)的同一类地图,并且只确定选取的数量,具体选取哪些,舍弃哪些,仍需结合资料确定。

另外,此法没有顾及到制图对象本身的特点和变化规律,不反映要素本身的结构、分布特征。例如两个含有相同数量的湖泊群,无论其各自湖泊的大小及分布特征(如离散程度、面积变化幅度)有多大差别,结果都是一致的,这显然不合理。为提高地图概括的客观性,有效地保持概括各要素的形态结构特征,王桥和吴纪桃(1995)把专门用于研究复杂现象的分形理论引入到制图概括中来,取得了较好的效果。

### 4.等比数列法

这是苏联学者鲍罗金提出的用等比数列确定地图内容选取的方法。心理物理学的测试也表明,对一种物的感觉,当它的感量成等比数列变化时,会感觉到等级差别。由等比数列构成的数组,符合人们的感觉规律。例如,编绘地图上的河流时,要根据地图比例尺和用途,选取进入新编图的河流。确定哪些河流能入选,主要看河流的长度和反映河流地理环境的河网密度,即河流间距。河流越长,地区的河网密度越小,这些河流就越能被选取;河网密集的地区,河流较长,也可能被删除。因此,河长和河流间距是等比数列法选取河流的两项基本指标。表5-1是等比数列法常用的(选取间距)模式。

表 5-1　等比数列法常用的(选取间距)模式

| 长度分级 | 间距分级 | | | | |
|---|---|---|---|---|---|
| | $B_1 \sim B_2$ | $B_2 \sim B_3$ | … | $B_{n-2} \sim B_{n-1}$ | $B_{n-1} \sim B_n$ |
| $> A_n$ | $C_{11}$ | | | | |
| $A_{n-1} \sim A_n$ | $C_{21}$ | $C_{22}$ | | | |
| ⋮ | ⋮ | ⋮ | ⋮ | | |
| $A_2 \sim A_3$ | $C_{n-1,1}$ | $C_{n-1,2}$ | … | $C_{n-1,n-1}$ | |
| $A_1 \sim A_2$ | $C_{n1}$ | $C_{n2}$ | … | $C_{n,n-1}$ | $C_{nn}$ |

表5-1中:$A_i = A_1 \times r^{i-1}$,$B_i = B_1 \times p^{i-1}$,列表时其项数相同。$r$、$p$ 是等比数列的比值,是辨认系数,通常是一种经验参数。例如,用等比数列法在进行河流选取时,根据河流的稠密程度和制图要求,$r$、$p$ 一般取 1.3 ~ 1.5。在选取间距中,对角线数 $C_{ii} = (B_i + B_{i+1})/2$ 为河流选取的界限,大于这些数值的河流全取;小于 $A_1$ : $A_2$ 行和 $B_1$ : $B_2$ 列数值的河流全舍;其他项则依据下列公式获得选取的最小间距:

$$C_{ij} = C_{jj} + \frac{C_{j+1,j+1} - C_{jj}}{1+p} \times \frac{1 - p^{i-j}}{1-p} \quad (i = 2,3\cdots,n; j = 1,2\cdots,n-1) \quad (5-4)$$

等比数列法给出了较为科学的选取标准。以二维等比数列模式来表示后,内容的选取过程就变得简单易行,而且该方法很容易被引入到计算机制图作业中。其缺点是该法偏重于事物的数量特征,有时会将一些级别较低,但是具有重要意义的事物舍弃。因此,应用资格法加以协调。

上述几种方法并不是孤立存在的,在地图内容选取的过程中,应相互补充,协调运用。

## 二、地图内容概括

### (一)内容概括的概念

地图内容的概括是指对制图事物的质量和数量特征的分析提炼,形成新的概念,以减少制图事物的类别和等级。地图内容概括的方法有分类法、分级法和符号法。

### (二)内容概括的方法

#### 1.分类法

地图上各事象的质量差别通常是以分类来体现的。分类法就是用分类表示代替具体表示,减少一定范畴内事物的质量差别,用概括的分类代替详细的分类,用高级类别归纳各低

级类别;删除零星异类或同化零星杂类。用高级类别归纳各低级类别,即按物体的性质来合并类型或等级相近的物体。道路在大比例尺地图上,分为公路、简易公路、建设中公路、建设中简易公路、大车路、乡村路、小路、时令路,而在小比例尺地图上仅分为主要公路、次要公路、大车路、小路,甚至只用公路和农路来表示。

要素分类一般按其所属学科确定的分类原则为标准,但不同用途和不同比例尺的地图,反映类别的程度不同,所以制图工作者需要调整要素类别,以便用比较概括的分类代替详细的分类。比例尺越大,表示的分类就要越详细;反之,就越概括。

分类法的另一种情况就是舍弃面积小而意义不大的类别,以概括的质量概念代替各个物体的具体质量概念,而将物体本身的概念转向表示物体相互关系的新的概念。例如,在大比例尺的土地利用现状图上,果园要加注"橘""梨""桃""杏""柿"等注记说明品种类别,当比例尺小时,可将面积过小的某种果园类别舍弃。例如,在概括植被时,将大片森林中的小面积空地改为森林;概括沼泽地时,将大片沼泽中的零星无水裸露土地也绘制成沼泽地。

**2. 分级法**

分级法用分级表示代替具体表示,扩大级差或减少级数。例如,编制一张以县为单位的人口分布图,每个县都有自己的实际数据。一个省几十个县,人口数各异,数据不分级便不能形成人口分布的概括。在同等大小的图纸上以同一种比例尺,编制全国人口分布图与编制一个省的人口分布图的人口数分级是不一样的。再如,普通地理图上表示地形要素时,在较大比例尺采用高度表为 0 ~ 50 m、50 ~ 100 m、100 ~ 200 m、200 ~ 500 m、500 ~ 1 000 m、1 000 ~ 2 000 m、2 000 ~ 3 000 m、3 000 ~ 5 000 m、5 000 m 以上;而在较小比例尺图上,把高度表概括为 0 ~ 200 m、200 ~ 500 m、500 ~ 1 000 m、1 000 ~ 2 000 m、2 000 ~ 5 000 m、5 000 m 以上。减少级数,实际上就是将相邻级合并,但是这种合并不是任意的,对于反映地形特征的重要等高线,无论在何种比例尺的地图上都要保留,如 200 m 和 500 m 两条等高线,前者是反映平原和丘陵的界限,后者是反映丘陵和山地的界限。

**3. 符号化**

地图内容都是采用一定的颜色或样式的地图符号来表示的。地图内容概括的符号化就是用抽象符号表示代替真形符号表示,即将制图数据(资料)通过分类、简化、夸张等方法所获取的记号,根据其基本特征、相对重要性和相关位置制定成各种图形与符号。地图上的一切都体现出它是符号的模型,制图者就是运用这些记号,使制图数据(资料)的每一个概念,构成的每一个事件,以及它的地理分布来实现符号化。制作符号就是使制图数据(资料)成为可视化的图形。因此,符号化的过程也就是可视化的过程。

## 三、图形概括

### (一)图形概括的概念

图形概括就是根据制图对象的图形特征,删除图形中不必要的碎部,保持和适当夸大重要特征,以尽量保持与地图的表示能力相适应的基本地理特征。它是对所选取的地图内容的图形(面状轮廓线、内部结构线和线状符号)的形状化简,如河流、岸线、居民地平面图形。进行制图要素简化时,不仅要保证要素本身的图形轮廓、弯曲形状、结构、方向等特征与实物的相似性,保证地物特征点位置的准确性,而且要考虑与其他有关要素相互关系的正确性。例如,对活水湖简化时,要注意进水口与出水口的不同特征,进水口多有冲积三角洲;对等高线形状进行简化时,要与水系结合考虑,使图上等高线的状态与河谷的主次关系协调一致。总之,舍去或保留哪些要素,取决于多种因素,其中较重要的有:①要素的相对重要性;②该类资料与制图目的的关系;③保留要素的图形形状特征。简化的目的在于保留要素所固有的、典型的而从地图的用途看是重要的特征,从而保持地图的真实性与合理性,并使复杂的图形形状变得简单明了、清晰易读。

**（二）图形概括的方法**

由于各种各样的符号在地图上都占有位置,当比例尺缩小时,只有对图形的外部轮廓和内部结构加以简化,才能保证其典型特征。常用图形概括方法有删除、夸大、移位、合并和分割。

1. 删除

删除就是去掉那些因比例尺缩小而无法清楚表示的碎部,即对一些像河流、等高线、居民地外部轮廓、植被分布等的小弯曲进行裁弯取直。当然,这种删除不能机械地进行,如多小弯曲的河流,若将小弯曲全部删除,这样的河段就变为平直的河段,失去了原来多弯曲的特征,从而也就失去了制图的意义。所以,删除只是针对那些不必要或次要的碎部而言的,如图5-2所示。

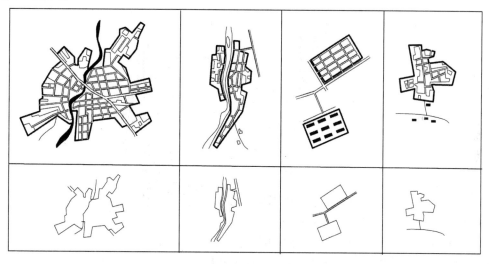

**图5-2　轮廓图形的碎部删除**

2. 夸大

夸大就是对一些虽然小于规定尺寸但能反映图形形状重要特征的细节,夸大到可以表示程度,以正确反映事物的轮廓图形或线划符号的基本形状特征(见图5-3)。因为要素的特征往往是由众多的细小碎部反映的,简化时就不能机械地删除所有以依比例尺不能表示的碎部,有的还要按其重要性适当进行夸大。当由较大比例尺的制图资料编制中小比例尺的地图时,某些面状地物因为随着比例尺的缩小,在新编地图上表示不上去,又不能因为面积过小而忽略了某一类地物的分布,某一类线状地物又不能因为忽略了小的弯曲而改变了它的基本形状。同样,对于干旱地区小湖泊、短小的河流、泉水等,由于其有特殊的地理意义不能不表示。上述这些情况都要应用地图概括中的夸大方法。

3. 移位

移位是处理各要素间相互位置关系的基本方法,其目的是要保证地图内容各要素总体

| 要素 | 居民地 | 公路 | 海岸 | 地貌 |
|---|---|---|---|---|
| 资料图形 | | | 海域　陆地 | |
| 概括图形 | | | | |

图 5-3　轮廓图形的局部夸大

结构特征的地理适应性,以及与实地的相似性。为保证地图各要素相互关系的正确对比,当主要要素占领了准确的位置以后,相邻位置的要素不得不局部移位,这是因为每一个地图符号都有一定的尺寸(宽度),而符号与符号之间又应该保持不小于0.2 mm的距离。

图5-4就是这种情况的一个典型例子。在粤北坪石金鸡岭路段,南面是武水,中间是京广铁路,北面是金鸡岭。在较大比例尺的图5-4(a)上,可以看到它们的位置关系,当随着比例尺的缩小,如果要表达清楚它们的位置关系,根据符号与符号间必须保持的最小距离要求,以及确定位置关系时自然要素优于人工要素的原则,在保持武水河流位置准确的情况下,而适当地调整坪石和金鸡岭的位置,即铁路、坪石和金鸡岭适当东移,如图5-4(b)所示。

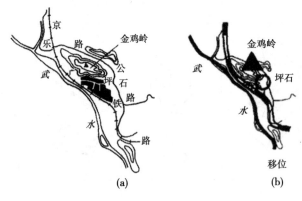

(a)　　　　　　　　(b)

图 5-4　移位

4．合并

合并是指将地物平面图形中彼此间距小于规定尺寸的各个部分合并成一个整体,以反映地物的基本结构特征,即归并同类事物或舍弃次要、零星事物。所以,合并和删除是相辅相成的,删除等高线所表示的谷地,就等于两边山脊的合并;城市街道的删除就造成街区的合并;在土地利用图上,随着比例尺的缩小,间隔很小的两块森林的简化,就会合并成一块森林,线状地物的化简,会造成两侧图斑的合并等,如图5-5所示。

5．分割

分割是为了保持面状图形的基本方向和形状特征。例如鱼塘群的堤埂、林间的防火道等,当比例尺缩小较多时,堤埂和防火道只具有示意性质,不再表示具体某一个堤埂和防火道。采取将面积图形适当示意性分割的方式,有利于地物特征的表示。合并是由于比例尺缩小,将间隔小于规定尺寸的同类事物图形加以合并,合并后的图形要求能够反映出事物的总体特征,如图5-6所示。但是有时合并会歪曲制图现象图形的方向和形状特征,这就要求合并与分割方法联合应用。

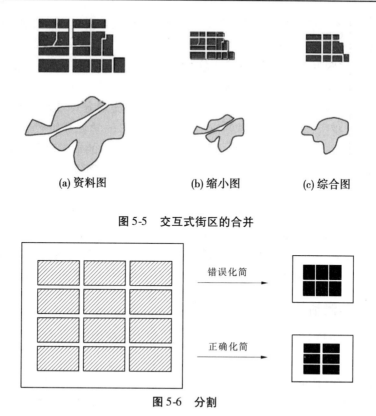

(a) 资料图　　　　　　(b) 缩小图　　　　　　(c) 综合图

**图 5-5　交互式街区的合并**

错误化简 →

正确化简 →

**图 5-6　分割**

# ■ 单元三　地图概括的现代发展

遥感制图和计算机制图的迅速发展使现代地图的编制更多地摆脱了手工劳动,而趋向地图编制的智能化、自动化。当前,包括硬件和软件系统在内的计算机制图的技术问题已解决。发达国家已全部实现了数字测图和计算机制图,包括各种比例尺地形图、地籍图的数字测图、各级比例尺与各种类型地图的计算机制图,只有地图自动概括问题尚未完全解决。地图制图自动概括是一个公认的国际难题,成了计算机编制成图的瓶颈和当前研究的热点问题之一。

## 一、地图自动概括

有关地图自动概括的研究,可以说在计算机技术引入地图制图领域的时候就开始了,而且一直没有停止过。20 世纪 70 ~ 80 年代,一些有关点状地物和线状地物的自动概括问题,以及线状简化和线状平滑的问题在公开发表的论文中不断谈及。但由于计算机能力的局限,早期的工作多是基于某种单纯的图形,主要是线状符号,发展了较单一的地图概括的程序或算法。20 世纪 90 年代以后,随着地图学及相关学科的发展,地图自动概括的研究越来越受到重视,研究的深度和广度都有不同程度的进步,一方面涉及了大比例尺地图的综合,另一方面开始考虑采用知识库与专家系统的技术来解决问题,同时人机交互的图形环境越来越丰富多样,实用的多要素地图自动概括系统正在形成之中。

国外市场上已出售自动、半自动化地图概括系统,一些地理信息系统可提供有限概括功

能,能实现对线状符号的简化及对面状符号的分割和合并。例如,蔡司公司研制的CHANGE系统、Intergraph公司研制的MGE地图概括系统,都为用户提供了一定程度的自动概括软件。再如,法国IGN地图院COGIT实验室正在进一步完善的Stratege、英国GLamorgan大学研制的针对空间邻近关系识别及冲突处理的MAGE,都具备了地图自动概括的能力。对一些较复杂要素和图形的自动概括则要采取人机交互方式,借助于人的思维和参与进行再度概括。在我国,研究地图概括方法及自动化技术的学者开始致力于地图自动概括软件的研制,并取得一定的成果。例如,解放军信息工程大学的基于地图数据库的自动编程系统已初步具有了地图自动概括的能力。但是,到目前为止,还没有专业的地图概括软件发行。

纵观地图自动概括多年的发展历程,已有的自动地图概括系统用于实际生产还存在相当一段距离。其原因是多方面的,一是自动概括方法还不具有普适性,二是自动概括的结果还有不尽人意的地方。于是,地图自动概括方法的模块化、地图概括问题的算法化,以及自动概括系统的智能化和人机交互法成了地图自动概括今后的主要研究领域。

## 二、地图自动概括的基本原理与方法

地图自动概括的基本原理就是在数字环境下,根据地图用途、地图比例尺和制图区域地理特征的要求,由计算机通过编程的模型、算法和规则等,对数字化了的制图要素与现象进行选取、概括和简化操作的数据处理方法。它是手工地图概括的延伸和发展,它不仅遵循传统地图概括的基本思想和原则,而且与计算机技术相结合,在具体的操作方法和思维方式上,发生了很大的变化。

总的来说,用于地图自动概括的方法主要有:①基于人机交互的方法;②基于批量处理的方法。

在具体应用过程中,主要方法有面向信息的概括方法、面向滤波的概括方法、启发式概括方法、专家系统概括方法、神经元网格概括方法、分形概括方法、数学形态概括方法、小波分析概括方法等。其实这些方法都与自动概括处理中的删除和修改程序所采用的模型有关,删除程序和修改程序是地图自动概括的两个基本程序。

### (一)删除程序

#### 1.点删除

它通过简化某一线特征或区域轮廓的一串坐标,达到删除次要的点,保留反映地物基本特征的重要特征点的目的的过程。

在手工作业中,点删除主要靠直观感觉,然而在删除过程中,对于重要点与不重要点的这种感觉,只有在积累了较丰富的经验之后才能建立起来。基本规则对这种主观过程所起的作用,除了地名或独立地物,像线状要素和面状要素,在一般情况下,更多考虑的是实际要素图形的大小。因此,尺寸大小在决定保留还是删除中通常比基本规则还重要。文件一旦形成,计算机就可以利用这两个非常简单的点删除程序重复地执行简化处理。

#### 2.要素删除

要素删除简化包含两层含义:一方面是某一类制图要素在新编地图上整个消失;另一方面是指随着比例尺的缩小,容纳实际细部的空间也在缩小。因此,必须对那些难以表达的细部进行简化,即对保留要素轮廓线上的点进行简化。

对于某些要素的删除,在计算机上操作非常简单,对于适量数据来说,如果数据文件中每个要素都按相对重要性排队,要素删除可通过规定输出如 5 级以上的河流,2 级以上的所有道路等来实现简化。对于栅格数据来讲,同样利用一定的算法程序来除去或删除栅格中的数据,以达到突出剩余元数据的目的。

### (二)修改程序

通过修改程序来实现简化的方法有两种:一是平滑运算,二是增强处理。近年来,在计算机地图制图中,特别是在计算机辅助下的矢量数据或栅格数据处理中,这些方法得到广泛应用。这些处理方法对于手工作业来说太复杂了,甚至无法进行。

### 1. 平滑运算

通常所说的平滑平均和曲面拟合均属于对数据的平滑运算处理,基本方法是将每个像元分别同它的邻近值相比较,修改像元使其与邻近值更加接近。

### 2. 增强处理

增强处理的方法适用于栅格数据,一般是在图像构成之前对单个数据元(像元)进行修改。这种方法对于图像判读来说,其目的是增加邻值间的差别;对于制图来讲,分别计算单个数据元并进行必要的修改,该方法是一种简化处理。增强处理的方法有对比拉伸、求比率、低通滤波和高通滤波,这里不做介绍。上述这些简化处理方法,需要在计算机辅助下来完成。

## 小　结

本项目主要介绍了地图概括的理论、基本方法和现代发展。地图概括是地图学基本而重要的内容,是课程学习的难点,更是技能训练的难点。通过本项目的学习,应掌握地图概括含义和基本方法,清楚地图概括的发展情况;会根据制图图式规范,综合运用地图概括的原则方法,进行地图中各要素的编绘。

## 复习思考题

1. 简述地图概括的目标、任务、实质和方法。
2. 图形概括的概念是什么? 图形概括的基本方法有哪些?
3. 简述地图内容选取、概括和图形简化的基本方法。
4. 地图概括的影响因素有哪些? 什么是影响地图概括的根本因素和主导因素?
5. 地图自动概括的基本原理是什么? 常用的基本方法有哪些?

【技能训练】

## 训练八　陆地水系概括

### 一、实验目的

(1)掌握河流概括的原则和方法。

(2)掌握湖泊、水库概括原则和方法。

(3)能利用 GIS 软件,进行陆地水系概括。

## 二、实验任务

根据制图要求,将 1:1 万比例尺地图,新编为比例尺为 1:5 万的地图。正确表示水系的类型、主次关系、附属设施及名称,合理反映水系要素的分布规律和不同地区的密度对比,处理好水系与其他要素的关系。

## 三、实验方法和内容

### (一)实验方法

对于初次学习使用而言,很难直接在计算机上准确地进行综合。因此,在利用软件进行编图之前,可首先用彩笔或铅笔在草图上进行综合取舍。根据在草图上编绘的结果在软件中进行编绘。

(1)装入该图的栅格文件。

(2)绘内图廓线(黑色)。

(3)编绘河流(先主流、后支流)(蓝色)。

(4)注出河流名称(蓝色)。

### (二)实验内容

1. 设计陆地水系概括的要求

根据地图编绘图式规范,设计陆地水系概括的要求。

(1)河流、运河、沟渠一般均应表示。河网密集地区,图上长度不足 1 cm 的河流、沟渠可酌情舍去。但对构成网络系统的河流、渠沟,应根据河流、渠沟网平面图形特征进行取舍。密集河流、渠沟的间距一般不应小于 3 mm,老年河床河漫滩地带的叉流以及沟渠密集地区,间距不应小于 2 mm。

(2)选取河流、运河、沟渠时,应按从大到小、由主及次的顺序进行。界河、独流河、连通湖泊及荒漠缺水地区的小河必须选取。

(3)河流、运河、沟渠须表示流向,通航河段须表示流速。较长的河流、渠沟一般每隔 15 ~20 cm 重复标注。

(4)图上宽 0.1 mm 以上的河流用双线依比例尺表示,不足 0.4 mm 的用单线表示。以单线表示的河流,应视其图上长度用 0.1 ~0.4 mm 逐渐变化的线粗表示。

(5)图上宽度大于 0.4 mm 的运河、沟渠用双线依比例尺表示,不足 0.4 mm 的用单线表示,并视其主次分别用 0.3 mm 和 0.15 mm 线粗表示。

(6)河流、运河、沟渠的名称一般均应注出,较长的河流、渠沟每隔 15 ~ 20 cm 重复注出。注记应按河流上下游、主支流关系保持一定的级差。当河名很多时,可舍去次要的小河名称。

(7)图上面积大于 1 mm² 的湖泊、水库应表示,不足此面积但有重要意义的小湖(如位于国界附近的小湖、作为河源的小湖及缺水地区的淡水湖)应夸大到 1 mm² 表示。湖泊密集成群时,应保持其分布范围和特点,适当选取一些小于 1 mm² 的湖泊,但不能合并。

(8)湖泊、水库一般应注出名称,群集的湖泊可选取主要的注出名称。名称注记应按湖泊、水库面积大小或库容量大小保持一定的级差。

(9)非淡水湖泊须加注水质。

(10)容量为 1 000 万 $m^3$ 以上的水库和重要的小型水库须加注库容量。

2.陆地水系概括

利用 GIS 软件,对资料图(见图 5-7)进行陆地水系概括。

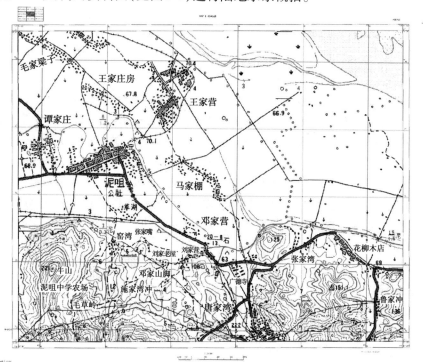

图 5-7 1:1万地形图(局部)

# 项目六　地形图的阅读及应用

## 项目概述

地形图是按照特殊的图形语言(地形图符号系统)建立的客观环境的模拟模型,是制图区域地理环境信息的载体。地形图的阅读就是用图者通过对地形图符号的识别,分析各类图形符号的组合关系,获得地形图上基本要素的位置、分布、大小、形状、数量与质量特征的空间概念。地形图是国家进行经济建设和国防建设的重要资料。道路的选线和施工、水库的设计和修建、农业规划、工业布局,以及地质、土壤、植被、土地利用等专业考察和区域开发,都要使用地形图;在军事上,地形图尤为重要,被称为军队的眼睛,部队的行军,指挥员布置和指挥战斗,都离不开地形图。

## 学习目标

◆知识目标

1. 掌握地形图的图廓外要素、地物要素和地貌要素的表示方法。

2. 掌握地形图基本应用的知识。

3. 了解地形图在工程建设中的应用。

◆技能目标

1. 会阅读地形图。

2. 能够在地形图上确定点位坐标,量算高程、水平距离和坐标方位角,计算直线坡度等。

【导入】

地形图这个名词对于我们来说并不陌生,地理课本及历年高考都涉及有关地形图基本知识的一些问题,如利用等高线判断地形特征、利用等高线绘制剖面图等,但所有这些都是肤浅的,不系统的。通过本项目的学习,我们将对地形图有一个全面而系统的认识,学会使用地形图,利用地形图进行室内、野外作业。

## ■ 单元一　地形图的阅读

从地形图上提取信息的丰度和深度取决于读图者的知识水平,取决于读图者所采用的地图分析方法。一般读图者主要应用视觉感受及大脑的思维活动,在识别符号的基础上解决"是什么? 在哪里?"的问题,获得图形直接传输的简单信息。而专业性读图者,则可结合专业要求充分利用地图与专业知识，采用各种地图分析法，将从图上获取的各类信息数量化、图形化、规律化，找出各类信息相互依存、相互制约的关系，并推断出在时间及空间上的变化规律及原因。

地形图的阅读是地图分析与应用的基础。阅读是从地图整体开始，从外到内，逐步深入了解图幅内的有关情况。

## 一、地形图图廓外的阅读

如图 6-1 所示，该图是一幅 1∶1 万的地形图，图廓外有完整的注记和说明。

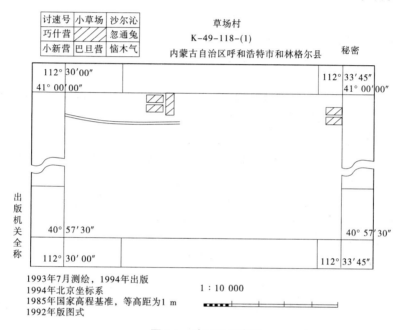

**图 6-1　地形图示意图**

### （一）图名、图号、接图表和保密等级的阅读

1. 图名

图名在图幅北外图廓线的正中央，通常用本幅图内最大的城镇、村庄或最有名的地貌、单位名称来命名，如本幅图的图名是"草场村"。

2. 图号

图号在图名的正下方，如本幅图的图号为"K－49－118－（1）"，图号下面的注记表示本幅图内所包含的行政区划名称。

3. 接图表

接图表绘在北图廓线外左边，由 9 个小长方格组成，中间绘斜线的小格代表本幅图的位置。

4. 保密等级

保密等级注写在北图廓线的右上边，常见有秘密和绝密两种。

### （二）三北方向图

在 1∶5 万和 1∶2.5 万图的南图廓线下边均绘有三北方向关系图，为地形图定向或图上

标定某地物的方位提供依据,实现图上任一方向真方位角、磁方位角、坐标方位角的换算。

### (三)比例尺和坡度尺

利用坡度尺和脚规,可量出地面上任一坡度,以了解地形类型。

### (四)地形图图廓的阅读

图廓是图幅四周的范围线,正方形、矩形分幅图廓有内、外之分,外图廓起装饰作用,内图廓绘有坐标网格短线。

### (五)图廓外注记的阅读

图廓外下方的主要注记是测图采用的坐标系、高程系、等高距、成图时间、成图方法、图式版本、测图机关等。

## 二、地物要素的阅读

### (一)水系

主要了解水系分布特点、各河流从属关系以及每条河流、河谷的特性。有海洋的地图,要注重海底要素,特别是海岸要素的阅读分析。

### (二)植被和土质

读出植被的类型、分布、面积大小以及植被与其他要素的关系;了解森林的林种、树种、树高、树粗;在中、小比例尺地形图上还要分析植被的垂直变化规律。读出土质的类型、分布、面积以及与其他要素的关系。在此基础上,综合分析制图区土地利用类型、土地利用程度、土地利用特点、土地利用结构,找出影响土地利用的因素,指出存在的问题,提出合理利用和保护土地资源的建议。

### (三)城镇、居民地

重点了解居民地的类型(城镇或乡村)、行政等级;分析不同区域的密度差异、分布特征;从平面图形特征,研究居民地外部轮廓特征、内部通行状况及其用地分区,以及各类公共服务设施,如车站、码头、电信局、邮局、学校、医院、厂矿、旅游景点及娱乐设施等;分析居民地与其他要素的关系。

### (四)道路与管线

读出道路的类型、等级、路面质量、路宽等信息,分析其分布特征及道路与居民点的联系,其与水系、地貌的关系;分析道路网对制图区域交通的保证程度。读出各种管线的类型及其对制图区经济发展的影响,了解通信网的分布以及对地区通信保证的相对程度。

### (五)工矿企业与土地利用类型

读出工矿企业的类型、分布,分析其在制图区域中的经济地位和作用;阅读土地利用类型及分布特点,工业、农业用地面积大小、比例以及分布等。

## 三、地貌要素的阅读

地貌识读前,要正确理解等高线的特性,根据等高线了解图内的地貌情况。首先要知道等高距是多少,然后根据等高线的疏密判断地面坡度及地势走向,进而从地貌有关符号特征来判断地貌的一般类型(平原、丘陵、山地等),然后研究每一种类型的地形分布地区和范围,山脉的走向、形状和大小,地面倾斜变化的情况,各山坡的坡形、坡度,绝对高程和相对高程的变化。在地形起伏变化比较复杂的地区,可以绘剖面图,作为分析地形的资料。

# 单元二　地形图的应用

## 一、地图的基本应用

在地图上给定一个点,就可以知道该点在地图的空间直角坐标系内的坐标、高程;知道两个点的二维平面坐标,就可以计算出两点之间的距离以及在此坐标系下的坐标方位角;若知道这两个点的三维坐标,还可以计算出两点之间在垂直面内的倾角以及在实际地表的长度,另外还可以绘制两点间的断面图;若给定一条封闭曲线,就可以计算出它的包围面积;若给定一个高点,就可以分析出它的可视域来。

地图的基本应用主要有:在地图上确定点的坐标、量算点的高程、量算两点之间的水平距离和坐标方位角、计算任意直线的坡度等。

### (一)确定点的坐标

1.直角坐标量算

对于大比例尺地形图,在地图的西南角上的内外图廓之间一般注有纵、横坐标值,同时在图幅内有千米格网点,通过这些起始坐标和千米格网点就可以计算图幅内任意一点的坐标。如图6-2所示,要确定$B$点的直角坐标,首先确定$B$点所在方格,读出该方格西南角点的坐标值($X_0 = 192.200$ km,$Y_0 = 68.700$ km);然后过$B$点分别作纵方里线和横方里线的垂线,分别与方格两边交于$p$、$q$两点,用两脚规量取$Bq$和$Bp$的长度,放置于地图直线比例尺上读距,或用图上距离$D$乘以地图比例尺分母$M$计算,得该点与方格西南角点的坐标增量$\Delta X$、$\Delta Y$,最后利用下式可求得$B$点坐标:

$$\left.\begin{array}{l} X_B = X_0 + \Delta X = X_0 + D_{Bq} \times M \\ Y_B = Y_0 + \Delta Y = Y_0 + D_{Bp} \times M \end{array}\right\} \tag{6-1}$$

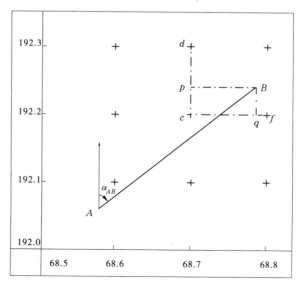

图6-2　坐标与方位角的量算

**2. 地理坐标量算**

对于中小比例尺地形图,可利用图内经纬网来量算某点的地理坐标。可先找出该点所在经纬网格西南角地理坐标 $\lambda_0$、$\varphi_0$;再用两脚规量取该点至下方纬线的垂直距离,保持此张度移两脚规到西(或东)图廓(或邻近经线的纬度分划)上的比量,即得 $\Delta\lambda$,则 $\lambda = \lambda_0 + \Delta\lambda$;以同样的方法,从南(或北)图廓(或邻近纬线)上量出比量,即得 $\Delta\varphi$,则 $\varphi = \varphi_0 + \Delta\varphi$。

由于纬度不同,图上不同纬线和南北图廓的长度也不一样,故在量算点的 $\Delta\varphi$ 时,应在邻近该点的纬线和南、北图廓上去比量。

在采用正轴等角圆锥投影的1:100万地形图的经纬网格中虽然只有经线为直线,而纬线为同心圆弧,但因其曲率很小,故在测定地理坐标时,就将弯曲的纬线作为直线进行量测。

如果精度要求较高,还应考虑图纸伸缩的影响,此时还应量出 $cd$ 和 $cf$ 的长度。设图上坐标方格边长的理论值为 $L(L = 100 \text{ mm})$,则 $B$ 点的坐标可按下式计算,即

$$\left.\begin{array}{l} X_B = X_0 + \Delta X = X_0 + D_{Bq} \times M \times L/D_{cd} \\ Y_B = Y_0 + \Delta Y = Y_0 + D_{Bp} \times M \times L/D_{cf} \end{array}\right\} \tag{6-2}$$

**(二)确定点的高程**

点的高程可根据等高线或高程注记点来确定。如果点在等高线上,则等高线的高程就是该点的高程;如果点不在等高线上,则可过该点作一条垂直于相邻两条等高线的直线,然后按内插法求得这点的高程。如图6-3所示,从图上可以看出 $A$ 点的高程为 $82$ m;$B$ 点位于两条等高线之间,它的高程为

$$H_B = 82 + \frac{D_{Bb}}{D_{ab}} \times \Delta H \quad (\Delta H \text{ 是基本等高距}) \tag{6-3}$$

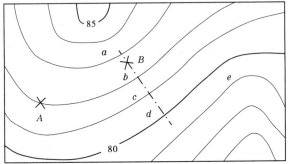

**图6-3　点的高程量算**

通常可以根据等高线用目估法按比例推算图上点的高程。

**(三)确定图上两点间的距离**

在图上计算两点之间的距离可以利用解析法或图解法。

**1. 解析法**

首先按照前述确定点的坐标的方法量算两个端点 $A$、$B$ 的坐标 $(X_A, Y_A)$、$(X_B, Y_B)$,然后利用下式计算:

$$i_{AB} = \frac{\Delta H_{AB}}{D} = \frac{H_B - H_A}{D} \tag{6-4}$$

2.图解法

图解法就是直接在图上量取 $A$、$B$ 两个端点之间的长度,然后根据比例尺计算出该图上距离所代表的实际水平距离或直接在图示比例尺上量出距离。

**（四）确定图上线段的坐标方位角**

1.解析法

如图6-3所示,如果 $A$、$B$ 两点的坐标已知,可按坐标反算公式计算 $AB$ 直线的坐标方位角,其值为

$$\alpha_{AB} = \arctan \frac{\Delta Y_{AB}}{\Delta X_{AB}} = \arctan \frac{(Y_B - Y_A)}{(X_B - X_A)} \tag{6-5}$$

2.图解法

如果 $A$, $B$ 两点的坐标未知,而且精度要求不高,可在图上连接 $A$、$B$ 两点,并过 $A$ 点作坐标纵轴的平行线,然后直接用量角器量取其角度,即为直线 $AB$ 的坐标方位角 $\alpha_{AB}$。

**（五）确定某直线的坡度**

如果两点之间地形坡度变化不大,可以在地形图上量算出两点间的水平距离 $D$,以及两个端点的高程 $H_A$、$H_B$ 后,按照下式求出直线的坡度（常以百分率或千分率表示）：

$$i_{AB} = \frac{\Delta H_{AB}}{D} = \frac{H_B - H_A}{D} \tag{6-6}$$

如果两点之间的地形坡度变化大,那么可以分段计算或按照后续方法详细绘制出该直线的纵断面。

## 二、地形图在工程建设中的应用

**（一）绘制已知方向纵断面图**

纵断面图是反映沿给定方向地面起伏变化的剖面图。在工程建设中,为了计算填挖土石方量,以及进行道路的纵坡设计等,都需要详细了解沿线路方向的地面起伏情况,而利用地形图绘制沿指定方向的纵断面图最为简便,因而被广泛应用。具体的绘制方法如图6-4所示。

（1）按照工程设计要求在地形图上定出 $M$、$N$ 两点,连接 $MN$ 绘出剖面线,如图6-4中的 $MN$,分别与等高线相交于 $a$、$b$、$c$、$d$、$e$、$f$ 各点,也可定出多点绘成剖面折线。

（2）根据地势起伏情况,确定剖面图的水平比例尺和垂直比例尺,通常为了突出地形起伏情况,垂直比例尺是水平比例尺的 $5 \sim 20$ 倍。

（3）在图纸上或方格纸上绘一条水平线,在地形图上沿剖面线 $MN$ 量 $Ma$、$ab$、$bc$、$cd$、$de$、$ef$、$fN$ 各段的距离,按剖面图的水平比例尺将量出的各段距离转到 $MN$ 轴线上,得 $a_1$、$b_1$、$c_1$、$d_1$、$e_1$、$f_1$ 各点,通过各点作垂线,垂线长度是按各点高程依垂直比例尺计算出来的。

（4）同时要将剖面线所经过的极高点和极低点处的高程依垂直比例尺表示出来,然后将垂线各端点依次连成平滑曲线,注出水平比例尺、垂直比例尺和剖面线的方向,即成剖面图。

地形剖面图除了能显示地面起伏,还有助于了解观测点的通视情况。由观察点 $M$ 向目标点 $N$ 画直线,如果直线没有被任何地物所切断,表示通视良好,而本图中 $M$ 与 $N$ 之间是不能通视的,因视线被山头 $p$ 所切断,图上绘有晕线的部分,是不能通视的部分。

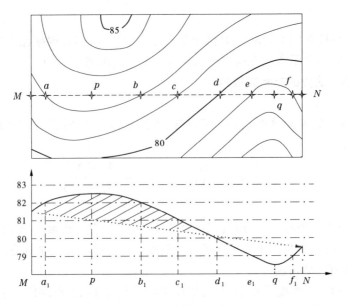

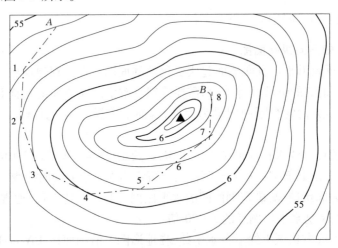

图 6-4　纵断面图的绘制

### (二)按设计坡度选定最短线路

在工程规划设计中,经常要求按限制坡度选定一条最短线路或等坡度线。假设从 A 点要修一条公路上山,要求坡度为 2%,地形图比例尺为 1: 5 000,具体设计路线的选定可以按如下方法进行,如图 6-5 所示。

图 6-5　按设计坡度选定最短线路

根据设计坡度,计算确定线路上两相邻等高线间的等高线平距,其值为

$$d = \frac{h}{M \times i} = \frac{1 \text{ m}}{5\,000 \times 2\%} = 0.01 \text{ m} = 10 \text{ mm} \tag{6-7}$$

式中　*h*——等高距;

　　　　*M*——地图比例尺分母;

　　　　*i*——设计坡度;

　　　　*d*——等高线平距。

把两脚规张开 $d$，本例中先以 $A$ 点为圆心画弧，交 57 m 等高线于 1 点，为 10 mm，然后以 1 点为圆心、$d$ 为半径画弧，交 58 m 等高线于 2 点，以此类推交各条等高线于 3、4、5、6、7、8 各点，直到山顶。

然后在图上将各点按顺序用光滑曲线连接起来，此曲线即为按坡度选定的设计路线。

### （三）量算图形面积

在城镇规划设计和土建工程建设中经常要进行面积的量算，例如各类土地利用面积的统计、建成区面积的统计、厂矿占地面积、水库的汇水面积等。常用的图形面积的量算方法一般有几何图形法、透明方格网法、平行线法、求积仪法、解析法等，其中解析法精度最高，特别适用于数字地图。

#### 1. 几何图形法

若图形是由直线连接的多边形，可将图形划分为若干个简单的几何图形，如图 6-6 所示的三角形、矩形、梯形等；然后用比例尺量取计算所需的元素（长、宽、高），应用面积计算公式求出各个简单几何图形的面积；最后取代数和，即为多边形的面积。

图形边界为曲线时，可近似地用直线连接成多边形，再计算面积。

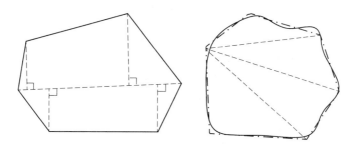

图 6-6　几何图形法

#### 2. 透明方格网法

对于不规则曲线围成的图形，除了采用上述的几何图形法，亦可采用透明方格网法进行面积量算。如图 6-7 所示，用透明方格网纸（方格边长一般为 1 mm、2 mm、5 mm、10 mm）蒙在要量测的图形上，先数出图形内的完整方格数，然后将不完整的方格用目估折合成整格数，两者相加乘以每格所代表的实地面积，即为所量算图形的面积，即

$$S = N \times A \times M^2 \tag{6-8}$$

式中　$S$——所量图形的面积；

　　　$N$——方格总数；

　　　$A$——1 个方格的面积；

　　　$M$——地形图比例尺分母。

#### 3. 平行线法

方格网法的量算精度受到方格凑整误差的影响，精度不高，为了减少边缘因目估产生的误差，可采用平行线法。

如图 6-8 所示，量算面积时，将绘有间距 $d = 1$ mm 或 2 mm 的平行线组的透明纸覆盖在待量算的图形上，并使两条平行线与图形的上下边缘相切，则整个图形被等高的平行线切割成若干近似梯形，梯形的高为平行线间距 $d$，量出各个梯形的上、下底长度 $L_0$，$L_1$，$L_2$，…，

$L_{n-1}$,$L_n$,则图形的总面积(mm$^2$)为

$$S = \frac{1}{2}\left(L_0 + 2 \times \sum_{i=1}^{n-1} L_i + L_n\right) \times d \times M^2 \tag{6-9}$$

式中　$M$——地形图的比例尺分母。

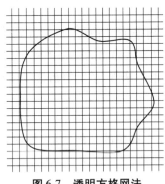

图 6-7　透明方格网法

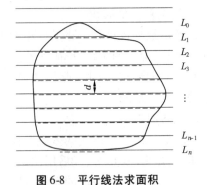

图 6-8　平行线法求面积

**4. 求积仪法**

求积仪是一种专门用来量算图形面积的仪器,其优点是量算速度快、操作简便、适用于各种不同几何图形的面积量算,而且能保持一定的精度要求。求积仪有机械求积仪和电子求积仪两种,电子求积仪是采用集成电路制造的一种新型求积仪。电子求积仪具有操作简便、功能全、精度高等特点,有定极式和动极式两种。

图 6-9 是数字式求积仪 QCJ – 2000,可以快速测定任意形状、任何比例的不规则图形面积,最大测量范围是宽 300 mm,长度不限的图形。

图 6-9　数字式求积仪 QCJ – 2000

1)主要技术指标

(1)最大测量范围:宽 300 mm,长度不限。

(2)相对误差: ±0.2% 。

(3)显示方式:16 位点阵 LCD 显示。

(4)电源电压:内储电源 DC6 V。

(5)仪器的质量:1.25 kg。

(6)仪器主机的外形尺寸:26 cm×18 cm×4 cm。

2）仪器特点

（1）可设置任何比例。

（2）可设置单位（公顷、平方千米、平方米、平方厘米，英亩、平方英里、平方英尺、平方英寸，市顷、亩、分、平方尺）。

（3）可多次测量不同面积求和。

（4）可多次测量同一面积求平均值。

（5）可进行面积单位的转换。

3）测量方法

（1）将图纸水平固定在图板上，把跟踪放大镜放在图形中央，并使动极轴与跟踪臂成90°。

（2）开机后，选择好单位，输入图的比例尺，确认后，即可在欲测图形中心的左边周线上标明一个记号，作为量测的起始点。

（3）用跟踪放大镜中心从量测的起始点开始准确地沿着图形的边界线顺时针移动一周，回到起点后，其显示值即为图形的实地面积。为了提高精度，对同一面积要重复测量几次以上，取其均值。

5. 解析法

当图形为多边形，且各顶点的坐标值为已知值时，可采用坐标解析法计算面积。该法是根据图块边界轮廓点的坐标计算其面积的方法，精度较高。如图 6-10 所示，设 $1,2,3,\cdots,n$ 为任意多边形顶点，$1,2,3,\cdots,n$ 按顺时针方向排列，在测量坐标系中，其顶点的坐标分别为 $(X_1,Y_1),(X_2,Y_2),\cdots,(X_{n-1},Y_{n-1}),(X_n,Y_n)$，则多边形的面积为

$$S = \frac{1}{2}\sum_{i=1}^{n}(X_i + X_{i+1})(Y_{i+1} - Y_i) \tag{6-10}$$

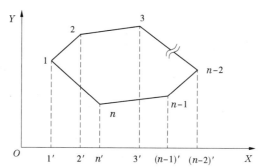

图 6-10　解析法计算面积

也可以按下式计算，结果是一样的。

$$S = \frac{1}{2}\sum_{i=1}^{n}X_i(Y_{i+1} - Y_{i-1}) \tag{6-11}$$

式中　$n$——多边形顶点的个数；

　　　$X_i$、$Y_i$——顶点坐标。

当 $i-1=0$ 时，$X_0 = X_n$；当 $i+1 = n+1$ 时，$X_{n+1} = X_1$。

（四）确定汇水面积

在工程设计建设过程中经常要计算汇水面积，比如兴修水库筑坝拦水，修建桥梁或涵洞

等排水工程。地面上某个区域内雨水注入同一山谷或河流,并通过某一断面,这个区域的面积就称为汇水面积,也就是分水线(山脊线)与水利设施围成的面积。确定汇水面积首先要确定出汇水面积的边界线即汇水范围,边界线是由一系列分水线(山脊线)连接而成的。

如图6-11所示,虚线与大坝所围成的区域就是这个水库的汇水范围。确定汇水面积的方法:首先在地形图上从拦水坝一端开始,连续勾绘出该流域的分水线,直到拦水坝的另一端,组成一闭合曲线,该闭合曲线所包围的面积即为汇水面积。在勾绘分水线时,应注意分水线处处与等高线相垂直。

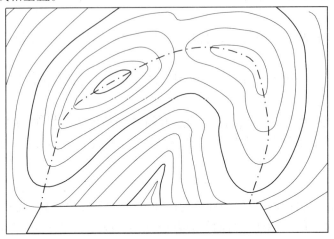

图6-11　汇水范围的确定

## 小　结

地形图具有载负地理信息和传输地理信息的功能,这些丰富的内容能否被利用,取决于用图者的读图能力。该项目重点讲述了地形图图廓外的阅读、地图要素的阅读和地貌要素的阅读方法,并通过实例阐述了在地图上确定点的坐标、量算点的高程、量算两点之间的水平距离和坐标方位角、计算任意直线的坡度等地形图的基本应用,以及应用地形图绘制已知方向纵断面图、按设计坡度选定最短线路、量算图形面积、确定汇水面积等地形图在工程建设中的应用。

## 复习思考题

1.地形图阅读的内容、方法与程序是什么?

2.地形图量算法有哪些?

3.依据地形图如何绘制断面图?

4.如何依据地形图绘制坡度图?

5.如何依据地形图确定汇水面积?

6.如何进行地形图的定向?

7.如何在地形图上量算图形面积?

【技能训练】

# ■ 训练九 地形图阅读及应用

## 一、实验目的

通过实验,熟悉地形图所表示的基本内容,掌握地形图的阅读及其要素的表示方法。重点掌握国家基本比例尺地形图上图廓外要素、地物要素、地貌要素的表现形式和表示方法以及各种比例尺地形图的基本任务和主要用途,能够根据需要选择使用并解决在工作、学习、日常生活中所遇到的用图、识图问题。培养独立工作能力和严谨踏实的科学态度。

## 二、实验任务

借助图例和图幅边缘说明等,熟悉地形图上坐标网、控制点和独立地物、水系、居民地、道路、地貌、植被、境界等各要素的表示及其间相互关系的处理;进行图上地面点的高程、地理坐标和平面直角坐标的量算以及坡度的量测,熟悉制作地形图剖面图的流程。

## 三、实验内容

地形图阅读是了解地图上信息特征的一种手段,应用地图必须从阅读地图开始,所以地图阅读是地图分析和解译的基础。

### (一)概况

阅读图名、比例尺、出版年月和出版单位,了解地形图的现势性。阅读制图区域的范围、位置和面积。

### (二)自然地理要素阅读

按水系、地貌、植被、土壤的顺序阅读。阅读河流平面图形的形状、干支流的关系、流向、流速及河曲、河漫滩、阶梯等分布情况,了解湖泊、泉等水体的分布。阅读植被类型及分布,估算植被覆盖率;水系和居民地的关系;树种和树高;植被的垂直分带。

### (三)地貌要素的阅读

熟悉图上基本地形(山顶、山脊、山谷、山坡、鞍部等)的等高线图形特征,掌握等高线的性质,并根据等高线识别地形起伏状况。根据等高线图形的形状、疏密、高程注记、特殊的地貌符号及河流的流向,了解地形大势、最高点和最低点,进而认识各种各样的地貌的分布及特点。

### (四)社会经济要素阅读

分析居民地、道路、管道、工厂、学校、文物古迹和旅游地等经济文化设施的类型、分布特点及发展状况。

## 四、采用的教学方法和手段

该实验为室内实验,由教师提供地形图(各种比例尺的国家基本比例尺地形图),在教师说明实验的目的、要求及注意事项后,学生根据所给资料阅读地图并按要求撰写实验报告。

# 项目七　地图分析

## 项目概述

地图信息是分层传输的。符号识别只能获取第一层次一般的地图信息,即制图区内有哪些地物? 分布在哪里? 哪些地方多? 哪些地方少? 地图分析是用图者利用各种分析方法对地图要素进行分析,得到各种要素或现象在质和量的空间分布特征,因此可获取第二层次的专门地图信息,即有关地面形态的特征数据、相关性、相关程度、相关模式、聚类模式、演绎模式等本质的、规律性的认识,然后把它应用到各行各业的各个领域中,进行科学推断、预测等地图应用,实现地图制图的目的意义。

## 学习目标

### ◆知识目标

1.掌握地图目视分析、量算分析、图解分析的概念和方法。

2.理解地图数理统计分析、回归分析和时序变化分析的概念和方法。

3.了解地图分析的应用。

### ◆技能目标

1.能够对地图进行目视分析、量算分析、图解分析等。

2.知道如何对地图进行数理统计分析、回归分析和时序变化分析。

3.知道地图分析的应用。

## 【导入】

地图分析作为地图学的重要组成部分,其根本任务就在于促进和推动地图在各行业、各部门的应用。尽管近年来国内外许多地图学者在地图应用研究方面做了许多努力,也取得了可喜的成果。但总的来说,以往的工作主要局限于地图分析的方法和技术等问题的研究,对于地图的实际应用则做的工作不多,已出版的地图利用率很低,大量的地图作品积压在资料柜里,未能发挥它应有的社会经济效益,是国民经济中一种很大的资源浪费。现代地图学的发展,使地图信息源及应用领域得到空前扩大,特别是计算机、遥感技术在地图学领域的应用,为地图分析提供了新的技术条件,同时地图分析的方法也日趋完善。因此,加强地图分析的实际应用,尤其是在经济决策、资源开发及社会发展、城乡规划等领域的应用,充分发挥地图信息传输功能,是当前地图分析应用亟待解决的主要任务。

# ■ 单元一　地图分析的技术和方法

地图是客观现实世界的空间模型,地图分析是将地图作为空间模型,采用各种方法对客观现实世界及现象进行分析,认识和分析研究运用地图语言再现的空间地理模型,以提取所需要的有关地图信息,解决现实问题的一种手段或方法。现有的地图分析方法,可以归纳为目视分析法、量算分析法、图解分析法、数理统计分析法、回归分析法、时序变化分析法等。

## 一、地图的目视分析法

目视分析法是用图者通过视觉感受和思维活动来认识地图上表示的地理环境信息。这种方法简单易行,是应用最广泛的一种地图分析方法,用图者直接用肉眼观看地图能容易地获得对制图对象空间结构和时间变化的认识,包括空间对象的形状特点、空间分布范围和空间分布规律,以及相互之间的联系规律和随时间变化的动态规律等,目视分析是地图分析的初步认识。

在目视分析中,可以把地图作为演绎法和归纳法的一种形式。地图演绎法就是把制图对象分成多种单因素和指标进行分析;地图归纳法就是把制图对象多种因素和指标归纳起来进行分析。地图的演绎法和地图的归纳法实际上就是地图的分析和归纳,它们是在分析基础上的归纳综合和在综合指导下的分析。

目视分析可采用两种方法:一是单项分析,即单要素分析,它将地图内容分解成若干要素或指标逐一研究。分析普通地图,可首先分成水系、地貌、土质植被、居民地、交通线、境界线、独立地物等7大要素阅读分析,进而将各大要素再分类、分指标阅读分析。如地貌要素可分为地貌类型、地势、地面坡度等指标进行分析;水系可分为河流、湖泊、水源等类型,分别研究其质量、密度、形态特征。二是综合分析,即应用地图学及相关专业知识,将图上的若干要素或指标联系起来进行系统的分析,以全面认识区域的地理特征。两种方法相辅相成,应在单项分析的基础上进行综合分析,又在综合分析的指导下进行单项分析,目视分析就是通常的地图阅读分析。

目视分析不仅可以在单幅地图内进行,而且可以在多幅有联系的地图或地图集进行对比分析。对于一个区域或一个部门来说,更应该强调地图的系统分析。通过这样的分析,找出各要素或各现象之间的相互联系与制约,以及同一现象在空间或时间中的动态变化,全面系统地认识区域自然综合体或区域经济综合体的空间结构体系,进一步认识自然与社会经济的总体特征。

目视分析法主要着眼于各种现象的质量特征。随着制图表示方法的改进和发展,目视分析法应用的范围和深度也在发生变化。这一点在利用专题地图对各种现象进行分析时表现十分明显。不仅可以获得某些数量特征,而且可以通过目测,将不同时期制作的同比例尺地图进行叠置分析,分析轮廓界线的重合程度、界线的差异或界线的变化;还可以目测比较两个等值线系统,从而得出两种等值线所表示的指标之间的相关关系等。

目视分析的常用方法有地图分解法、地图综合法和地图对比法。

(1)地图分解法就是将单幅地图的制图对象分解成若干单个因素或指标,然后进行逐一分析。例如对普通地图阅读分析时,可以采取分要素分析方法,分别研究各种要素的外部

形状、内部结构、分布规律、相互联系等。

(2)地图综合法是把制图对象多种因素和指标归纳一起进行综合系统分析。这种综合系统分析,可以是对一幅图上同时反映多种要素的普通图或复合型的专题地图进行综合分析,研究各要素间的相互联系和相互制约的关系;亦可以是对多幅地图或地图集进行综合系统分析,全面认识自然综合体或区域经济综合体的结构、体系和总体特征。

(3)地图对比法是研究同一种要素或现象在空间或时间上的动态变化。这种对比分析,可以是对同一地区同一要素或现象分布范围或轮廓界线进行叠置比较,研究其在时间上的动态变化;亦可以对不同地区的同一要素或现象进行对比分析,研究其在空间上分布的差异或规律。

## 二、地图的量算分析法

量算分析法是通过在地图上直接或间接量算制图要素,从而获得各种要素或现象的数量特征的一种方法。在地图上可以量算点的坐标、线段的方位角、两条线段的夹角、线段的长度、点到线段的距离、多边形的面积、一定范围内和设计高程所围成的填挖方体积、某点处的坡度和坡向、沿某条线路的地形变化梯度、某要素的分布密度等各种绝对和相对数值。例如,可以求得任意点的坐标和海拔,河流、道路和海岸线等线状地物在给定比例尺下的长度,行政区划、海域、湖泊、流域、森林、耕地、草场等的面积,湖泊、水库的库容,地面坡度,水系、道路、居民地的密度,森林、水域的覆盖率等。

点的坐标可以利用距离量算法量取点到最近的千米格网点或经纬网点的距离计算出来;图上直线或两点间的直线距离可以用两脚规或精度较高的直尺直接量取。曲线长度可用两脚规逐段累计,或曲线计等进行量测;面积可用几何法、格网法、求积仪量算;体积可直接利用地形图上的等高线进行计算,量取等高线所围成的面积,将两等高线之间作为锥台计算体积。随着科学技术的进步,地图量算的方法也在不断改进,还可以用数字化仪和电子计算机相配合的数字化方法在计算机上量算长度、面积、容积和坡度等。

除了在地图上量算坐标、长度、方位角、面积、体积等基本量,还有其他一些形态量测,包括天体形态数据、地貌及水体形态数据、土壤与植被形态数据、社会经济形态数据等,它们大都是在基本量算基础上进行的。形态指标有强度、密度、曲折系数等,是基本量算的深化和补充。

地图的量算精度受多种因素的影响,除了量测的偶然因素,系统误差因素有地图比例尺、地图的几何精度、地图投影、地图概括、图纸变形、量测方法、量测仪器及量测技术水平等,前五种为地图系统误差,后三种为量算技术系统误差。

一般来说,地图比例尺越大,测图的几何精度要求越高,量算的精度也就越高,不过量测工作量也越大,因此应根据量测的精度要求确定量图的比例尺及精度。地图投影的种类,决定地图的变形性质和变形分布规律。大比例尺地形图均采用高斯 - 克吕格投影,这种投影的变形小,无论是长度、角度、面积变形均小于量图作业所产生的误差,因此利用地形图进行量测分析,是可以取得比较满意效果的。而各种小比例尺地图,由于采用的投影变形都比较大,一般不适宜进行量测分析。

地图的量算精度直接影响地图的量算分析结果,因此必须保证量算工作的精确性。

### 三、地图的图解分析法

图解分析法是根据地图上所提供的各种数量指标,绘制各种图形、图表,来分析并揭示制图对象的立体分布、垂直结构、周期变化、发展趋势、相互关系等性质和特征的分析方法。利用地图能够制作各种各样的图形、图表,应用较多的是剖面图、块状断面图,以及玫瑰图表等。

(1)剖面图是沿某一方向上显示各种现象的立体垂直结构。例如,根据地形图或地势图制作的地形剖面图,可显示地形的起伏变化、坡度陡缓;在地形剖面基础上再增加一些专题内容,可制作土壤、植被、地质等的垂直分布剖面等。它表示的范围只局限于某一剖面线。地形剖面图是绘制各种剖面图的基础,具体绘制方法见后续的地形图应用。

(2)块状断面图是倾斜视线条件下的地表图形,同时表示地壳的截面与剖面,所以它是一种显示三维空间的透视图形。

(3)玫瑰图表是从一点向四周8个方向伸展的图形,可以按方位角获得某种现象(风向风力、断裂构造方向等)分布(定向)的直观概念。方向玫瑰图上的辐射线长度与所绘现象的强度(或重复率)成正比。

### 四、地图的数理统计分析法

地图的数理统计分析法是研究地图内容在数量方面的特征的一种有效方法,主要用于研究各种现象在空间分布或一定时间范围内存在的变异、相互关系,从中找出事物内部的规律。

通过地图的数理统计分析,可以得出某种地图要素的空间分布特征和分布密度,如某地区小河流为主体的河流按长度分布的特征,河流条数与河流长度之间基本上就符合递减指数分布或幂函数分布规律。另外,还可以得出某种现象与地图要素之间的相互关系,如通过统计分析得到某地区人口与建筑物密度之间的关系、年降水量与地表径流关系等。

### 五、地图的回归分析法

所谓回归分析法,是在掌握大量观察数据的基础上,利用数理统计方法建立因变量与自变量之间的回归关系函数表达式(称回归方程式)。在回归分析中,当研究的因果关系只涉及因变量和一个自变量时,称为一元回归分析;当研究的因果关系涉及因变量和两个或两个以上自变量时,称为多元回归分析。此外,在回归分析中,又依据描述自变量与因变量之间因果关系的函数表达式是线性的还是非线性的,分为线性回归分析和非线性回归分析。通常线性回归分析法是最基本的分析方法,遇到非线性回归问题可以借助数学手段化为线性回归问题处理。

地图的回归分析法,是进行区域研究、实现预测预报的重要方法。因为地图上表示的各种现象或过程相互之间存在着一定的函数关系,表现为空间或时间的函数,这就决定了可以用数学模型分析各种现象和过程。如人口分布与海陆位置、地形、交通、土地垦植率等众多因素密切相关;流域的年径流量与流域降水、地表形态、岩性、土壤含水量、流域植被状况等因素有关等。各因素的影响程度具有时空各异的特点,同时,对同一地区、时期不同因素的

影响程度也有很大的差别。

在地图回归分析法中,已知因变量、自变量的数据都是通过地图量算从地图中获取(采样)的,并建立数据表格,必要时还需进行标准化处理。例如利用回归分析法揭示影响人口分布的主要因素,首先在人口密度图上,通过目视观察分析,发现离海岸线近的沿海地带人口密度大,离海岸线远的闽西一带人口密度小;接着用不同类型的地图进行目视比较分析,将同地区的地形图与人口密度图比较,发现山区人口密度小,平原地区人口密度大;再将交通图与人口密度图比较,发现交通网稠密地区人口密度大,交通网稀疏地区人口密度小;最后用耕地占土地面积百分比图与人口密度图比较,发现耕地比例大,垦殖率高的人口密度大,反之人口密度小。通过单幅图观察分析,多幅图比较分析可获得初步结论:人口分布与海陆位置、地势起伏、交通网密度及耕地所占比例(垦殖率)等有明显关系。然后利用地图量算方法在地图上量测各采样点,获得采样点变量数据,建立数据表格。在所考虑的全部自变量中,按其对因变量作用的显著程度大小,挑选一个最重要的变量,建立只包含这个变量的回归方程,接着对其他变量计算偏回归平方和,再引入一个显著性的变量,建立具有两个变量的回归方程。然后反复进行下述两步:第一步,对已在回归方程中的变量做显著性检验,显著的保留,不显著的剔除;第二步,对不在回归方程中的变量,挑选最重要的进入回归方程,直至回归方程既不能剔除,也不能引入变量。由逐步回归模型知,人口正向交通发达、垦殖率高的东南沿海和河谷盆地聚集区发展,其人口密度受交通条件、垦殖率影响较大。通过检验,回归效果较好。最后根据建立的回归模型,就可结合实际情况进行地理解释和预测预报。

## 六、地图的时序变化分析法

时序变化分析是指同一地理区域同一要素在不同时间的比较分析。通过时序比较分析,可以了解某一地理现象的发生、发展过程,推断相关要素的变化,预测其发展趋势。应用时序变化分析,既可分析缓慢变化的地理现象,如湖岸、海岸的变迁;也可分析快速变化的地理现象,如天气状况的快速变化;还可分析瞬间偶然变化,如洪水、地震、火灾等的成灾面积、灾害程度等。

通过对柏林市1880~1966年的地图进行时序变化分析,86年来柏林市不断扩展,但紧凑度指数却经历了由大到小,再由小到大的变化过程。如果进一步分析柏林的自然条件、地理区位、经济发展状况及人口变化趋势,则有助于探讨城市用地的合理性,发现存在的问题,为城市规划与建设提供依据。

影像地图是进行地理要素动态变化分析的最佳图种。遥感技术的发展为获取不同时相、不同波段的影像地图提供了可能。通过不同时序的遥感图像分析,可以获得各种现象的动态信息,从而监测其发生、发展过程,为预测预报、发展经济奠定基础。

总而言之,地图分析的方法很多,而且正处在不断发展应用中,目视分析法是最简单的,是用图者常用的、应用最广泛的一种地图分析方法;量算分析法是基于数量的分析方法,是其他分析法的基础;图解分析法是最直观的分析方法;数理统计分析法是在数量方面揭示事物内在规律性的一种有效方法;回归分析法是以函数方式揭示因果关系的一种地图分析方法;时序变化分析法是了解发生发展过程、预测发展趋势的重要方法。

地图分析可以按照地图阅读、比较分析、相关分析、综合分析和推理分析的步骤进行。

地图阅读就是根据图例认识地图符号语言,通过地图直接观察了解地区情况。这种分析只能获得研究区域的一般特征,且多为定性概念。

比较分析是在一般阅读的基础上,通过地图符号的比较,认识构成区域地理各要素的时空差异。如目视分析中国行政区划图,比较各省区轮廓形状及面积大小。比较分析可在一张地图上进行,也叫在多幅地图上进行,还可在地图和航、卫片之间进行。地图比较分析既可是不同区域、不同点线的比较,也可是同区域、同点线的不同构成要素,或不同发展阶段的比较。

相关分析是在一般阅读的基础上,定性地揭示地理各要素之间相互联系、相互影响和相互制约的关系。如目视分析普通地图,可以认识居民地的类型及分布与地貌、水系、交通、土地利用类型之间的关系。相关分析可以认识事物的本质,揭示地理特征形成的原因,并为地图的深入分析找到突破口。

综合分析是在上述分析的基础上,应用地图学、地学及相关专业知识,将图上各类指标、各类要素联系起来进行系统分析,全面认识区域地理特征。如当通过地图分析获得研究区域有关土地构成要素——地质、地貌、土壤、水文、气候、植被等类型及其时空分布特征后,即可应用地图综合分析研究区域不同部位农用土地的适宜类及适宜程度。

推理分析是对地图可见信息进行全面细致分析后,应用以上分析方法获得的科学结论,以相关科学为依据,对现象的发展变化进行预测,对未知事物进行推断的分析法。推理分析是获取地图潜在信息的有效途径。如分析地质图、地貌图、植被图,在了解制图区域岩石、地貌、植被类型后,应用土壤学及相关学科知识进行推理分析,则可推断该区的土壤类型及其成因。

# 单元二 地图分析的应用

地图分析的应用十分广泛,主要包括以下几个方面:研究各种现象的空间分布规律、研究各种制图现象之间的相互联系制约关系、研究制图现象的动态变化、进行预测预报等。

## 一、获得各要素的分布规律

通过地图分析可以认识和揭示各种地理信息的分布位置(范围)、分布密度和分布规律。进行地图分析时,首先要通过符号识别,认识地图内容的分类、分级以及数量、质量特征与符号的关系。接着要从符号形状、尺寸、颜色(或晕线、内部结构)的变化着手分析各要素的分布位置、范围、形状特征、面积大小及数量、质量特征,进而阐明分布规律,并解释形成规律的原因。

地图分析的首要任务是在认识地图上的各类地图符号图形特点的基础上,揭示点、线、面地理要素的空间分布特征。

### (一)点状要素空间分布特征分析

在地图上,许多地理要素呈点状分布。如用定位符号表示的居民点、商业网点、公交站、交通枢纽站、道路及河流交叉点、旅游景点、污染源、高程点等。可用邻近指数判定点状现象的分布类型。邻近指数的计算公式是:

$$a = \frac{\overline{D}}{\overline{D}_s}, \overline{D}_s = \frac{1}{2}\sqrt{\frac{N}{A}} \qquad (7\text{-}1)$$

式中　$a$——邻近指数;

　　　$\overline{D}$——各点至最近邻点距离的平均值;

　　　$\overline{D}_s$——随机分布时各点间的平均距离;

　　　$N$——点数;

　　　$A$——研究区 $r$ 的面积。

当 $a \geqslant 1.5$ 时,属均匀分布;当 $0.5 < a < 1.5$ 时,属随机分布;当 $a \leqslant 0.5$ 时属密集分布。邻近指数不仅可以判定分布类型,而且可以判定其接近某种类型的程度。

用邻近指数分析点状分布类型的步骤是:

(1)建立直角坐标系,一般选研究区左下角为坐标原点,坐标轴与方里网平行。

(2)量算各点坐标$(x_i, y_i)$和区域面积 $A$。

(3)量算每点至最近邻点距离 $D_i$,求出 $\overline{D}$。

(4)求指数 $a$,确定分布类型。

用邻近指数分析点状要素的分布类型,边界的确定十分重要。通常应在目视分析的基础上,将具有不同分布类型的区域划归不同的研究区。其边界可视具体情况分别选择自然界线、交通线或行政界线,也可选择任意界线。

**(二)线状要素空间分布特征分析**

根据线状符号构成的图形特点,可分为简单路径、树状和网络等三种类型。无结点的称为简单路径,如一段陡坎;有结点但未形成闭合环的称为树状,如河系图案;有结点且构成闭合回路的称为网络图案,如各级交通线构成的交通网络。

1.路径分析

单独的线或路径是所有线状分布要素的最基本组成单元。通过地图量算可求得任一路径的长度和方向,然后分别计算路径曲率 $W$、路径分布密度 $E$ 和路径分布频率 $F$,其计算式如下:

$$W = \sum_{i=1}^{n} \frac{L_i}{D}, E = \sum_{i=1}^{n} \frac{L_i}{A}, F = \frac{n}{A} \qquad (7\text{-}2)$$

式中　$L_i$——各路径长;

　　　$D$——路径起、终点的直线距离;

　　　$A$——区域面积;

　　　$n$——路径数。

分布密度和分布频率共同反映区域内某要素的密集程度,路径曲率则可显示出某要素的曲折程度,进而分析该要素与其他要素的关系。如某区道路平均曲率大于另一区,则可推断出该区地貌切割程度、地面坡度要大于另一区。

2.树状图案分析

对于树状图案,常用不同区域相邻两等级之间路径数量之比(交叉比)的对比来分析。其分析步骤是:①将各区树状图按指标分级;②统计各级路径数,计算交叉比;③比较交叉比,分析产生差异的原因。

**3. 网络分析**

用关联矩阵可分析道路通达情况。关联矩阵用 $C_{通}$ 表示，各结点用 $V_i$ 表示，当两结点有路径直接连接或可直达时取值 1，否则取值 0，如图 7-1 所示，根据有关资料，可建立以下关联矩阵：

$$C_{通} =$$

| | $V_1$ | $V_2$ | $V_3$ | $V_4$ | $V_5$ | $V_6$ | $V_7$ | $V_8$ | $V_9$ | $V_{10}$ | $V_{11}$ | 总计 | 序 |
|---|---|---|---|---|---|---|---|---|---|---|---|---|---|
| $V_1$ | 0 | 1 | 0 | 0 | 0 | 0 | 0 | 0 | 0 | 0 | 0 | 1 | 1 |
| $V_2$ | 1 | 0 | 1 | 0 | 0 | 0 | 0 | 0 | 0 | 0 | 0 | 2 | 2 |
| $V_3$ | 0 | 1 | 0 | 1 | 0 | 0 | 0 | 0 | 0 | 1 | 0 | 3 | 3 |
| $V_4$ | 0 | 0 | 1 | 0 | 1 | 0 | 0 | 0 | 0 | 1 | 0 | 3 | 3 |
| $V_5$ | 0 | 0 | 0 | 1 | 0 | 1 | 0 | 0 | 0 | 1 | 0 | 3 | 3 |
| $V_6$ | 0 | 0 | 0 | 0 | 1 | 0 | 1 | 1 | 0 | 1 | 0 | 4 | 4 |
| $V_7$ | 0 | 0 | 0 | 0 | 0 | 1 | 0 | 1 | 0 | 0 | 0 | 2 | 2 |
| $V_8$ | 0 | 0 | 0 | 0 | 0 | 1 | 1 | 0 | 1 | 1 | 0 | 4 | 4 |
| $V_9$ | 0 | 0 | 0 | 0 | 0 | 0 | 0 | 1 | 0 | 1 | 1 | 3 | 3 |
| $V_{10}$ | 0 | 0 | 1 | 1 | 1 | 1 | 0 | 0 | 1 | 0 | 1 | 6 | 6 |
| $V_{11}$ | 0 | 0 | 0 | 0 | 0 | 0 | 0 | 0 | 1 | 1 | 0 | 2 | 2 |

图 7-1　关联矩阵

矩阵后两列是对关联矩阵的统计排序，序表示结点之间连通强度，数据愈大，连通强度愈高。分析关联矩阵可知：$V_{10}$ 直通性最大，$V_1$ 直通性最小。用此方法，也可建立各结点间中转次数关联矩阵，说明连通情况。以上分析对生产布局有着重要作用。

**（三）面状要素的紧凑度分析**

面状分布要素的紧凑度可用紧凑度 $K$ 和紧凑度指数 $C$ 表示，其计算公式是

$$K = \frac{P^2}{4\pi AC} = \frac{A^2}{A_c} \tag{7-3}$$

式中　$P$——区域周长；

　　　$A$——区域面积；

　　　$A_c$——最小外接圆面积。

$K$、$C$ 愈大，说明紧凑程度愈大；反之，离散程度愈小。

## 二、利用地图分析揭示各要素的相互联系

通过普通地图分析可以直接获得居民地与地形、水系、交通网的联系与制约关系；获得土地利用状况与地形、与各类资源的分布及数量、质量特征，与交通能源等各项基础设施水平的关系等。普通地图与相关专题地图的深入分析，更能揭示地理环境各组成要素相互依存、相互作用和相互制约的关系。如分析我国的地震图和大地构造图，可以发现断裂构造带与地震多发区密切相关，强烈地震多发生在活动断裂带的特殊部位。

从地图上获取数据、绘制剖面图、玫瑰图等相关图表，亦可揭示各要素的相互关系。如在地形剖面图上填绘相应的土地利用类型符号，揭示土地利用类型与地面坡度及海拔高度的关系。又如在水系图上量算不同流向的径流长度并绘制方向玫瑰图，同时在地质图上量算不同方向的断层线长度并绘制方向玫瑰图，将两种玫瑰图叠置分析，即可获得河流分布与

地质断层线之间的相互关系。

各要素的相互关系,还可通过地图量算获得同一点位相关要素的数量大小(如人口密度、地面高程、坡度、气温、降水等),通过计算比较相关系数大小,分析相关程度,还可应用量算数据,建立数学模型,揭示相关规律。

### 三、研究各要素的动态变化

在用范围法、点值法、动态符号法、定点符号法、线状符号法表示的地图上,通过符号色彩、形状结构的变化,即可获得某一要素的时空变化。如在水系变迁图上用不同颜色、不同形状结构的地图符号表示了不同历史时期河流、湖泊及海岸线的位置、范围,通过地图分析则可获得河流改道、湖泊变迁、海岸线伸长变化的规律,经过量算还可求得变化的速度和移动的距离。

利用不同时期出版的同地区、同类型的地图比较分析,可以认识相同要素在分布位置、范围、形状、数量、质量上的变化。如比较不同时期的地形图,则可了解居民地的发展和变化;了解道路的改建、扩建和新建,了解河流的改道、三角洲的伸长、湖泊的变迁、水库及渠道的新建,认识地貌形态的变化,土地利用类型、结构、布局的变化,进而分析区域环境及人类利用、改造自然的综合变化。

### 四、利用地图分析进行综合评价

综合评价就是采用定量、定性方法,根据特定目的对与评价目标有关的各种因素进行分析,并根据分析结果评价出优劣等级。如评价大田农业生产的自然条件,可选择对农作物生长起主导影响的热量、水分、土壤、地貌等因素,分析其区域差异,评价出不同等级。

### 五、进行区划和规划

区划是根据某现象内部的一致性和外部的差异性所进行的空间地域的划分。规划是根据人们的需要对未来的发展提出设想和战略性部署。地图分析既是区划和规划的基础,又是区划和规划成果的体现。各类地图资料、图像资料、文字资料、数字资料的综合分析研究是确定分区指标、建立区划等级系统、绘制分区指标图的基础。进一步分析普通地图和分区指标图,则可分别采用地图叠置分析或数学模型分析法,获得区划方案及确定分区界线,据此编制区划成果图。在各类综合规划、部门规划中,也必须利用各类地图、图像、文字、数字资料的综合分析了解规划区内部差异,分析各类资源在数量、质量、结构上当前的地域差异、分布特点,分析其动态变化。在对各类资源进行综合评价、潜力分析及需求预测的基础上,根据经济发展需要制定分区指标,划定功能分区,规划生产、建设布局,在地图上确定各类分区界线,编制总体规划及分项规划图。

通过地形图量算分析,可以计算和预算工程规划的工程量、工作日、资金、物资和完成时间,协助解决建设项目选址、交通路线选线、土地开发定点、定量等一系列设计问题。

## ■ 单元三　地图的选择

地图在实际工作中应用十分广泛,为了选择一张满足工作需要的地形图,必须根据用图者对精度的要求,分析其比例尺、等高距、测图时间、成图方法及地物、地貌的精度能否满足需要。

### 一、比例尺

比例尺人的地形图,每幅地形图包括的实地范围小,内容比较详细,精度比较高;比例尺较小的,每幅地形图所包括的实地范围大,内容概括性强,精度比较低。

### 二、等高距

基本等高距小,等高线密,地形表示得比较详细;基本等高距大,等高线稀,地形表示得比较概略。

### 三、测图时间

地形图图边注有测图(编图)时间,地形图测制时间越早,现势性越差,与实地不完全符合的可能性越大。使用时最好选择最新测制的地形图。

### 四、成图方法

地形图测制方法不同,精度也不同。一般来说,在我国,大于或等于1∶5万比例尺地形图是实测的。小于或等于1∶10万比例尺地形图是根据大比例尺地形图编绘的。由于比例尺缩小,地物、地形都有一定程度的综合。

### 五、地物、地形的精度

精度是指平面位置和高程的最大误差,测量(编图)规范均有规定。现在使用的地形图,地物与附近平面控制点的最大位置误差:在平地和丘陵地区不超过图上1 mm,在山地、荒漠地和高山地区不超过图上1.5 mm。等高线与附近高程控制点的误差不超过等高距的一半。

## ■ 小　结

任何自然或经济现象在地图上都有各自设计表现的特有方式,目视分析形象特征表现的规律,可达到看图知意的效果。而对地图的平面观察仍有局限性,有时尚须利用侧视或建立三维图解的方法,制作剖面图或立体断面图,有助于从不同的侧面观察地表形态的组合形式和地下埋藏状况。对地图上各种地物方位、长度、面积、地形起伏高度等,更可为不同目的需要从定量方面进行分析,量算的精度主要取决于地图本身的精确性和量测技术的精度。不同地图投影的地图,对量测方向、距离、面积等要素的数值产生效果不同。为获取正确的分析数据,应了解各种投影性质及产生误差的规律以资订正。近年来,电子计算机和制图自动化等新技术手段的引进,使地图分析中数理统计和建立数学模式的方法得到广泛应用。主要用于研究制图现象统计特征值和分布密度函数性质,以及研究分析各种制图现象间的相互联系,进行趋势预测与综合评价等。正确运用数学方法的另一方面,在于应用地理观点,所采集的运算数据要有代表性或合理性,才能在可信的基础上,更加深入分析研究区域

规律性问题。

# 复习思考题

　　1. 现有的地图分析方法主要有哪几种?
　　2. 地图分析的应用有哪些?
　　3. 地图选择的依据有哪些?

【技能训练】

# 训练十　电子地图分析的应用

## 一、实验目的

了解在图上确定点的坐标、高程和两点间的距离的基本方法,绘制断面图。

## 二、实验任务

在 MAPGIS 系统中,查询点的坐标、高程;给定两个点,计算两点间的地面距离和水平距离;绘制剖面图。

## 三、实验步骤

### (一)查询点的坐标、高程,计算两点间距离

(1)启动 MAPGIS 主菜单,点击"空间分析"模块按钮,在下拉菜单中选择"DTM 分析",如图 7-2 所示,打开"MAPGIS 数字地面模型子系统"界面。

(2)打开高程数据文件。鼠标点击菜单"文件\打开三角剖分文件",点选正确的路径和文件名,打开高程数据文件( ＊. Det, ＊. Grd, ＊. Tin, ＊. Bdm, ＊. Asc)。

(3)在图上确定点的坐标和高程。首先点击菜单"Grd 模型\高程点坡度、坡向",然后在图中任意位置点击鼠标左键,系统弹出"计算给定点参数"对话框,如图 7-3 所示。

对话框中显示了该点的 $X$、$Y$ 坐标,高程值、坡度和坡向信息,也可在"计算给定点参数"对话框中输入点坐标,点击"计算"按钮,计算出该点的高程值、坡度和坡向值。

(4)确定图中两点间的距离。点击菜单"处理点线\线表面长度计算\手工造线",系统弹出"规则网表面长度计算设置"对话框,点选"步长法"或"求交法",确认。在图中点击两个点,系统分别弹出两点的坐标信息,点击鼠标右键结束点的输入。系统弹出提示信息"是否保存鼠标输入的线信息?",选择"否"。弹出"表面长度计算输出"对话框,分别列出了两点间的水平距离、斜坡距离和表面距离,如图 7-4 所示。

### (二)绘制剖面图

(1)启动 MAPGIS 主菜单,点击"空间分析"模块按钮,在下拉菜单中选择"DTM 分析",打开"MAPGIS 数字地面模型子系统"界面。

(2)打开高程数据文件。鼠标点击菜单"文件\打开三角剖分文件",点选正确的路径和文件名,打开高程数据文件( ＊. Det, ＊. Grd, ＊. Tin, ＊. Bdm, ＊. Asc),如图 7-5 所示。

图 7-2　启动 MAPGIS 程序主菜单

图 7-3　给定点坐标、高程等信息

（3）输入剖面线。鼠标点击菜单"模型应用\高程剖面分析\交互造线"，鼠标在高程数据图中点击左键选取剖面起始点、中间节点和终止点，系统弹出相应点的 $X$、$Y$ 坐标（见图 7-6），点击鼠标右键结束剖面线的输入。系统弹出对话框，提示保存剖面线，输入正确的路径和文件名，保存已经完成的剖面线。

（4）剖面线分析参数设置。系统弹出"剖面线分析参数设置"对话框，对轴向标注参数，如 $X$ 轴间距值、$Y$ 轴间距值；坐标轴绘制参数，如 $X$ 轴缩放比例、$Y$ 轴缩放比例；剖面参数，如剖面插值步距值等参数进行设置，如图 7-7 所示。

（5）生成断面图。在"剖面线分析参数设置"对话框中，点击"仅处理剖面"，系统自动生成高程断面图，如图 7-8 所示。

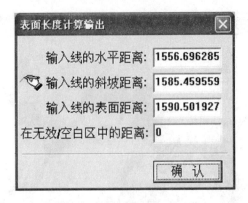

图 7-4　图中两点距离信息框

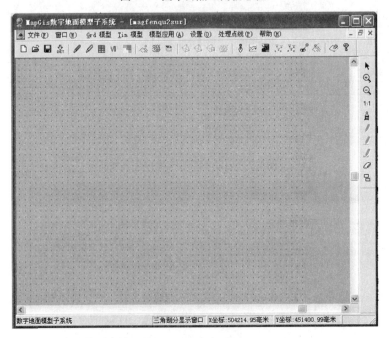

图 7-5　MAPGIS 数字地面模型子系统

图 7-6　输入点的坐标显示

(6)保存高程断面图。鼠标点击菜单"文件\存文件\点数据文件""文件\存文件\线数据文件",输入正确的路径名和文件名,分别保存高程断面图的点文件( ＊. WT)和线文件( ＊.WL)。

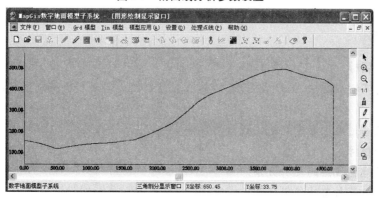

图 7-7　剖面线分析参数设置

图 7-8　系统自动生成的高程断面图

# 项目八　地图制图概述

## 项目概述

地图制图是一个可以用数据处理地图的可视化和表达,无论是以模拟的2D纸质地图、数字3D模型或动画的制图绘制。地图制图同许多学科都有联系,尤其同测量学、地理学和数学的联系更为密切。测量学给地图制图提供地面控制成果和实测地形原图。地理学为地图制图提供认识和反映地理环境及其空间分布规律的基础。地图制图学的地图投影就是以数学为工具阐明其原理和方法的;地图内容各要素选取指标已运用了数理统计和概率论的概念;计算机辅助地图制图更需要各种应用数学。此外,地图制图学还同GIS技术、遥感技术、物理学、化学、色彩学、美学、计算机科学等息息相关。

## 学习目标

### ◆知识目标

1. 了解实测成图法、编绘成图法、计算机数字制图成图法和遥感制图成图法等地图成图方法。

2. 掌握普通地图和专题地图设计与编绘。

### ◆技能目标

1. 知道地图成图的几种方法。

2. 能够设计与编绘普通地图。

3. 能够设计与编绘专题地图。

## 【导入】

传统的地图制图是利用测量、调查、统计等手段,获得地形、专业或专题等方面的数据,通过手工的加工、整理、设计、整饰等,编制以图形、符号、色彩等形式表现的地图,再通过清绘、植字、分色等一系列过程,最终印刷成图。每一个工序都离不开手工操作,工艺繁杂,标准难以统一。传统地图的制作不仅劳动强度大、周期长,而且用户只能就当前图面获取有限的空间和属性信息。从20世纪50年代开始,电子计算机技术引入地图学领域,经过理论探讨、应用试验、设备研制和软件发展,已经形成地图学中一门新的制作地图的应用技术分支学科,即计算机地图制图学。它可以代替传统的地图制图技术,在生产上已普遍得到应用。

20世纪80年代以来,地图制图领域引进了计算机辅助制图,但是由于技术不成熟,还是存在一些问题,仍不能适应现代地图制图的需要。随着计算机、信息、遥感、GIS以及全球定位系统等新技术的发展,地图学的概念发生了全新的改变,其制图也颠覆了传统的方法,90 年代以来,各种电子出版系统的应用,正进一步替代电子分色方法,形成集图形图像与文字处理为一体的彩色电子印前系统。

地图在地学领域中有着非常特殊的地位和作用,它既是研究成果不可缺少的表现形式,又作为深化研究的基础和手段。当前,随着计算机制图技术的发展,从不同的角度,解决了地图数字化、编辑整饰、喷图制版等方面的问题。

# 单元一　地图成图方法

制作地图一般先经过外业测量,得到实测的原图(地形图),或根据已成地图和编图资料,通过内业编绘的方法制成编绘原图,然后经清绘、制版和印刷,复制出大量的地图。地图的种类很多,成图方法不尽相同,归纳起来,主要有实测成图法、编绘成图法、计算机数字制图成图法和遥感制图成图法四种。

随着计算机技术的发展,数字地图制图技术逐步取代了传统的地图制图工艺,使传统的地图编绘的四个阶段不再那么分明,但它们的方法原理是一致的。

## 一、实测成图法

实测成图法是通过实地测量而制成地图的方法,这种方法主要用于大比例尺地形图的测制。我国 1:5 万及更大比例尺和偏远地区 1:10 万的地形图采用实测成图法。

实测成图法是在地面上实地进行的,首先根据国家控制网进行大地控制测量,再以此为基础进行地形地物的碎部测量,即用测量仪器测定各景物间的距离、方向(角度)和高差,以确定其平面位置和高程,之后将测量成果进行整饰,配以地图符号和注记,进行内业制图,最后进行地图制印(见图 8-1)。

大地控制测量　→　地形地物测量　→　内业制图　→　地图制印

图 8-1　实测成图法的工作过程

### (一)大地控制测量

大地控制测量的任务是建立国家大地控制网,解决地面点的精确平面位置及其高程,作为测制各种比例尺地图的基础,即建立用于地形地物测量的坐标控制框架。大地控制测量包括平面控制测量和高程控制测量。

大地控制测量的成果是各种控制点,控制点上建造有测量觇标,埋设有标石,作为点位的永久性标志。控制点的类型有平面控制点和高程控制点两种。根据控制点的种类、等级、密度和分布,可以判断地图精度,根据控制点可做准确的图上量测。另外,有些控制点,如三角点标志,在野外用图时,可作为良好的定向目标。

### (二)地形地物测量

地形地物测量分为普通测量和航空摄影测量。

(1)普通测量是利用全站仪或 GNSS 等,根据控制点来测定地物和地形特征点的平面位置与高程,又称为野外数字测图。

（2）常规大范围的地形地物测量都是采用航空摄影测量方法，即利用飞机在空中拍摄地面有一定重叠的航摄像片，然后按照地面上布设的控制点坐标，用仪器在室内对像片进行纠正，并加密控制点，再通过立体量测仪室内进行量测和实地调绘，编绘成图。

### （三）内业制图与印刷

内业制图是按规定要求对野外直接测得的和航测内业结合测得的测量原图，进行地图内容的编辑和地图图面的整饰等。在传统的测图技术中是用清绘方法、刻绘方法将测量原图制成出版原图，目前大多采用数字测图与电子出版一体化生产系统从事地图的数字测绘。

## 二、编绘成图法

编绘成图法是根据已有的地图和其他编图资料在室内编制新图的方法。本法所编绘的地图，多为中、小比例尺的普通地图和各种专题地图。一般是利用实测的大比例尺地图作为其原始资料，经过缩小、晒蓝、镶嵌，制成编绘底图；再参考其他资料，根据地图编辑文件的规定，在作业底图上进行地图内容要素的取舍和概括，编绘成新地图的编绘原图；通过清绘和制版印刷或用其他方法，复制成能满足各方面需要的地图。这种地图的比例尺一般比原始底图的比例尺要小。地图制作的主要过程有4个阶段（见图8-2）。

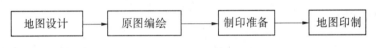

地图设计　→　原图编绘　→　制印准备　→　地图印制

**图8-2　编绘成图法的工作过程**

### （一）地图设计

地图设计又称为编辑准备，它是地图制作前的准备工作，是保证地图质量的首要环节。地图设计包括确定地图的基本规格、内容及详细程度、表示方法和编图工艺。地图的用途和要求是地图设计的主要依据。

地图设计通常包括下列内容。

1.地图设计准备

（1）编图资料的收集与整理。地图资料是制作新地图的基础，对编图的质量影响很大。编图资料主要有地图资料、影像资料、各种相关的统计数据资料和研究成果等。编图资料按照利用程度的不同，又分为基本资料、补充资料和参考资料。基本资料是编制地图的主要依据，利用率最高；补充资料和参考资料主要用来弥补基本资料的不足。

（2）编图设计人员。应当根据制图的要求编写资料收集目录清单，然后指派专人领取、收集或购买所需资料并进行分类、编目建档。

（3）编图资料的分析。资料收集工作完成后，就要对资料进行分析和评价。首先应分析评价制图资料的政治性，即资料反映的观点、立场有无原则性错误；然后对资料的现势性、完备性、可靠性与精确性进行分析研究，并确定出资料利用的程度。

（4）制图区域和制图对象的分析。地图是表现和传输制图区域特定地理要素的信息模型。由于制图区域和制图对象的千变万化，使得制图区域的特点和制图对象的分布规律各不相同。要使地图真实地模拟出客观实际，就必须深入地分析研究制图区域的地理特征和制图对象的分布特点。通过特征研究才能科学地选择信息，恰当地对制图对象进行分类、分级，有效地选择地图概括和表示方法，并最终设计出高质量的地图产品。

2. 地图内容设计

（1）地图数学基础设计。包括选择地图投影和确定比例尺等。

投影的选择主要取决于制图区域的地理位置、形状和大小，同时要顾及地图的用途。地图投影选定后，还要进一步确定地图上经纬线的密度，并依据地图投影公式计算经纬网交点坐标，或直接在地图投影坐标表中查取。

比例尺的选择不仅要考虑制图区域的形状、大小和地图内容精度的要求，而且要顾及地图幅面大小的限制。通常地图比例尺由下式算出

$$\frac{1}{M} = \left[\frac{d_{max}}{D_{max}}\right] \tag{8-1}$$

式中　$D_{max}$——制图区域南北或东西实地长度的最大值；

　　　$d_{max}$——地图幅面长或宽的较大值；

　　　[ ]——取整，一般 $M$ 为 10 的整倍数。

比例尺确定后，就可以根据地图幅面的长宽选择纸张的规格。图集或插图多选用 4 开至 64 开幅面的纸张，挂图等多选用全开至数倍全开幅面的纸张拼接而成。

（2）地图内容和形式的设计。地图内容的设计主要是根据地图的用途和要求、制图对象的特点和成图比例尺，确定地图上表示的内容和形式。即表示哪些内容，用什么方法表示，哪些内容用主图表示，哪些内容用附图表示，哪些内容用文字说明等。

符号是地图内容的图形表达，地图内容和形式的设计要达到协调完美，除对表示方法有深刻的了解外，还要能熟练地设计和恰当运用各种符号。

（3）概括指标的设计。地图概括指标的设计，主要是确定各要素的取舍指标和图形简化标准。如图上选取大于 1 cm 长的河流，在全国政区图上只选取县级以上的居民点等。图形简化标准就是确定图形简化的原则和尺度，如规定内径小于 0.5 cm 的弯曲海岸线进行舍弯取直，但有时为了保持要素的主要特征，对某些小的弯曲往往还要进行扩大表示。

（4）地图图面配置设计。图面配置设计是指把主图、附图、图表、图廓、图名、图例、比例尺及文字说明等，在地图上如何合理安排其位置和大小。配置原则是既要充分利用地图幅面，又要使图面配置在科学性、艺术性和清晰性方面相互协调。

图面配置设计之后，还要通过试编样图，进一步检查验证设计思想的可行性。样图可选择典型地区按不同的设计方案编图，经综合评估后，选出最佳方案作为正式编图时的参考用图。

（5）工艺方案设计。地图设计是一项系统工程，各个环节都紧密关联，要顺利、高效地完成这项工作，就必须安排好地图编制各个环节的程序，完成这项工作就是工艺方案设计。它包括设计编绘原图的方法步骤、出版准备的各道工序等。一般采用框图形式加以说明。

3. 编写地图设计书

编写地图设计书（亦叫编图大纲）就是把地图设计思想具体化。设计书是地图生产过程中的指导性文件，其主要内容包括编图目的（任务），编图资料的分析、处理及应用，制图区域地理特征，地图幅面，地图内容及其图面表现形式，地图的数学基础，地图概括方法及指标，地图符号系统，地图配置方案，地图生产工艺流程及综合样图等。

地图设计阶段的最终成果是完成地图设计书。

#### (二)原图编绘

原图编绘是原图编绘阶段的最终成果,它集中地体现新编地图的设计思想、主题内容及其表现形式。地图编绘既不是各种资料的拼凑,也不是资料图形的简单重绘。原图编绘是地图编绘最关键的阶段。原图编绘就是根据地图的用途、比例尺和制图区域的特点,将地图资料按编图规范要求,经综合取舍在制图底图上编绘的地图原稿,如图8-3所示。

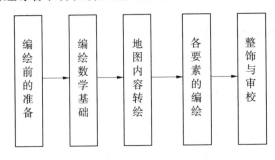

**图8-3　原图编绘阶段的工作流程**

1. 编绘前的准备工作

(1)熟悉编图规范和编图计划。编图规范和编图设计书(编图大纲)是制作编绘原图的基本依据,在编图前应当熟悉它,其中各要素的综合原则是熟悉的重点,在此基础上深入研究和领会编辑意图。

(2)熟悉编图资料。对编图资料进行必要的分析,了解资料图上的分类分级与新编地图要求之间的差别,掌握资料的使用特点等。

(3)熟悉制图区域特点。为了在地图上更好地反映出地面各要素客观存在的规律性,制图者应当熟悉编图区域的地理特征、地理现象的分布规律和相互关系。

(4)编图材料的准备。编图材料主要是指用于绘图或刻图的图版(裱糊好的图版)、聚酯薄膜或供刻图用的专用聚酯薄膜以及绘图和刻图的工具与颜料等。

2. 展绘地图的数学基础

展绘地图的数学基础是原图编绘的重要工序之一。主要工作包括展绘地图图廓点、经纬网、方里网和测量控制点等。常用的展点仪器有坐标展点仪和坐标格网尺。展点时,需依据新设计的地图投影公式计算各图廓点、经纬线交点坐标,然后选择合适的仪器进行展点。展点后,连接相同经度(纬度)点即得经线(纬线),同时,亦可绘出方里网和控制点等。

数学基础直接关系地图的精度和质量,因此展好的数学基础应严格进行校核。其精度要求是:内图廓边长误差 ≤ ±0.2 mm,对角线误差 ≤ ±0.3 mm,控制点、经纬网及方里网误差 ≤ ±0.1 mm。

3. 转绘地图内容

将编图基本资料上的地图内容转绘到已展好数学基础的图板上,称为地图内容的转绘。

地图内容的转绘有多种方法,如照像转绘法、网格转绘法、缩放仪转绘法等,其中照像转绘是最常用的方法。这种方法适用于复制编图资料与新编地图投影相同的地图图形。其方法是用复照仪按新编图比例尺对资料图照像、晒蓝图,然后将蓝图分块拼贴在已展绘好数学基础的图板上,得到编稿蓝图,其他补充资料,除了采用这种方法,也可采用网格法等进行转绘。

**4. 各要素的编绘**

当地图内容的转绘完成后,即可按照编图设计书的要求,对各要素进行编绘。编绘的过程,就是对地图内容各要素进行合理的选取和概括,并在图板上对各要素采用能满足复照要求的颜色分别描绘的过程。

编绘原图是制作印刷原图的依据,是决定地图质量的关键,因此应满足以下要求:

地图内容要符合编图设计书的规定和要求;符号的形状和大小应符合图式规定,位置要精确;注记的字体、大小要规范,位置要恰当;线条描绘应清晰,图面要清洁;图面配置和图外整饰要合理。

**5. 常见的几种传统编图方法**

(1)编稿法。就是按照规范和地图设计书的要求,在经过展点、拼贴、照像、晒蓝的底图上,用与印刷相近的颜色,对地图内容各要素进行制图综合,逐要素描绘制成编绘原图。再以此为依据,经过清绘制成出版原图。

(2)连编带绘法。这种方法是将制作编绘原图和清绘出版原图两个工序合并成一个工序完成。这种方法的优点是简化了工序,缩短了成图时间,提高了成图的精度,降低了制图成本。但作业员必须具备编图和清绘两方面的能力。

(3)连编带刻法。连编带刻法与连编带绘法基本相似,其主要差别在于刻图法是应用各种刻图工具在涂有刻图膜(化学遮光涂料)的聚酯薄膜片基上刻绘出各要素。连编带刻法不仅减少了制印工序,加快了成图速度,而且刻绘出的线划特别精细,提高了地图成图质量。

**(三)制印准备**

制印准备阶段的最终成果是完成出版原图——清绘(或刻绘)原图。出版原图(印刷原图)就是根据编图大纲和图式规范的要求,采用清绘或刻绘方法制成的复制地图的原图。制印准备是为大量复制地图而进行的一项过渡性工作。一般编绘原图的线划和符号质量达不到印刷出版要求,故需要将它清绘或刻绘制成出版原图,才能进行制版印刷。

出版原图的制作,一般是先把编绘原图或实测原图照像制成底片,然后将底片上的图形晒蓝于裱好的图板、聚酯片基或刻图膜上,经过清绘或刻图,并剪贴符号与注记,制成出版原图。

为了提高线划质量,减少绘图误差,便于地图清绘,对于内容复杂和难度较大的图幅,通常按成图比例尺放大清绘。制印时,再用照像方法缩至成图尺寸。

出版原图可用一版清绘或分版清绘。单色图和内容简单的多色地图,通常采用一版清绘,即将地图全部内容绘制在一个版面上;内容复杂的多色地图常采用分版清绘,即将地图内容各要素,根据印刷颜色及各要素的相互关系,分别绘于几块版面上(如水系蓝版,等高线棕版,居民地、注记黑版等),制成几块分要素出版原图。

一版清绘在制版印刷时需将出版原图复照的底片翻制几张相同的底片,再在每张底片上进行分色分涂(涂去不需要的要素,留下需要的要素),得到分色底片。然后根据分色底片分别制版套印,这种方法多用于内容简单的多色地图。

分版清绘,主要目的是减少制印时分涂的工作量,这种方法常用于内容复杂的多色地图。制印多色地图时,还需要制作分色参考图,作为分版分涂的依据。分色参考图分为线划分色参考图和普染色分色参考图,通常是用出版原图按成图比例尺晒印的蓝图或复印图来

制作。

### (四)地图印刷

地图印刷是利用出版原图进行制版印刷，以便获得大量的印刷地图。目前，制印地图多采用平版印刷。其制印过程包括照像、翻版、分涂、制版、打样等过程。

地图的制版印刷是地图制图过程的最后一个环节，是地图制图各工序共同劳动成果的集中体现，也是大量复制地图的最主要的方法。

根据印刷版上印刷要素(图形部分)和空白要素(非图形部分)相互位置而划分为凸版印刷、凹版印刷和平版印刷等三类。根据印版与承印物的关系，前两种印刷方法因印版与承印物直接接触而称为"直接印刷"；平版印刷在印刷时，先将印版上的印刷要素压印到一个有弹性的表面(如橡皮辊)，然后将图形转印到承印物上，称为"间接印刷"，也称"胶印"。

从制印角度划分地图可分为单色图和多色图两类。从制印特点看，地图内容的显示方式主要为线划色、普染色和晕渲色(连续调要素)，称为地图制印内容的三要素。

地图制印主要采用平版胶印印刷，其主要的过程是：原图验收→工艺设计→复照→翻版→修版分涂→胶片套拷→晒版打样→打样→审校修改→晒印刷版→印刷→分级包装。从原图验收到印刷成图，其过程复杂，且每一工序的方法也呈多样(见表8-1)。

表8-1　传统技术下地图制作的四个阶段及主要工作和成果

| 阶段 | 主要工作 | 主要成果 |
|---|---|---|
| 地图设计 | 确定对地图的要求，收集、选择制图资料，研究制图区域，确定地图比例尺、投影、图面配置等，制定制图工艺，科学试验 | 地图设计书 |
| 原图编绘 | 资料的准备、加工，建立数学基础，转绘地图内容，实施地图概括、编绘、接边、整饰、审校、修改、验收 | 编绘原图 |
| 出版准备 | 制作出版原图(薄膜清绘或刻图)，制作分色参考图，审校、修改、验收 | 出版原图 |
| 地图制印 | 照相(改变比例尺时)，翻版或拷阳拷阴，分涂，套拷阳，晒PS版，打样，校对，改版，印刷 | 印刷图 |

## 三、计算机制图成图法

计算机数字制图是随着现代计算机技术和空间信息技术发展而逐步发展起来的，目前已成为地图制图的主要方法。根据它们的技术特点可分为数字测量成图法和数字编绘成图法两部分。

### (一)数字测量成图法

地图的数字测绘方法是空间技术和计算机技术发展的必然结果，它代表了当今测绘技术的发展水平，在测绘领域中的应用得到了普及。从它的最基层信息(包括空间信息和属性信息在内的地理信息)到信息的分析、处理、提取以及到最后为各终端用户服务的地图产品的全过程可用图8-4来表达。

航天遥感和航空遥感图像通过图像处理、模式识别和自动分类获得地图数据，大比例尺航空立体摄影通过全数字摄影测量系统处理获得地图数据；GNSS控制测量、重力测量、水准测量直接获取大地控制数据；已有的地图资料和统计数据通过计算机数字化处理与编辑

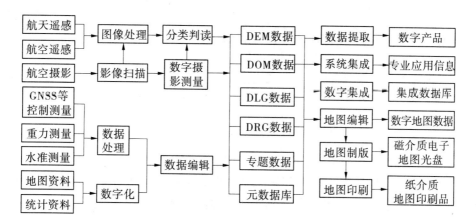

**图8-4 数字化测图技术流程(据陕西省测绘局,2001)**

进入地图制图数据库;然后根据用户需求,通过集成化处理,得到相应的地图数字产品。

**(二)数字编绘成图法**

数字地图的编绘出版流程一般有编辑准备、数据获取、数据处理和产品输出四个阶段,工作流程如图8-5所示。

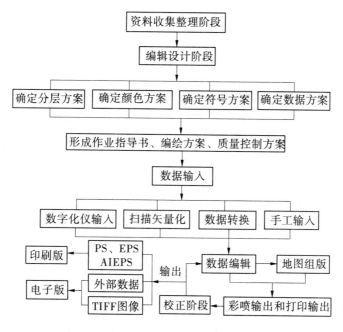

**图8-5 数字环境下地图的编制、出版流程**

## 四、遥感制图成图法

遥感制图是指利用航天或航空遥感图像资料制作或更新地图技术。其具体成果包括遥感影像地图和遥感专题地图。遥感影像因现势性强,可作为新编地形图的重要信息源。

随着遥感技术的兴起,传统的地图编制理论与方法发生了深刻的变革。在后面将详细介绍。

# 单元二　普通地图设计与编绘

普通地图在经济建设、国防和科学文化教育等方面发挥着重要的作用。普通地图设计与编制主要有国家基本比例尺地形图的设计与编制和普通地理图的设计与编制两种。

## 一、国家基本比例尺地形图的设计与编制

我国基本比例尺地形图是具有统一规格,按照国家颁发的统一测制规范而制成的。它具有固定的比例尺系列和相应的图式图例,地图图式是由国家质量监督检验检疫总局和国家标准化管理委员会共同发布的,关于制作地图的符号图形、尺寸、颜色及其涵义和注记、图廓整饰等技术规定。

客观地反映制图区域的地理特点,是编绘地图内容的根本原则。而地形图的不同用途是确定反映地理特点详细程度的主要依据。国家基本地形图比例尺系列,就是依据国家经济建设、国防军事和科学文化教育等方面的不同需要而确定的。

由于现代地形图系列化、标准化的加强,所以地形图在数学基础、几何精度、表示内容及其详尽程度等方面,国家统一颁发了相应比例尺地形图的不同规范和图式规定。因此,各部门在设计和测制地形图时,都要遵循地形图的规范和图式规定,它是制作地形图的主要依据。

地形图在各个国家都是最基本、最重要的地图资料,都已在各自国家内部系列化、标准化,并在世界范围内趋向统一。

目前,我国的基本比例尺地形图包括11种比例尺系列,大比例尺地形图(1∶500～1∶10万)一般采用实测或航测法成图,其他比例尺地形图则用较大比例尺地形图作为基本资料经室内编绘而成。

## 二、普通地理图的设计与编制

地理图是侧重反映制图区域地理现象主要特征的普通地图。虽然地理图上描绘的内容与地形图相同,但地理图对内容和图形的概括综合程度比地形图大得多。地理图没有统一的地图投影和分幅编号系统,其图幅范围是依照实际制图区域来决定的。如按行政单元绘制的国家、省(区)、市、县地图;或按自然区划,如长江流域、青藏高原、华北平原等编制的地图。由于制图区域大小不同,因此地理图的比例尺和图幅面积大小不一,没有统一的规定。

### (一)普通地理图的设计特点

普通地理图一般区域范围广,比例尺较小,对地理内容往往进行了大量的取舍和概括,所以地理图反映的是制图区域内地理事物的宏观特征,地理图的设计强调的是地理适应性和区域概括性。

由于地理图应用范围广,对地图的要求也不相同,因此在符号和表示方法设计方面具有各自的相对独立性。即每一种地图都有自己的符号系统、投影系统、分幅和比例尺及不同的图面配置,具有灵活多样的设计风格。由于地理图制图区域范围大,涉及资料多,精度各异,现势性不一,因此设计时应精选制图资料,并确定其使用程度。

**（二）普通地理图的设计准备**

在地理图设计之前,首先要深入领会和了解地图的用途和要求;分析和评价国内外同类优秀地图,吸取有益的经验;在此基础上对制图资料进行分析研究,确定出底图资料、补充资料和参考资料,并在研究制图区域地理特征的基础上,确定出内容要素表示的深度和广度以及内容的表示方法等。

**（三）普通地理图的内容设计**

在设计准备完成之后,就要具体地设计地图的开幅、比例尺、分幅;选择和设计地图投影;确定各要素取舍的指标;设计图式、图例;确定图面配置;制定成图工艺,进行样图试验,最后编写出普通地理图设计大纲。

**（四）普通地理图的编绘**

地图编绘前,编辑人员应了解制图目的、用途,熟悉编图资料,领会地图设计大纲精神。编绘时,首先在裱好图纸的图板上展绘地图的数学基础(见图廓点、经纬线交点、坐标网等);然后按成图比例尺把底图资料照像、晒蓝,并将蓝图拼贴到展绘好数学基础的裱板上。完成蓝图拼贴后,遵照地图设计大纲要求,对地图内容各要素按地图概括标准进行编绘。编图可采用编绘法或连编带绘法、连编带刻法。为了处理好各要素之间的相互关系,保证成图质量,编绘作业的程序是先编水系,然后依次为居民点、交通线、境界线、等高线、土质植被和名称注记等。同一要素编绘时,应从主要的开始,按其重要性逐级编绘。普通地理图原图的编绘过程见图8-6。

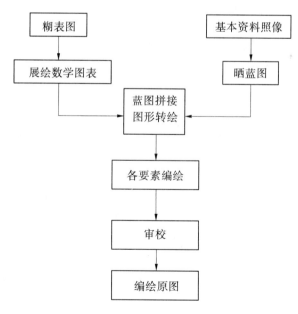

**图8-6 普通地理图原图编绘过程**

由于编绘法制作的原图线划质量和整饰很难达到出版印刷的要求,因此还需要对其进行清绘处理制成印刷原图,才能用于制版印刷。而连编带绘法和连编带刻法制作的编绘原图则可直接用于制版印刷。

# 单元三　专题地图设计与编绘

## 一、专题地图设计的一般过程

专题地图的设计过程与普通地理图相似,包括地图设计、原图编绘和出版准备三个阶段。

### (一)编辑准备

专题地图的种类繁多,形式各异,与普通地图相比,它的用途和使用对象有更强的针对性,要求更具体。因此,对编辑准备工作来说,首先应研究与所编地图有关的文件;明确编图目的、地图主题和读者对象。

在明确编制专题地图的任务后,首先拟订一个大体设计方案,并绘制图面配置略图,经审批同意后,即可正式着手工作。

在广泛收集编图所需要的各种资料的基础上,进行深入的分析、评价和处理。通过详细研究制图资料和地图内容特点,进行必要的试验,并对开始的设计方案进行补充、修改,制定出详细的编图大纲,用以指导具体的地图编绘工作。

编图设计大纲的主要内容有:

(1)编图的目的、范围、用途和使用对象。

(2)地图名称、图幅大小及图面配置。

(3)地理底图和成图的比例尺、地图投影和经纬网格大小。

(4)制图资料及使用说明。

(5)制图区域的地理特点及要素的分布特征。

(6)地图内容的表示方法、图例符号设计和地图概括原则。

(7)地图编绘程序、作业方法和制印工艺。

### (二)原图编绘

在编绘专题内容之前,必须准备有地理基础内容的底图,然后将专题内容编绘于地理底图上。由于专题地图内容的专业性很强,一般情况下专题地图还需要专业人员提供作者原图。这点是与普通地图编制不同的地方。制图编辑人员将专题内容编绘于地理基础底图上,或者将作者原图上内容按照制图要求转绘到基础底图上,这就是专题地图的编绘原图。

### (三)出版准备

常规专题地图编制工作中的出版准备与普通地理图的方法基本相同。主要是将编绘原图经清绘或刻绘工序,制成符合印刷要求的出版原图。同时,还应提交供制版印刷用的分色参考样图。

## 二、专题地图的资料类型及处理方法

### (一)专题地图的资料类型

专题地图的内容十分广泛,所以编绘专题地图的资料也很繁多,但概括起来,主要有地图资料、遥感图像资料、统计与实测数据、文字资料等。

1.地图资料

普通地图、专题地图都可以作为新编专题地图的资料。普通地图常作为编绘专题地图的地理底图,普通地图上的某些要素也可以作为编制相关专题地图的基础资料。地图资料的比例尺一般应稍大或等于新编专题地图的比例尺,且新编专题地图的地图投影和地理底图的地图投影尽可能一致或相似。

对于内容相同的专题地图,同类较大比例尺的专题地图可作为较小比例尺新编地图的基本资料。如中小比例尺地貌图、土壤图、植被图等可作为编制内容相同的较小比例尺相应地图的基本资料,或综合性较强的区划图的基本资料。

2.遥感图像资料

各种单色、彩色、多波段、多时相、高分辨率的航片、卫片都是编制专题地图的重要资料。随着现代科技的发展,卫星遥感影像的分辨率越来越高(目前民用卫片的地面精度可达到1 m),现势性也是其他资料所无法比拟的,因此遥感资料是一种很有发展前途的信息源。

3.统计与实测数据

统计与实测数据包括各种经济统计资料,如产量、产值、人口统计数据等;各种调查和外业测绘资料;各种长期的观测资料,如气象台站、水文台站、地震观测台站等都是专题制图不可缺少的数据源。

4.文字资料

文字资料包括科研论文、研究报告、调查报告、相关论著、历史文献、政策法规等,是编制专题地图的重要参考文献。

**(二)专题地图资料的加工处理**

资料的分析和评价:对收集到的资料进行认真分析和评价,确定出资料的使用价值和程度,并从资料的现势性、完备性、精确性、可靠性、是否便于使用和定位等方面进行全面系统的分析评价,使编辑人员对资料的使用做到心中有数。

资料的加工处理:编制专题地图的资料来源十分广泛,其分级分类指标、度量单位、统计口径等都有很大的差异性,需要把这些数据进行转换,变成新编地图所需的数据格式称为资料的加工处理。

## 三、专题地图的地理基础

地理基础即专题地图的地理底图,它是专题地图的骨架,用来表示专题内容分布的地理位置及其与周围自然和社会经济现象之间的关系,也是转绘专题内容的控制和依据。

地理底图上各种地理要素的选取和表示程度,主要取决于专题地图的主题、用途、比例尺和制图区域的特点。如气候与道路网无关,因此每天新闻联播后的天气预报图上,就不需要把道路网表示出来;平原地区的土地利用现状图,无须把地势表示出来;随着地图比例尺的缩小,地理底图内容也会相应的概括减少。

普通地图上的海岸线、主要的河流和湖泊、重要的居民点等,几乎是所有专题地图上都要保留的地理基础要素。

专题地图的底图一般分为两种,即工作底图和出版底图。工作底图的内容应当精确详细,能够满足专题内容的转绘和定位。相应比例尺的地形图或地理图都可以作为工作底图;出版底图是在工作底图的基础上编绘而成的,出版底图上的内容比较简略,主要保留与专题

内容关系密切、便于确定其地理位置的一些要素。

　　地理底图内容主要起控制和陪衬作用,并反映专题要素和底图要素的关系。通常底图要素用浅淡颜色或单色表示,并置于地图的"底层"平面上。

### 四、专题地图内容的设计

#### (一)表示方法的选择

　　专题地图的内容十分复杂,几乎所有的自然和社会经济现象都能编绘成专题地图。专题地图既能表示有形的事物,又能表示无形的现象;既能表示现在的各种事物,又能表示过去和将来的事物;既能表示出事物现象的数量、质量和空间分布特征,又能展现出事物内在的结构和动态变化规律。由于地图内容的千变万化,专题地图在展现专题内容时,就要采用各种不同的表示方法。由此,每幅专题地图都有自己独特的表现形式和符号系统。

　　表示方法的选择受到多方面因素的影响,如专题内容的形态和空间分布规律、制图资料和数据的详细程度、地图的比例尺和用途,以及制图区域的特点等都会对表示方法选择产生影响。但其中最主要的因素是专题内容的形态和空间分布规律。

#### (二)图例符号设计

　　在地图上,各种地理事物的信息特征都是用符号表达的,它是对客观世界综合简化了的抽象信息模型。地图符号中所包含的各种信息,只有通过图例才能解译出来,才能被人们所理解。通过地图来了解客观世界,就必须先掌握地图图例的内涵。所以,地图图例是人们在地图上探索客观世界的一把"钥匙"。

　　图例是编图的依据和用图的参考,所以在设计图例符号时,应满足以下要求:

　　(1)图例必须完备,要包括地图上采用的全部符号系统,且符号先后顺序要有逻辑连贯性。

　　(2)图例中符号的形状、尺寸、颜色应与其所代表的相应地图内容一致。其中,普染色面状符号在图例中常用小矩形色斑表示。

　　(3)图例符号的设计要体现出艺术性、系统性、易读性,并且容易制作。

#### (三)作者原图设计

　　由于专题地图内容非常广泛,所以其编制离不开专业人员的参与。当制图人员完成地图设计大纲后,专业人员依据地图设计大纲的要求,将专题内容编绘到工作底图上,这种编稿图称为作者原图。专业人员编绘的作者原图一般绘制质量不高,还需要制图人员进行加工处理,将作者原图的内容转绘到编绘原图上,最后完成编绘原图工作。

　　对作者原图的主要要求有如下几点:

　　(1)作者原图使用的地理底图、内容、比例尺、投影、区域范围等应与编绘原图相适应。

　　(2)编绘专题内容的制图资料应翔实可靠。

　　(3)作者原图上的符号图形和规格应与编绘原图相一致,但符号可简化。

　　(4)作者原图的色彩整饰尽可能与编绘原图一致。

　　(5)符号定位要尽量精确。

#### (四)图面配置设计

　　一幅地图的平面构成包括主图、附图、附表、图名、图例及各种文字说明等。在有限的图面内,合理恰当地安排地图平面构成的内容位置和大小称为地图图面配置设计。

国家基本比例尺地形图的图面配置与整饰都有统一的规范要求,而专题地图的图面配置与整饰则没有固定模式,因图而异,往往由编制者自行设计。

图面配置合理,就能充分地利用地图幅面,丰富地图的内容,增强地图的信息量和表现力;反之,就会影响地图的主要功能,降低地图的清晰性和易读性。因此,编辑人员应当高度重视地图图面的设计。

图面配置设计应考虑以下几个方面的问题:

(1)主图与四邻的关系。一幅地图除了突出显示制图区域,还应当反映出该区域与四邻之间的联系。如河北省地图,除了利用色彩突出表示主题内容,还以浅淡的颜色显示了北京、天津、辽宁、内蒙古、山西、河南、山东和渤海等部分区域。这对于了解河北省的空间位置,进一步理解地图内容是很有帮助的。

(2)主图的方向。地图主图的方向一般是上北下南,但如果遇到制图区域的形状斜向延伸过长时,考虑到地图幅面的限制,主图的方向可做适当偏离,但必须在图中绘制明确的指北方向线。

(3)移图和破图廓。为了节约纸张,扩大主图的比例尺和充分利用地图版面,对一些形状特殊的制图区域,可采用将主图的边缘局部区域移至图幅空白处,或使局部轮廓破图框。移图部分的比例尺、地图投影等应与原图一致,且二者之间的位置关系要十分明晰。另外,破图廓的地方也不易过多。

**(五)地图的色彩与网纹设计**

色彩对提高地图的表现力、清晰度和层次结构具有明显的作用,在地图上利用色彩很容易区别出事物的质量和数量特征,也有利于事物的分类分级,并能增强地图的美感和艺术性;网纹在地图中也得到了广泛的应用,特别是在黑白地图中,网纹的功能更大,它能代替颜色的许多基本功能;网纹与彩色相结合,可以大大提高彩色地图的表现能力,所以色彩和网纹设计也是专题地图的重要内容之一。

地图的设色与绘画不同,它与专题内容的表示方法有关。如呈面状分布的现象,在每一个面域内颜色都被视为是一致的、均匀布满的。因此,在此范围内所设计的颜色都应是均匀一致的。

专题地图上要素的类别是通过色相来区分的。每一类别设一主导色,如土地利用现状图中的耕地用黄色表示、林地用绿色表示、果园用粉红色表示等;而耕地中的水地用黄色表示、旱地用浅黄色表示等。

表示专题要素的数量变化时,对于连续渐变的数量分布,可用同一色相亮度的变化来表示,如利用分层设色表示地势的变化;对相对不连续或是突变的数量分布,可用色相的变化来表示,如农作物亩产分布图、人口密度分布图等。

色彩的感觉和象征性是人们长期生活习惯的产物。利用色彩的感觉和象征性对专题内容进行设色,会收到很好的设计效果。

总之,为使专题地图设色达到协调、美观、经济使用的目的,编辑设计人员对色彩运用应有深入理解、敏锐的感觉和丰富的想象力;能针对不同的专题内容和用图对象,选择合适的色彩,以提高地图的表现力。

## ■ 小　结

在现代科学技术发展的同时,地图制图也进入了全新的、飞速的发展阶段。该项目阐述了实测成图法、编绘成图法、计算机数字制图成图法和遥感制图成图法等地图成图的方法。重点讲述了普通地图设计与编绘的方法;专题地图设计的一般过程,资料处理的方法,地理底图的编制和专题内容的设计等内容。解决了地图制图的一般性问题,使大家了解了地图制图的一般过程。

## ■ 复习思考题

1. 简述传统地图编制的一般过程。
2. 普通地图设计的特点是什么?
3. 简述专题地图设计的一般过程。
4. 专题地图的地理底图设计对专题地图编制有何重要意义?
5. 计算机地图制作相对于传统地图编制有哪些重大变革?

# 项目九　数字地图制图

## 项目概述

　　传统的地图制图技术经长期发展,已日臻完善和成熟。但其弱点是地图编制与生产难度大、生产成本高、周期长、制印技术复杂、专业性强;手工劳动占重要部分;地图产品种类单一,更新困难,不能反映空间地理事物的动态变化,信息难以共享等。因此,从20世纪50年代开始,计算机技术开始引入地图学领域。经过理论探讨、应用试验、设备研制和软件开发等发展阶段,如今,计算机制图已成为地图学的重要分支学科,即计算机地图制图学。计算机地图制图也称为数字制图。但两者在涵义上,数字制图比计算机地图制图包括的范围要大些,但就其实质也有共同之处,即都是以空间数据作为处理对象。

## 学习目标

◆ **知识目标**

1. 理解计算机制图的概念、原理和特点。
2. 掌握计算机地图制图的基本过程。
3. 理解数字地图的数据结构及地图数据库。
4. 掌握数字地图制图的基本流程。
5. 了解电子地图的应用及地图的 4D 产品。

◆ **技能目标**

1. 能清楚数字地图制图的方法、步骤。
2. 知道计算机制图的相关概念。

## 【导入】

　　随着 20 世纪计算机技术的兴起并迅速结合到各行各业的实际应用中,催生了许多新的应用技术,数字制图就是其中之一。数字制图使地图学产生了深刻的技术革命,随着全球定位系统、数字摄影测量、遥感等技术的发展,人们能够在第一时间获取关于地球表面各种空间信息,解决了地图制图的数据源问题;同时计算机图形学、地图数据库、多媒体等技术的发展,促使数字地图制图技术快速发展,也使得传统的制图技术有了重大的变革;各种通用和专业制图软件的发展也减轻了制图者的工作量;地图的形式越来越多元化,从平面地图发展到三维地图,从静态地图发展到动态地图,从模拟地图发展到数字地图。

# 单元一　数字地图制图概述

## 一、计算机地图制图的概念

计算机地图制图(或数字地图制图)是以地图制图原理为基础,在计算机硬、软件的支持下,应用数学逻辑方法,研究地图空间信息的获取、变换、存储、处理、识别、分析和图形输出的理论方法和技术工艺手段。

计算机地图制图处理的是数字化的地图(简称数字地图)。数字地图的图形可以显示在计算机屏幕上,也可以通过绘图仪输出到纸上。数字地图的数据可以保存在数字存储介质上。数字地图显示出来的内容是动态的、可调用的,用户能方便地找出感兴趣的内容并控制显示的方式。

## 二、计算机制图的原理

计算机地图制图的核心问题是如何使用计算机处理图形信息。我们知道,地图图形是按一定的数学法则和特有的符号系统及制图综合的原则,将地球表面地物和现象表示于平面上的图形。显然,计算机模拟制图过程,需要解决三个主要问题:一是地图图形怎样变成计算机所接受的数字形式,以便读取、识别它的内容;二是对变成数字形式的图形信息如何处理,并按地图编制法则的要求进行综合概括;三是经过加工后的数字信息必须恢复为地图图形,输出符合地图编绘精度要求的图形符号。按其实质,计算机地图制图是图形到数字,再由数字变为图形的变换过程;计算机地图制图的原理就是通过图形到数据的转换,基于计算机进行数据的输入、处理和最终的图形输出。地图编制过程就是地图的计算机数字化、信息化和模拟的过程。在这个过程中,由于计算机具有高速运算、巨大存储和智能模拟与数据处理等功能,以及自动化程度高等特点,因此能代替手工劳动,加快成图速度,实现地图制图的全自动化。

## 三、计算机地图制图的基本过程

与常规地图制图相比,计算机地图制图在数学要素表达、制图要素编辑处理和地图制印等方面都发生了质的变化。其基本工作流程可分为四个阶段,如表9-1所示。

表9-1　计算机地图制图的基本过程

| 编辑准备阶段 | 数据获取阶段 | 数据编辑和处理阶段 | 数据输出阶段 |
| --- | --- | --- | --- |
| 收集、整理资料<br>确定数学基础<br>设计地图内容 | 数字化<br>数字测图<br>遥感<br>数据转换 | 预处理<br>投影变换<br>图形处理<br>制图综合<br>符号化 | 普通地图<br>专题地图<br>遥感地图<br>统计图表 |

### (一)编辑准备阶段

根据编图要求,收集、整理和分析编图资料,选择地图投影,确定地图的比例尺、地图内容、表示方法等,这一点与常规制图基本相似。但计算机地图制图本身的特点,对编辑准备工作提出了一些特殊的要求,如为了数字化,应对原始资料做进一步处理,确定地图资料的数字化方法,进行数字化前的编辑处理;设计地图内容要素的数字编码系统,研究程序设计的内容和要求;完成计算机制图的编图大纲等。

### (二)数据获取阶段

地图数据的获取包括图形数据、属性数据及关系信息等的获取。获取后的地图数据必须按一定的数据结构进行存储和组织,建立有关的数据文件或地图数据库,以便后续的数据处理和图形输出。

计算机地图制图的主要数据源是地图及有关地图数据,遥感像片、影像数据、野外测量、地理调查资料和统计资料也可以作为数据源。其中,地图的图形和图像资料必须实现从图形或图像到数字的转化,该过程称为地图数字化。地图图形数字化的目的是提供便于计算机存储、识别和处理的数据文件。

数据获取的方法常用的有手扶跟踪数字化和扫描数字化两种。这两种数字化方法获取的数据的记录结构是不同的。手扶跟踪数字化仪获得矢量数据,扫描数字化获得栅格数据。把地图资料转换成数字后,将数据记入存储介质,建立数据库,供计算机处理和调用。

### (三)数据处理和编辑阶段

这个阶段是指把图形(图像)经数字化后获取的数据(数字化文件)编辑成绘图文件的整个加工过程。

数据处理和编辑是计算机地图制图的中心工作。数据处理既可采用人机交互的处理方式,也可采用批处理方式,工作主要在某种编辑系统或相应软件中进行。数据处理的主要内容包括以下两个方面:一是数据预处理,即对数字化后的地图数据进行检查、纠正,统一坐标原点,进行比例尺的转换,不同地图资料的数据合并归类等,使其规范化;二是为了实施地图编制而进行的计算机处理,包括地图数学基础的建立,不同地图投影的变换,数据的选取和概括,各种地图符号、色彩和注记的设计与编排等。

### (四)数据输出阶段

数据输出是计算机地图制图过程的最后一个阶段。地图数据处理阶段得到的结果一般是绘图数据文件,数据输出的形式有两类:一类为图形方式,可分为屏幕显示方式和绘图仪绘图;另一类即数据文件本身。此外,通过编辑制作并存储于光盘上的电子地图、电子地图集也是一种重要的输出形式。数据输出时,应根据地图数据的格式、目的和用途选择相应的输出方式。

## 四、计算机制图的特点

计算机地图制图不是简单地把数字处理设备与传统制图方法组合在一起,而是地图制图领域内一次重大的技术变革。与传统的地图制图相比,计算机地图制图具有以下优点。

### (一)易于编辑和更新

传统的纸质地图一旦印刷完成即固定成型,不能再变化。计算机地图制图可方便地应用计算机进行读取、分析、管理和输入地理信息,可以方便地校正、编辑、改编、更新和复制地图,增加地图的适应性。

**(二)提高绘图速度和精度**

计算机绘图显著提高了绘图的速度,缩短了成图周期,不仅减轻了作业人员的劳动强度,而且减少了制图过程中人的主观随意性,这样就为地图制图的进一步标准化、规范化奠定了基础。用数字地图信息代替了图形模拟信息,提高了地图的使用精度。

**(三)容量大且易于存储**

数字地图的容量大,它一般只受计算机存储器的限制,可以包含比传统地图更多的地理信息;易于存储,并且由于存储的是数据,所以不存在传统地图中常见的纸张变形等问题。

**(四)丰富地图品种**

计算机地图制图增加了地图品种,可以制作很多传统方法难以完成的图种,如坡度图、通视图、三维立体图等。

**(五)便于信息共享**

数字地图具有信息复制和传播的优势,容易实现共享。数字地图能够大量无损失复制,并可以通过计算机网络进行传播。

# 单元二　数字地图的数据结构及其数据库

## 一、地图数据结构

地图基本要素所能提供可见的、有形的"图"的信息,是表达地理信息的基本单元,称为实体。特定的实体往往有很多属性与之相对应,通过对实体相对应的,能代表地理实体类型、等级、数量等特征的属性分析,又能得出自然、社会经济等多方面的数据信息。地图实体和属性经转换后输入计算机,成为计算机可识别的图形和文本数据,就构成了数字地图。根据地图数据所反映的信息以及地图实体和属性的概念,可以将地图数据分为空间数据和非空间数据两种类型。

**(一)空间数据及其结构**

空间数据也叫图形数据,用来表示物体的位置、形态、大小、分布等各方面信息,是对现实世界中存在的具有定位意义的事物和现象的定量描述。根据空间数据的几何特点,地图数据可以分为点数据、线数据、面数据三种类型。

在地图制图系统中,空间数据必须按照一定的结构描述地物的空间位置信息。典型的空间数据格式有矢量结构和栅格结构,它们都可用来描述地理实体的点、线、面三种基本类型。

用矢量结构表示空间数据时常用的表示方法是:在点数据上给出表示其位置的坐标值,如 $x$、$y$ 平面坐标等;线段定义为两个端点范围内的点组;面定义为构成其边界线的线段组,然后加上表示这些点、线、面属性的特征码,如图 9-1 所示。

栅格数据表示方法是:将空间分割成有规则的格网,在各个格网上给出相应的属性。图 9-2 即为这种方式,它与数字影像的表示方式相类似,只是将数字影像的灰度值换成目标的属性值。对于地图而言,点状符号以其中心处的像元表示;线状地物以中心轴线的像元连续链构成;而面状符号则为其所覆盖的像元集合。按一定像元对地图扫描后,即得到可以用 0、1 表示的二值地图栅格数据,然后加上它们的特征码和属性。

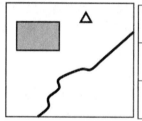

| 点 | 特征码 | 11 |
|---|---|---|
| | 单个坐标 | $x_1y_1$ |
| 线 | 特征码 | 21 |
| | 坐标串 | $x_1y_1,x_2y_2,...,x_ny_n$ |
| 面 | 特征码 | 31 |
| | 坐标串(闭合) | $x_1y_1,x_2y_2,...,x_ny_n,x_1y_1$ |

图 9-1 矢量数据表示法

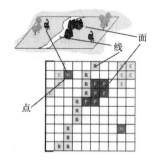
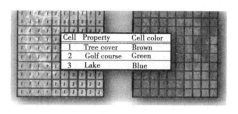

图 9-2 栅格数据表示法

空间数据的一个重要特点是它包含拓扑关系,即网结构元素(境界线网、水系网、交通网等)中结点、弧段和面域之间的邻接、关联、包含等关系。拓扑关系数据从本质上或从总体上反映了地理实体之间的结构关系,而不重视距离和大小,其空间逻辑意义比几何意义更大。因此,在地图空间数据处理、地图综合应用以及地图制图等方面发挥着重要作用。

**(二)非空间数据及其结构**

非空间数据主要包括专题属性数据和质量描述数据、时间因素等有关属性的语义信息。由于这部分数据中专题属性数据占有相当的比例,所以在很多情况下,非空间数据直接被称为地图属性数据。

非空间数据是对空间信息的语义描述,反映了空间实体的本质特性,是空间实体相互区别的重要标识。典型的非空间数据如空间实体的名称、类型和数量特征(长度、面积、体积等),社会经济数据,影像成像设备、像幅、分辨率、灰度级等。时间因素也就是 GIS 中的时间序列。

传统的地图制作由于地图制图周期长,再加上显示动态变化困难,所以时间因素往往被忽视。计算机技术的发展,地图实时动态显示的实现,使得时间因素在地图显示过程中的表示成为可能,且十分必要。

非空间数据的组织方式受通用数据库技术的影响较大,因为在空间数据与非空间数据连接之前,非空间数据可以看作是通用数据库的应用,因此现代通用数据库技术在属性数据的组织时,几乎全部能够实现。

地图数据库中非空间数据的表示有如下几种模式。

1. 简单表格结构

简单表格结构把数据看成由行(记录)和列(字段)构成的一批表格的汇集。它允许把属性代码与地理要素连接起来。其主要缺点在于不能维护数据的完整性,因为每个表格是

独立的,两个不同表格用到相同的数据时就得重复,从而会出现不一致的情况。此外,它也不能提供良好的存储效率和必要的灵活性。但是这种数据结构易于编程并且易于系统的转换。

2. 层次结构

层次结构在专题数据处理中应用较少。这种是面向极为稳定不变的数据集的,即数据间的联系很少变化或根本不变,数据间的各种联系被固定在数据库逻辑观点之内。此外,对双亲数目的限制也不能满足实际地理数据处理的要求。最后,查询语言是过程化的,要求用户知道 DBMS 实际使用的存储模式。

3. 网络结构

网络结构在专题数据的处理中的应用并不比层次结构多,在灵活性方面它与层次结构具有相同的限制。但是,它是表示地理数据联系中更为有力的结构,使得它能对地理数据进行更好的构模。网络数据库的查询语言仍是过程化的。

4. 关系结构

在关系结构中,数据也是用表格的形式组织的,但与简单表格中的结构有本质的区别。这里的表格具有更严密的定义,如数据类型一致,数据不可再分割,两行数据不能相同等。关系结构具有简单、灵活、存储效率高等特点,因此在地图非空间数据的组织中得到了广泛应用。

## 二、地图数据库

### (一)地图数据库的概念

地图制图是一种信息传输过程,也是地理数据的处理过程。这个过程必须以数据库为中心,以便更有效地实现地图信息采集、存储、检索、分析处理与图形输出等的系统化。地图数据库是计算机制图系统的核心,也是地理信息系统的重要组成部分。

地图数据库可以从两个方面来理解:一是把它看作软件系统,即"地图数据库管理系统"的同义语;二是把它看作地图信息的载体——数字地图。对于后者,可以理解为以数字的形式把一幅地图的诸多内容要素以及它们之间的相互联系有机地组织起来,并存储在具有直接存取性能的介质上的一批相互关联的数据文件。

从应用方面来看,地图数据库主要有两种类型,即地理信息系统中的地图数据库和计算机制图系统中的地图数据库。两者之间的主要区别在于前者主要为信息检索服务,并对专题数据进行覆盖分析和其他统计分析评价等;而后者主要为自动化制图及其他方面的地图数据处理服务。

### (二)地图数据库的组织

在数据库系统中,图形数据与专题属性数据一般采用分离组织存储的方法存储,以增强整个系统数据处理的灵活性,尽可能减少不必要的时间与空间上的开销。然而,地理数据处理又要求对区域数据进行综合性处理,其中包括图形数据与专题属性数据的综合性处理。因此,图形数据与专题属性数据的连接也是很重要的。

图形数据与专题属性数据的连接基本上有四种方式:

(1)专题属性数据作为图形数据的悬挂体。属性数据是作为图形数据记录的一部分进行存储的。这种方案只有当属性数据量不大的个别情况下才是有用的。大量的属性数据加载于图形记录上会导致系统响应时间的普遍延长。当然,主要的缺点在于属性数据的存取必须经由图形记录才能进行。

(2)用单向指针指向属性数据。与(1)中相反,这种方法的优点在于属性数据多少不受限制,且对图形数据没有什么坏影响。其缺点是仅有从图形到属性的单向指针,互相参照非常麻烦,且易出错。

(3)属性数据与图形数据具有相同的结构。这种方案具有双向指针参照,且由一个系统来控制,使灵活性和应用范围均大为提高。这一方案能满足许多部门对建立信息系统的要求。

(4)图形数据与属性数据自成体系。这个方案为图形数据和属性数据彼此独立地实现系统优化提供了充分的可能性,适合不同部门对数据处理的要求。但这里假设属性数据有其专用的数据库系统,且它能够建立属性到图形的反向参照。

# 单元三　数字地图制图基本流程

计算机地图制图已在普通地图制图、专题地图制图、数字高程模型、地理信息系统等方面得到了广泛的应用,成为地图制图学的发展趋势。目前,常用的制图软件主要有 ArcGIS、MapGIS、Mapinfo、Geostar、Supermap 等。这里主要以 ArcGIS 软件为例进行讲解。

## 一、数据准备

### (一)数学基础选择

在桌面数字制图环境下,用户同样需要根据地图的用途、制图区域的地理特征和形状等多种因素,为新编地图选择合适的地图投影。所不同的是,用户初选的地图投影并不一定就是最终成果图的地图投影,通常只需令初选投影和资料图(包括地图资料和影像资料)的投影相一致。因为,不管在哪一种投影下进行地图编辑,最终利用制图软件都可方便地实现投影的转换,这是数字制图的优越性。

GIS 处理的是空间信息,而所有对空间信息的量算都是基于某个坐标系统的,因此 GIS 中坐标系统的定义是 GIS 系统的基础,正确理解 GIS 中的坐标系统就变得尤为重要。坐标系可以明确制图对象的空间定位坐标,它包括一组参数,如坐标系名称、投影类型、基准面等,投影只是其中的一个参数,是坐标系的一部分。现有的许多桌面 GIS 软件大多提供多种不同坐标体系(基准面)供用户选择,少数软件还允许用户建立自己的坐标系(见图9-3)。

ArcGIS 是常用的地理信息系统软件,在 ArcGIS 中,坐标系统有两种,一种称为地理坐标系统(geographic coordinate systems),还有一种称为投影坐标系统(projected coordinate systems),它们位于 ArcGIS 安装目录的 Coordinate Systems 文件夹中,另外 ArcGIS 还有一种坐标系统称为 vertical coordinate systems,即垂直坐标系统,其实就是定义空间地理数据所采用的高程基准,比如中国现行的高程基准是 1985 国家高程基准。

### (二)图像几何校正

首先拿到一张经过扫描的栅格地图,裁剪地图使地图范围达到成图要求,在 ArcGIS 中加载到定义好的数学基础的数据框中,根据已经获得的控制点的坐标,在 ArcGIS 中对栅格图像进行几何校正(详见本项目技能训练)。

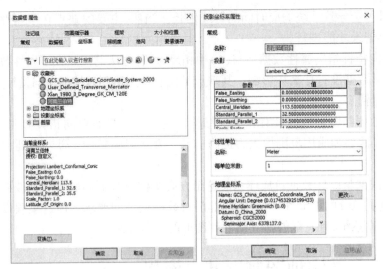

图9-3　ArcGIS中定义数据框坐标系

## 二、数据获取

### (一)读图、分层

"图层"是地图数字化和地图图形编辑过程中一个非常重要的概念。不同的图形要素有不同的图形结构,所以在数字化或图形编辑时,常把它们分门别类地存放在不同的图层里(见图9-4),这就是所谓的分层数字化和分层编辑。现有的桌面制图软件和专业GIS软件都是按照"图层"的概念对数据进行组织和管理的,如ArcGIS的"shape"、Mapinfo的"table"、MapGIS的"图层"等。在GIS软件中,计算机地图实际上是多个图层的集合。设想这些图层是透明的,把它们叠加在一起,就组成了一幅完整的地图。

在现代地图制图和GIS中,这种分层数据组织与管理的重要意义主要表现在以下几个方面:

(1)可以实现地图要素的分层显示。

(2)为地图信息系统(电子地图)或GIS中实现空间数据库的多重显示创造条件。

(3)有利于不同空间地理要素的叠加分析。

(4)可实现不同数字产品之间的数据共享,从而减少数字化的作业量,还可以保证地图的质量。

我们一般按照地理要素进行分层。在GIS应用中,一般把同一类地理要素存放到同一文件中。如境界线、水系、行政区等。

### (二)新建文件

根据判读的地理要素,分为不同的要素层,新建这一类对应的表文件,并建立其对应的属性信息,如图9-5、图9-6所示。

### (三)数字化地图

地图数字化是地理空间数据输入的重要途径,图形经过数字化处理后,传统的纸质地图可转换成数字地图产品。

地图数字化的方法分为两种类型:手扶跟踪数字化和光学扫描仪的栅格扫描。对于地

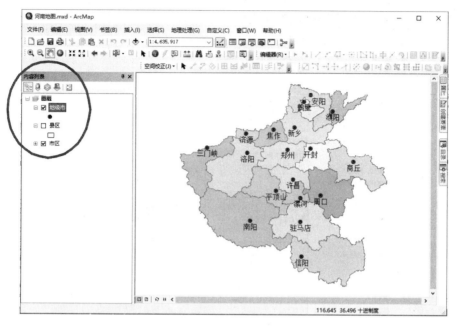

**图9-4　ArcGIS 中的图层**

**图9-5　新建 shape 文件对话框**

图制图来说,使用手工和自动方法进行地图数字化,是一切数据处理和分析的开始。早期,地图数据的输入以手扶跟踪方法为主,特别是对矢量数据,如河流、道路网等。现在,数据的扫描技术日新月异,速度和精度有了明显的提高,日益广泛地被采用。

　　扫描数字化采用高精度扫描仪,将图形、图像扫描后形成栅格数据文件,再利用矢量化软件对栅格数据进行处理,将它转化成为矢量图形数据。矢量化过程有两种方式:交互式和全自动。影响扫描数字化数据质量的因素包括原图质量(如清晰度)、扫描精度、扫描分辨

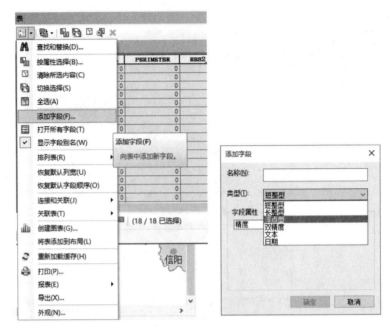

**图 9-6　添加属性字段**

率、配准精度、校正精度等。

　　扫描获得的栅格图像数据主要有三种用途:一是对图像做增强和分类处理后进入栅格型的空间数据库,也可不做处理,仅用于显示,并在显示时叠加矢量图形。二是显示在屏幕上做进一步的手工矢量化。手工矢量化又分为完全的手工跟踪和借助软件的半自动化跟踪两种。三是由软件自动将栅格图像数据转化成矢量地图。在上述三种矢量化方法中,屏幕矢量化是目前广泛使用的方法。对屏幕矢量化来说,图像的配准是矢量化的前提和基础,对矢量化的质量影响很大。许多地图制图软件或 GIS 软件都具备图像配准功能。

　　当 shape 文件建立好之后,对图形进行分层矢量化。ArcGIS 具体操作界面如图 9-7 所示。

### 三、数据编辑和处理

　　在任何环境下,无论以何种数字化方式输入数据,都会出现误差或错误,最常见的数字化错误有碎多边形、接边问题、超出结点、不达节点和错误多边形等,这些错误需要通过编辑来修正。碎多边形(sliver polygon)的产生,形成于两个相邻多边形的边界绘制以及两个边形的叠加;线的端点不达结点(undershoot),即对于两个独立的多边形来说,在线的端点和节点之间存在着间隙,需要进行连接编辑;不正确多边形(erroneous polygon)常在节点附近形成,由于很小,所以难以查找和识别;线的端点超过了节点(overshoot),在端点附近生长出多余的小弧段;边缘匹配问题(edge matching problem)指分幅扫描图像在合成拼接时出现的边缘不匹配的情况(见图 9-8)。

　　这些错误都可以通过矢量编辑来纠正,特别是通过高级编辑来克服,高级编辑可使多边形自动封闭,并保证每个弧段的两个端点都是节点。

　　手工编辑地图大多数是在计算机图形显示器上以人机交互的方式进行的。从编辑方式上来讲,既有矢量编辑方式,也有栅格编辑方式。手工编辑的主要功能是添加、删除、移动、

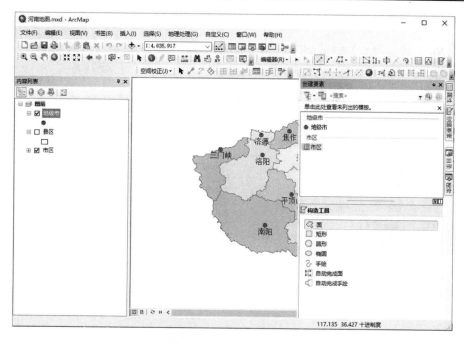

**图9-7  ArcGIS 操作界面**

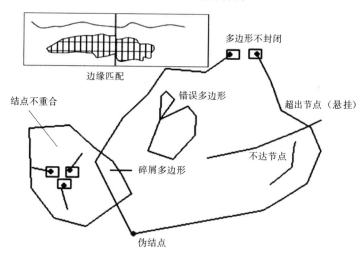

**图9-8  常见的数字化错误**

复制、旋转某些图形图像要素。在矢量方式下,地图数字化和地图编辑往往是结合在一起的。

将栅格图像矢量化之后,得到是".shp"格式的文件,当获得了文件后,就可以对它进行编辑和处理了。主要包括地图数据拓扑处理和数据转换。

## 四、地图配色处理

将矢量化后的 shape 文件,全部加入 ArcMap 中来,右键点击图层选择"属性",弹出"图层属性"对话框,在这个对话框中,选择"符号系统",可根据属性快速配色(见图9-9、图9-10)。

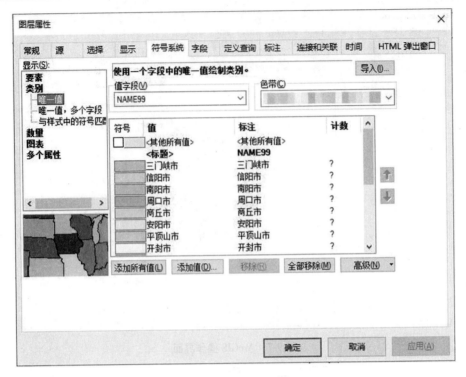

图 9-9　"图层属性"对话框

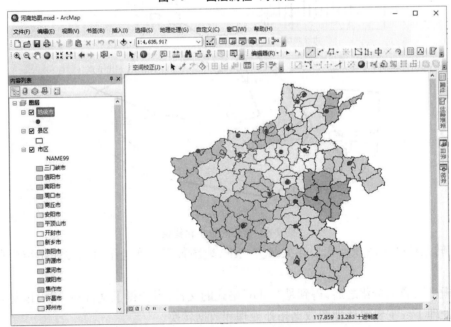

图 9-10　地图配色后结果

## 五、添加地图标注

可通过属性进行地图标注,在"图层属性"对话框中选择标注,勾选"标注此图层的要素",并选择"标注字段",对该图层进行标注,如图 9-11、图 9-12 所示。

**图 9-11 添加地图标注**

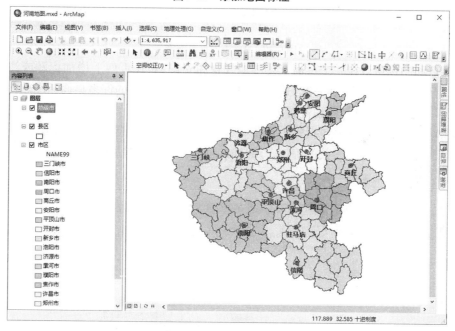

**图 9-12 地图标注后结果**

### 六、版面整饰

在地图输出之前要进行版面整饰,在 ArcMap 中进入布局视图,添加图名、图例、比例尺、指北针、坐标网格等辅助要素进行图面整饰(见图 9-13)。

### 七、地图输出

地图的信息是十分丰富的,在实践中,最终的数字地图产品不仅包括各种分层的图形要素,还可能包括与图形相关的各类统计图表、图片以及图例等,所以需要将不同的图形窗口、

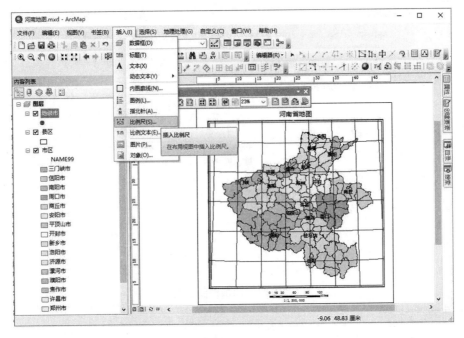

**图 9-13　ArcMap 布局视图**

统计图窗口和图例窗口在一个页面上妥善地放置和安排,并在页面上增加标题或注记之类的文字,将所有的显示联系在一起,这就是图面配置问题。现有的许多桌面制图软件都提供了对多窗口、多种图表进行图面配置的功能。

地图输出功能设计一般包括输出设备类型选择(打印机、绘图机等)、输出纸张、输出幅面、比例尺、黑白或彩色等参数的确定。ArcMap 页面和打印设置见图 9-14。

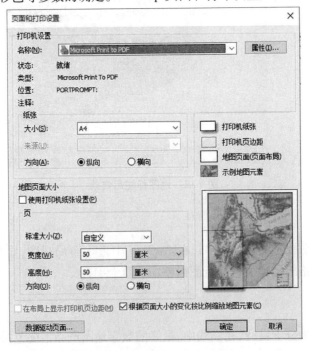

**图 9-14　ArcMap 页面和打印设置**

# 单元四　电子地图

计算机技术的产生和发展,促进了地图学的发展,使制图者逐步从传统的手工制图转到计算机辅助制图。这种转变,无论从制图理论、产品质量、生产效率还是费用等方面,对地图制图的发展都产生了巨大的影响。

20世纪90年代以来,计算机硬件和软件快速发展,特别是互联网(Internet)和万维网(World Wide Web)技术的产生和发展,又为地图制图的发展提供了新的机遇。地图制图与互联网、万维网技术的结合,万维网电子地图已成为现实。

## 一、电子地图概述

### (一)电子地图的概念

电子地图是以地图数据库为基础,以数字形式存储于计算机外存储器上,并能在电子屏幕上实时显示的可视地图(见图9-15),又称屏幕地图或瞬时地图。电子地图大多连着属性数据库,能做查询和分析。电子地图种类很多,如地形图、栅格地形图、遥感影像图、高程模型图、各种专题图等。

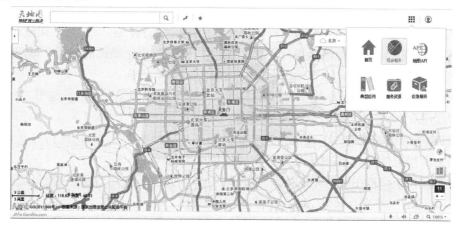

图9-15　电子地图

### (二)电子地图与数字地图的差异

数字地图是指用数字形式描述地图要素的属性、定位和关系信息的数据集合,是存储在计算机中可以识别的媒体上的一组描述地理实体的坐标和属性标识的离散数据的集合。

电子地图是以地图数据库为基础,通过一定的硬件和软件在电子屏幕上显示的可视地图,是数字地图在电子屏幕上的符号化显示。

### (三)电子地图分类

(1)按存储介质分类,分为CD-ROM电子地图、网络电子地图和PDA电子地图。

例如,网络电子地图(Webmap)是指在万维网上浏览、制作和使用的地图(见图9-16)。和一般的电子地图相比,网络地图不仅可以利用闪烁或动画等手段,实现地图表现形式的动态变化,更重要的是基于网络环境,能够使地图内容实现实时动态更新,而普通电子地图只是在原有信息基础上实现地图动态性的特点。

**图9-16　导航电子地图**

(2)按用途分类,分为导航电子地图、城市电子地图和旅游电子地图等。

例如,导航电子地图随现代交通发展和复杂的公路体系的出现应运而生。一张导航电子地图能装下全国所有大大小小的道路数据,开车时携带便携式计算机,就能随时查阅地图(见图9-16)。不过这种电子地图并不像用一张光盘替代一本地图集这么简单,它还有更多的功能,如路径选择:出发前想去哪里,先告诉电子地图,它会帮助选择出一条最快捷的路线。不一定必须知道目的地在地图上何处,只要有个地址,电子地图用地理编码技术就能自动找到目标并精确定位。还有详细的资料库能辅助决定旅行计划,如它会告知旅途中会路过哪些名胜景点。电子地图还能进行实时定位。在行进中,电子地图能接通全球定位系统,将目前所处的位置准确地显示在地图上,并指示前进路线和方向。

按数据类型分类,可分为矢量电子地图、栅格电子地图和矢栅混合电子地图。

按表达形式分类,可分为二维电子地图和三维电子地图。

**(四)电子地图的优点**

(1)多源信息的集成,并具有强大的空间信息可视化功能。

(2)交互性。在地图数据库以及系统提供的工具的支持下,用户可以进行信息的交互查询以及其他的一些交互操作,如放大、缩小、漫游等。

(3)动态性。可以采用视觉的(闪烁、颜色渐变、动态符号、运动线等)及听觉的(声音、音乐等)等多种手段动态地表达空间、时间现象。

(4)更强的适应性。传统地图的内容一经确定后就无法更改。在电子地图中,用户可以根据自己的需要,任意选取要显示的内容,同时可以自己定义可视化表达的方式。

(5)具有地理信息系统的功能。如可进行距离的量测和周长、面积的计算;查询、最优路径选取以及缓冲区分析等。

(6)易于更新。出版和发布工序简单,而且产品的运输方便容易。

## 二、电子地图的应用

电子地图是和计算机系统融为一体的,电子地图的功能和特点决定了电子地图有非常广泛的应用领域。

**(一)在地图量算和分析中的应用**

在地图上量算坐标、角度、长度、距离、面积、体积、高度、坡度、密度、梯度、强度等是地图应用中常遇到的作业内容。这些工作在纸质地图上实施时,需要使用一定的工具和手工处理方法,通常操作比较烦琐、复杂、费时,精度也不易保证。但在电子地图上,可通过直接调用相应的算法,操作简单方便,精度仅取决于地图比例尺。

生产和科研部门经常利用地图进行问题的分析研究,若利用电子地图进行,更能显示其优越性。

### (二)在规划管理中的应用

规划管理需要大量信息和数据支持,地图作为空间信息的载体和最有效的表达方式,在规划管理中是必不可少的。规划管理中使用的地图不仅能覆盖其规划管理的区域,而且应具有与使用目的相适宜的比例尺和地图投影,内容现势性强,并具有多级比例尺的专题地图。电子地图检索调阅方便,可进行定量分析,实时生成、修改或更新信息,能保证规划管理分析所用资料的现势性,利于辅助决策,完全能符合现代化规划管理对地图的要求。此外,电子地图也可作为标绘专题信息的底图,利用统计数据快速生成专题地图。

### (三)在军事指挥中的应用

在军队自动化指挥系统中,指挥员研究战场环境和下达命令将通过电子地图的系统与卫星联系,从屏幕上观察战局变化,指挥部队行动。作为现代武装力量的标志,在现代的飞机、舰船、汽车甚至作战坦克上,都装有电子地图系统,可随时将自己所在的位置实时显示在电子地图上,供驾驶人员观察、分析和操作。目前,各种军事指挥辅助决策系统中的电子地图,都具有地形显示、地形分析和军事态势标绘的功能。

### (四)城市公共设施管理

利用电子地图作为城市公共工程设施数字化信息的载体,可以提高信息的共享程度,加快数据的更新周期,从而提高城市公共工程设施管理的综合能力。比如通信网络数据由电信部门输入并管理,其他部门在施工时通过查询很快能得到电缆的分布情况,当然也能方便地了解其他公共设施的分布情况,以避免掘断光缆、凿穿煤气管道等事故的发生。通过电子地图管理城市公共设施,尤其是地下设施,可以充分考虑各种管线的相互影响,真正做到优化组合、整体布局。

### (五)在其他领域中的应用

电子地图的应用领域十分广泛,各种与空间环境有关的信息系统,都可以利用电子地图。天气预报电子地图和气象信息处理系统相连接,是表示气象信息分析处理结果的一种形式。国家防汛抗旱指挥中心使用电子地图进行防汛抗洪指挥等。此外,电子地图在农业生产、物流管理、企业营销、可持续发展等许多领域也可以大显身手,电子地图具有广阔的生存空间和发展前景。

## 单元五　地图 4D 产品的生产

美国 USGS 于 20 世纪 90 年代初开始发展以 4D 产品为代表的简化型框架数据。4D 产品以栅格数据为基本形式,兼容矢量数据,包括数字高程模型(DEM)、数字正射影像图(DOM)、数字栅格地图(DRG)和数字线划地图(DLG)。随着测绘技术和计算机技术的结合与不断发展,地图不再局限于以往的模式,现代数字地图主要由 DOM(数字正射影像图)、DEM(数字高程模型)、DRG(数字栅格地图)、DLG(数字线划地图)以及复合模式组成。

## 一、4D 产品介绍

**(一)DOM(Digital Orthophoto Map,数字正射影像图)**

数字正射影像图是利用数字高程模型对扫描处理的数字化的航空像片/遥感像片(单色／彩色),逐像元进行纠正,再按影像镶嵌,根据图幅范围剪裁生成的影像数据。一般带有千米格网、图廓内/外整饰和注记的平面图。它的信息丰富直观,具有良好的可判读性和可量测性,从中可直接提取自然地理和社会经济信息,见图9-17。

图 9-17　DOM(数字正射影像图)

**(二)DEM(Digital Elevation Model,数字高程模型)**

数字高程模型是在高斯投影平面上规则格网点或三角网点平面坐标$(X,Y)$及其高程$(Z)$的数据集(见图9-18)。DEM 的水平间隔可随地貌类型不同而改变。根据不同的高程精度,可分为不同等级产品。可制作透视图、断面图,进行工程土石方计算、表面覆盖面积统计,用于与高程有关的地貌形态分析、通视条件分析、洪水淹没区分析。

图 9-18　DEM(数字高程模型)

**(三)DRG(Digital Raster Graphic,数字栅格地图)**

数字栅格地形图是纸质地形图的数字化产品。每幅图经扫描、纠正、图像处理及数据压缩处理后,形成在内容、几何精度和色彩上与地形图保持一致的栅格文件。可作为背景与其他空间信息相关,用于数据采集、评价与更新,与 DOM、DEM 集成派生出新的可视信息(见图9-19)。

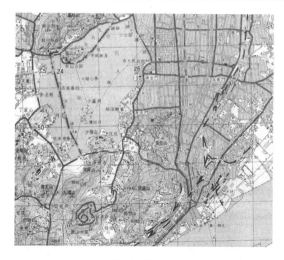

图9-19　DRG（数字栅格地图）

### （四）DLG（数字线划地图）

数字线划地图是现有地形图上基础地理要素的矢量数据集，且保存要素间空间关系和相关的属性信息。图9-20所示数字线划地图既包括空间信息，也包括属性信息，可用于建设规划、资源管理、投资环境分析等各个方面以及作为人口、资源、环境、交通、治安等各专业信息系统的空间定位基础。

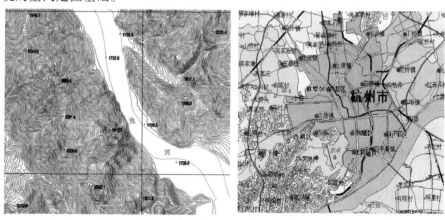

图9-20　DLG（数字线划地图）

## 二、4D产品的生产

利用不同的设备和根据对产品质量不同的要求，可采用不同的生产流程制作4D产品。

### （一）DOM的生产流程

不论用什么设备或方法，实际作业时，一幅正射影像图往往由多张像片拼接而成，受制作正射影像图过程中定向及DEM残差的影响，在拼接时两片之间会出现几何错开现象，同时由于像片摄影时间、地面照度、太阳高度角及冲洗等因素的影响，也有可能出现影像色调突变情况，故在拼接时，需进行局部的几何改正和色调调整。图9-21、图9-22为DOM的生产流程。

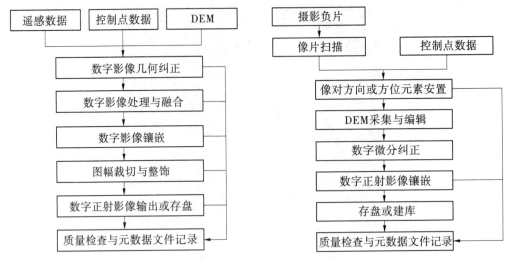

图 9-21　遥感影像生产 DOM 作业流程　　　图 9-22　全数字摄影测量生产 DOM 作业流程

### (二) DEM 主要生产流程

利用不同的设备和对产品质量不同的要求,DEM 可以采用不同的生产流程。

#### 1. 扫描矢量等高线内插方法

多年来,我们已经生产了大量的各种比例尺的地形图,对这些图纸进行扫描,先做矢量化得到矢量化等高线,再内插成为 DEM,生产流程见图 9-23。这种方法不需要投入大量设备,可按工程的规模实时组织进行,是目前生成 DEM 的主要方法之一。

#### 2. 解析摄影测量方法

目前,许多单位有大量的解析测图仪或经过数字化改造后的精密立体测图仪。它有两种作业模式:一种是作业员直接测定标准网格点得到 DEM;另一种是作业员先测绘等高线和地形特征点线,再内插获取 DEM。

#### 3. 全数字化摄影测量方法

利用 PC 机和数字摄影测量软件,能高效快速地生产 DEM,生产流程见图 9-24。通过人工干预或编辑,可以提高 DEM 的精度。事实上,这时的 DEM 是数字正射影像生产过程中的副产品。因为目前全数字化摄影测量方法是数字正射影像生产的一种主要方法,而生产数字正射影像必须要先生成 DEM。

### (三) DRG 的制作过程及技术方法

数字栅格地图是纸质地形图经扫描和处理形成的栅格数据集。一张纸质地形图,通过扫描仪的 CCD 线阵传感器对图形进行扫描分割,生成二维阵列像元,同时对每一像元的灰度进行量化,再经图像处理、图幅定向和几何纠正而形成一幅可由计算机处理的数字栅格地图。DRG 生产工艺流程见图 9-25。

DRG 制作的主要技术方法如下:

(1)图形扫描。按照栅格分割量化,生成原始的数据。

(2)图幅定向坐标转换。把栅格图像数据由扫描仪坐标变换成高斯投影平面直角坐标。

(3)几何纠正。消除图纸及扫描时所产生的几何畸变。

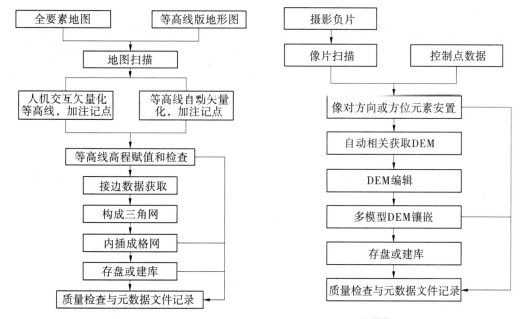

**图 9-23　扫描等高线内插生产 DEM 工作流程**　　　**图 9-24　全数字摄影测量生产 DEM 作业流程**

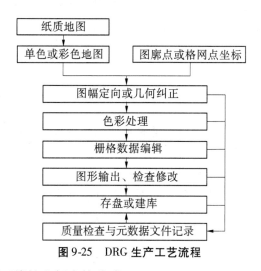

**图 9-25　DRG 生产工艺流程**

几何校正一般采用双线性坐标变换公式：

$$X = a_0 + a_1 x + a_2 y + a_3 xy$$
$$Y = b_0 + b_1 x + b_2 y + b_3 xy$$

通过一个千米格网(或一幅图)的 4 个角点定向,唯一地确定了双线性多项式系数,无多余观测,故相邻格网单元公共边的线性要素总是连续的,不会产生错位或裂缝。

(4)图像处理。用图像处理工具软件进行栅格数据编辑,对彩色图像进行色彩校正(亦可对单色图按要素人工赋色)。

(5)数据压缩。栅格数据比较大,所以 DRG 最终产品要经 LZW 压缩存储。

**(四)DLG 制作的技术方法**

DLG 制作主要包括数据采集和图形编辑两个部分。它们所用到的主要技术如下。

1. 数据采集

DLG 数据采集按具体规范要求对地理要素进行分类采集并赋予指定代码等属性。

（1）地形图扫描数字化方法。人机交互，对所提取的基础地理要素分层分类矢量化。

（2）数字摄影测量方法。必须配备 X、Y、Z 输入装置和立体观察装置。采用数字摄影测量工作站。定向后，人工三维跟踪基础地理要素分层分类数字化，并赋予代码等属性。

解析或机助数字化测量。按常规方法步骤分层分类数字化采集基础地理要素。

2. 图形编辑

选择合适的计算机图形编辑软件，按 GIS 的要求对所采集的基础地理要素进行点、线、面几何特征、拓扑关系和属性的编辑，并检查和修改。图形编辑后，应将 DLG 要素符号化，输出其模拟产品。

# 小　结

在先进技术应用飞速发展的年代，地图制图学先进的理论及其对实践的指导必须跟上时代发展的步伐。数据采集应该更具多样化，结合传统方法和现代方法，更新和丰富地图数据库及地图产品。本项目阐述了数字地图制图概念、原理、特点、基本过程等，描述了地图数据机构及地图数据库的概念。通过对数字地图制图基本流程的阐述，让我们了解到数字地图制图的方法、步骤。最后，对电子地图的概念和应用，以及地图 4D 产品的生产做了简要介绍。

# 复习思考题

1. 什么是计算机地图制作？简述计算机地图制作的基本过程。

2. 什么是数字地图？其特点有哪些？

3. 什么是地图数据？其基本组成有哪些？

4. 电子地图的数据来源有哪些？包括哪几种数据采集方法？

5. 什么是电子地图？其主要功能有哪些？它与数字地图有什么不同？

6. 简述地图 4D 产品的概念和生产过程。

【技能训练】

# 训练十一　图像/地图的配准

## 一、实验目的

任何一幅地图都有其特定的坐标体系，在不同的坐标系下做出来的地图是不相同的。配准的目的就是选择一种投影，并确定栅格图像在这一投影上的坐标体系。通过对图像的镶嵌配准，掌握栅格地图配准的两种方法。

## 二、实验任务

掌握栅格地图配准的方法。

## 三、实验内容

在利用 ArcGIS 进行数字化，或者把栅格图像加载到已有坐标系的地图中时，首先的工作就是进行地图的空间配准。

对栅格图像进行配准时，可以用 Georeferencing 工具。

（1）利用 Georeferencing 工具配准栅格图像。

在 ArcMap 里加载一幅栅格图，可以是照片或者是扫描图片。如果在工具栏里没有显示 Georeferencing 工具条，则在工具栏处右击，点中 Georeferencing。在加载了栅格图后，Georeferencing 工具条被激活。如果加载了多幅图片，则在 layer 处选择要进行配准的图像。

（2）在校正中我们需要知道一些特殊点的坐标。特殊点一般是作为参考地图中多年或变化不大的坐标点，比如千米网格的交点、路口、河流交汇处、标志性建筑等。我们可以从图中均匀地取几个点。

（3）点击 Georeferencing 工具条里的 Georeferencing，取消 auto adjust 选项。可以在 Transformation 里选择进行空间变换时所采用的方法。

（4）在 Georeferencing 工具条里点击 add control point 命令添加控制点。利用 Georeferencing 进行空间配准的原理即为栅格图上的特定点输入新的正确坐标。此时点击某一点后可以有两种方式设置新的坐标：

①点击某一点后，直接移动位置，在新的要配准的点上再次点击，则在两点之间建立连接。

②点击某一点后，再用鼠标右键点击它，在弹出的对话框里，点击输入 $X$、$Y$ 值，然后可直接输入此点的绝对坐标。

（5）为了使空间配准后的结果尽量精确，可多设几个控制点（尽量围绕关注的地方平均设置）。在设置好以后，可以点击 Georeferencing 工具条里的 auto adjust 或者 update-display 进行配准。更新后，就变成真实的坐标。此时可以看到配准的结果。如果不满意，还可以对局部控制点进行调整，点击后直接手动调整即可。

（6）完成配准后利用 Georeferencing 工具条中的 update Georeferencing 或者 rectify 命令保存配准结果。前者是生成一个 jgw 的文件来存放配准后的坐标信息，而 rectify 命令则是另存一个配准后的图像文件。

# 项目十　3S 与地图

## 项目概述

　　3S 即 GNSS、RS、GIS,是测绘学的新技术。GNSS 是全球卫星导航系统,RS 是遥感(即通过电磁波判读和分析地表目标),GIS 是地理信息系统,是在计算机和硬件支持下,把各种地理信息按照空间分布和属性以一定的格式输入、存储、检索、更新、显示、制图和综合分析应用的技术系统。现代 GIS 正抛弃传统地图制图中不合理的成分,在保证地理分析质量的前提下提高地图制图的效果,以确保地理信息表达的协调、统一。遥感技术的利用促进环境信息采集手段的革新,从而出现了遥感制图。此外,遥感技术与计算机技术结合,使遥感制图从目视解释走向计算机化的轨道,并为地图更新、研究环境因素随时间变化情况提供了技术支持。GNSS 为地图建立了世界大地坐标系,精化了地球形状,为地图制图提供了精确的定位信息。

## 学习目标

◆知识目标

1. 了解常见的 GIS 软件。

2. 掌握 GIS 制图的基本过程。

3. 了解遥感地图的概念和制作方法及 GNSS 在地图中的应用。

◆技能目标

1. 知道 GIS 制图的方法。

2. 知道遥感地图的制作方法。

3. 清楚 GNSS 在地图制图中的应用。

## 【导入】

　　"3S"是一个动态的、可视的、不断更新的、通过计算机网络能够传输的、三维立体的、不同地域和层次都可以使用的"活"的系统。遥感技术(RS)、地理信息系统(GIS)、全球卫星导航系统(GNSS),它们在 3S 体系中各自充当着不同的角色,遥感技术是信息采集(提取)的主力,全球定位系统是对遥感图像(像片)及从中提取的信息进行定位,赋予坐标,使其能和"电子地图"进行套合;地理信息系统是信息的"大管家"。这三者有机组合,对地图制图技术发展起着巨大的推动作用。

# 单元一 GIS 与地图

## 一、常见的几种 GIS 软件简介

### (一) ArcGIS

ArcGIS 是 ESRI 开发的 GIS 软件,是目前最流行的地理信息系统平台软件之一,主要用于创建和使用地图,编辑和管理地理数据,分析、共享和显示地理信息,并在一系列应用中使用地图和地理信息。通过 ArcGIS,不同用户可以使用 ArcGIS 桌面、浏览器、移动设备和 Web 应用程序接口与 GIS 系统进行交互,从而访问和使用在线 GIS 和地图服务。ArcGIS 体系结构如图 10-1 所示。

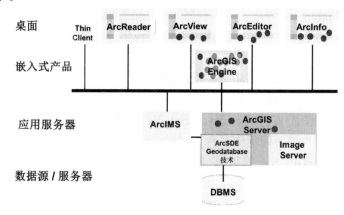

**图 10-1 ArcGIS 体系结构**

1. Desktop GIS

Desktop GIS 包含 ArcMap、ArcCatalog、ArcToobox,以及 ArcGlobe 等用户界面组件,其功能可分为三个级别:ArcView、ArcEdior 和 ArcInfo。ArcReader 是一个免费的浏览器组件。其中,ArcView、ArcEditor 和 ArcInfo 是三个不同的桌面软件系统,共用通用的结构、通用的编码基础、通用的扩展模块和统一的开发环境,功能由简单到复杂。

2. Server GIS

ArcGIS 包括三种服务端产品:ArcSDE、ArcIMS 和 ArcGIS Server。

ArcSDE 是管理地理信息的高级空间数据服务器。ArcIMS 是一个可伸缩的,通过开放的 Internet 协议进行 GIS 地图、数据和元数据发布的地图服务器。ArcGIS Server 是应用服务器,用于构建中式的企业 GIS 应用,基于 SOAP 的 Web serveices 和 Web 应用,包括在企业和 Web 构架上建设服务端 GIS 应用的共性 GIS 软件对象库。

3. Embedded GIS

在嵌入式 GIS 支持方面,ArcGIS 提供了 ArcGIS Engine,是应用于 ArcGIS Desktop 应用框架之外的嵌入式 ArcGIS 组件。在使用 ArcGIS Engine 时,开发者可在 C + +、COM、.NET 和 Java 环境中使用简单的接口获取任意 GIS 功能的组合来构建专门的 GIS 应用解决方案。

4. Mobile GIS

在移动 GIS 方面,ArcGIS 提供了实现简单 GIS 操作的 ArcPad 和实现高级 GIS 复杂操作的 Mobile ArcGIS Desktop System。ArcPad 是 ArcGIS 为实现简单的移动 GIS 和野外计算提供解决方案;ArcGIS Desktop 和 ArcGIS Engine 集中组建的 Mobile ArcGIS Desktop Systems,一般在高端平板电脑上执行 GIS 分析决策的野外工作任务。

5. Geodatabase

Geodatabase 是 geographic database 的缩写,是一种在专题图层和空间表达中组织 GIS 数据的核心地理信息模型,是一套获取和管理 GIS 数据的全面的应用逻辑和工具。

不管是客户端的应用、服务配置,还是嵌入式的定制开发,都可以运用 Geodatabase 的应用逻辑。Geodatabase 还是一个基于 GIS 和 DBMS 标准的无理数据存储库,可以应用于客户访问、个人 DBMS 及 XML 等情形。Geodatabase 被设计成一个开放的、简单几何图形的存储模型。Geodatabase 对众多的存储机制开放,如 DBMS 存储、文件存储或者 XML 方法存储之类,并不局限于某个 DBMS 的供应商。

6. ArcGIS Online

ArcGIS Online 是全球唯一的"云架构"GIS 平台,集中了所有 ArcGIS 的在线资源。它的主要资源有以下四个。

(1)ArcGIS Online 地图服务:各种类型的底图、专题图。

(2)ArcGIS Online 任务服务:网络上发布的 Geoprocessing(GP)服务。

(3)ArcGIS 网络地图:支持 Flex、JavaScript、Microsoft Silverlight 的开发环境。

(4)地图社区:用户的协同工作平台。

这些资源通过 ArcGIS.com 获得,它是实现用户协同工作的网络门户,是 Online 资源对外的展示窗口。

(二)MAPGIS

MAPGIS 地理信息系统是中国地质大学信息工程学院开发的工具型地理信息系统软件。该软件产品在由国家科技部组织的国产地理信息系统软件测评中连续三年均名列前茅,是国家科技部向全国推荐的唯一国产地理信息系统软件平台。以该软件为平台,开发出了用于城市规划、通信管网及配线、城镇供水、城镇煤气、综合管网、电力配网、地籍管理、土地详查、GNSS 导航与监控、作战指挥、公安报警、环保监测、大众地理信息制作等一系列应用系统。

MAPCAD 彩色地图编辑出版系统的功能系统有数字化仪输入、GNSS 输入、大比例尺数字测图、强大实用的图形编辑、误差校正、自动的拓扑处理、海量图库管理、图库操作、图幅接边、图幅提取、数据更新、支持各种型号的矢量输出设备和不同型号的打印机。

1. MAPGIS 系统的总体结构

MAPGIS 是具有国际先进水平的完整的地理信息系统,它分为"输入""图形编辑""库管理""空间分析""输出"以及"实用服务"六大部分,如图10-2所示。根据地学信息来源多种多样、数据类型多、信息量庞大的特点,该系统采用矢量和栅格数据混合的结构,力求矢量数据和栅格数据形成一整体的同时,又考虑栅格数据既可以和矢量数据相对独立存在,又可以作为矢量数据的属性,以满足不同问题对矢量、栅格数据的不同需要。

2. MAPGIS 的主要功能

1)数据输入

在建立数据库时,我们需要将各种类型的空间数据转换为数字数据,数据输入是 GIS 的

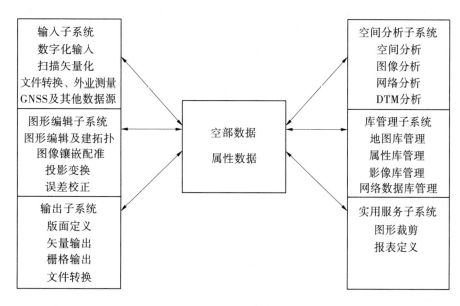

**图 10-2 MAPGIS 系统的总体结构**

关键之一。MAPGIS 提供的数据输入有数字化仪输入、扫描矢量化输入、GNSS 输入和其他数据源的直接转换。

2）数据处理

输入计算机后的数据及分析、统计等生成的数据在入库、输出的过程中常常要进行数据校正、编辑、图形整饰、误差消除、坐标变换等工作。MAPGIS 通过图形编辑子系统及投影变换、误差校正等系统来完成。

3）数据库管理

MAPGIS 数据库管理分为网络数据库管理、地图库管理、属性库管理和影像库管理四个子系统。

4）空间分析

地理信息系统与机助制图的重要区别就是它具备对中间数据和非空间数据进行分析和查询的功能，它包括矢量空间分析、数字高程模型（DTM）、网络分析、图像分析、电子沙盘五个子系统。

5）数据的输出

如何将 GIS 的各种成果变成产品供各种用途的需要，或与其他系统进行交换，是 GIS 中不可缺少的一部分。GIS 的输出产品是指经系统处理分析，可以直接提供给用户使用的各种地图、图表、图像、数据报表或文字报告。MAPGIS 的数据输出可通过输出子系统、电子表定义输出系统来实现文本、图形、图像、报表等的输出。

二、GIS 制图

数字地图制图与地理信息系统从它们的形成开始一直到发展至今，都是紧密联系在一起的，它们的主要区别在于最终的目的不同：数字地图制图的目的是快速、精确地编制高质量的地图；地理信息系统的目的是为地理研究和地理决策提供服务。从使用的角度看，完善

的地理信息系统可以替代地图且更加方便和实用,因此完善的地理信息系统包含了数字地图制图的功能。此外,还应该具有丰富的空间分析能力。

### (一)GIS 制图(计算机地图制图)的概念

地图制图学是研究地图编制及其应用的一门学科。作为一门技术性学科,随着现代信息科学及计算机技术的发展,它正在向计算机地图制图方向发展。

计算机地图制图又称机助地图制图或数字地图制图,它是以传统的地图制图原理为基础,以计算机及其外围设备为工具,采用数据库技术和图形数据处理方法,实现地图信息的采集、存储、处理、显示和绘图的应用科学。

### (二)GIS 制图(计算机地图制图)的基本过程

计算机地图制图的过程,随着软件、硬件的进步会不断变化,目前分为四个阶段。

#### 1. 地图设计

根据对地图的要求收集资料,确定地图投影和比例尺,选择地图内容和表示方法、图面整饰和色彩设计,确定使用的软件和数字化方法,最后成果是地图设计书。地图设计阶段也称为编辑准备。

#### 2. 数据采集

地图数据的采集包括图形数据、属性数据及关系信息等的采集。采集后的地图数据必须按一定的数据结构进行存储和组织,建立有关的数据文件或地图数据库,以便后续的数据处理和图形输出。

计算机地图制图的主要数据源是地图及有关的地图数据。另外,遥感像片、影像数据、野外测量、地理调查资料和统计资料也可作为数据源。其中,地图的图形以及图像资料必须通过某种图—数转换装置转换成数字,以便计算机识别和处理,该过程又叫数字化。

地图资料通常可以用手扶跟踪数字化仪,按一定的规则和编码系统进行数字化,也可以用扫描数字化仪进行图—数转换,还可以在扫描数字化的基础上进行屏幕跟踪数字化。图像资料常用扫描数字化仪进行图—数转换,也可进一步在此基础上进行屏幕跟踪数字化。

#### 3. 数据处理

数据处理阶段是指在计算机地图制图过程中,在数据采集后、图形输出前对地图数据进行各种处理的阶段。数据处理既可采用人机交互的处理方式,也可采用批处理方式,工作主要在某种编辑系统或相应软件中进行。

数据处理的主要内容有地图数据的预处理、地图投影变换、地图编辑、制图综合及地图数据的符号化。

#### 4. 数据输出

数据输出是计算机地图制图过程的最后一个阶段。地图数据处理阶段得到的结果一般是绘图数据文件,数据输出的形式有两类:一类为图形方式,又可分为屏幕显示方式和绘图机绘图;另一类即数据文件本身。

数据输出时,应根据地图数据的格式、目的和用途选择屏幕显示、矢量绘图机、栅格绘图机和适当的存储介质。

### (三)GIS 应用对地图的作用

地理信息系统是在地图数据库基础上发展起来的多维信息系统。地图是地理信息系统的基础信息源。地理信息系统的发展离不开地图,而地理信息系统技术的应用,促进了地图学和地图制图的许多传统观念和做法的改变,使地图学正面临着从概念设计、工艺程序到实际应用的根本性变革,表现在以下几个方面:

(1)解决了地图数据的存储和可视化的矛盾。

(2)解决了大容量数据与高速查询之间的矛盾。

(3)大大提高了地图分析的灵活性,缩短了地图更新的周期。

(4)扩大了地图的应用范围及研究领域。

# 单元二　RS 与地图

## 一、遥感影像地图及其编制

### (一)遥感影像地图

遥感影像地图是一种以遥感影像和一定的地图符号来表现制图对象地理空间分布和环境状况的地图。按内容表现分为普通影像地图和专题影像地图。普通遥感影像地图是在遥感影像中综合、均衡、全面地反映一定制图区域内的自然要素和社会经济内容。专题遥感影像地图是在遥感影像中突出而较完备地表示一种或几种自然要素或社会经济要素。

遥感影像地图的主要特征包括:

(1)丰富的信息量。

(2)直观形象性。

(3)具有一定数学基础。

(4)现势性强。

主要发展趋势是电子影像地图、多媒体影像地图和立体全息影像地图。

### (二)计算机辅助遥感制图

计算机辅助遥感制图是在计算机系统支持下,根据地图制图原理,应用数字图像处理技术和数字地图编辑加工技术,实现遥感影像地图制作和成果表现的技术方法。

计算机辅助遥感制图的基本过程和方法如下。

1.遥感影像信息选取与数字化

根据影像制图要求,选取合适时像、恰当波段与指定地区的遥感图像,对航空像片或影像胶片需要数字化。

2.地理基础底图的选取与数字化

(1)底图数字化前的准备工作。

图面质量检查主要从地图的变形情况和图面的清晰程度两个方面进行。

多幅相邻底图内容检查:包括多幅相邻地理底图的成图时间,相邻图上的内容是否衔接,本幅地理底图和相邻地理底图之间的同一要素拼接是否完整。

图面要素分类编码:指对图面上各种要素按照数字化信息分类编码原则进行分类编码,即把图面上的所有要素赋予相应的数字化码。

(2)底图数字化。

3.遥感影像几何纠正与图像处理

几何纠正的目的是提高遥感影像与地理基础底图的复合精度,图像处理的目的是消除

影像噪声,去除少量云朵,增强影像中的专题内容。

**4.遥感影像镶嵌与地理基础底图拼接**

1)遥感影像镶嵌

镶嵌的第一种情况是把左右相邻的两幅或两幅以上的图像准确地拼接在一起,另一种情况是把一幅小图像准确地嵌入另一幅图像中。

影像镶嵌的原则包括:

第一,镶嵌时,要注意使镶嵌的影像投影相同、比例尺一致,有足够的重叠区域。

第二,图像的时像应保持基本一致,尤其季节差不宜过大。

第三,多幅图像镶嵌时,应以最中间一幅图像为基准,进行几何拼接和灰度平衡,以减少累积误差。

第四,镶嵌结果在整体质量满足要求,但局部的几何和灰度误差不符合要求时,应对图像局部区域进行二次几何校正和灰度调整。

2)地理基础底图拼接

多幅地理基础底图拼接可以利用 GIS 提供的地图拼接功能进行,依次利用两张底图相邻的四周角点地理坐标进行拼接,将多幅地理基础底图拼接成一幅信息完整、比例尺统一的制图区域底图。

**5.地理基础底图与遥感影像复合**

地理基础底图与遥感影像复合是将同一区域的图像与图形准确套合,但它们在数据库中仍然是以不同数据层的形式存在的。

**6.符号注记图层生成**

符号可以突出的表现制图区域一种或几种自然要素或社会经济要素。

注记是对某种属性的补充说明。

**7.影像地图图面配置**

图面配置的内容包括:

(1)影像地图放置的位置。一般将影像地图放在图的中心区域,以便突出与醒目。

(2)添加影像标题。影像标题是对制图区域与影像特征的说明,通常放在影像图上方或左侧。

(3)配置图例。为便于阅读遥感影像,需要增加图例来说明每种专题内容,一般放在影像地图中的右侧或下部位置。

(4)配置参考图。参考图可以对影像图起到补充或者说明作用,可以放在图的四周任意位置。

(5)放置比例尺。影像地图上某线段的长度与实地相应线段的水平长度之比称为比例尺,比例尺一般放在影像图下部右侧。

(6)配置指北箭头。指北箭头可以说明方向,一般放在影像图右侧。

(7)图幅边框生成。是对影像区域的界定,可以根据需要指定图幅边框线与边框颜色。

**8.遥感影像地图制作与印刷**

完成以上七步所列出的各项工作后,就可以生成数字影像地图原图。然后就可以进行遥感影像地图制作与印刷。

## 二、遥感专题地图制作

### (一) 概述

从遥感影像产生专题地图,分为目视解译的专题制图和数字图像处理的专题制图两种方案。

1. 目视解译的专题制图

(1)影像预处理。包括图像校正、图像增强,有时还需要实验室提供监督或非监督分类图像。

(2)目视解译。经过建立影像判读标志,野外判读,室内解译,得到绘有图斑的专题解译原图。

(3)地图概括。按比例尺及分类的要求,进行专题解译原图(图斑)的概括。

(4)地图整饰。在转绘完专题图斑的地理底图上进行专题地图整饰工作。

2. 数字图像处理的专题制图

(1)影像预处理:同目视解译类似。

(2)按专题要求进行影像分类。

(3)专题类别的地图概括:包括在预处理中消除影像的孤立点(噪声点),依成图比例尺对图斑尺寸的限制进行栅格影像的概括。

(4)图斑的栅格/矢量变换。

(5)与地理底图叠加,生成专题地图。

### (二) 图像分类

提高计算机遥感数据的专题分类精度,是遥感制图研究的主要问题之一。属于图像增强的有主成分变换、缨帽变换,属于图像分类的有最大似然判别、最小距离判别等方法。近年对基于知识的图像分类方法有较多的研究。

1. 统计模式识别

(1)主成分变换。

(2)缨帽变换。

(3)最大似然判别。

(4)最小距离判别。

2. 以地学知识及专家系统为基础的识别

(1)知识获取。

(2)整理数据流。

(3)建立知识库。

(4)进行知识的影像分类。

### (三) 图斑的地图概括

1. 图斑概括的实质

以图 10-3 为例,当影像的分类结果为林地、高粱地和玉米地后,比例尺的变更往往需要对高粱地进行合并。但计算机的自动概括可能因高粱地与林地有 4 个邻边而将其合并到林地中。

在图 10-4 中又出现另一种情况,在计算机按顺序自上而下判别图斑的属性时,设灌丛草地和农田的图斑尺寸均小于阈值。这时概括的可能结果是将灌丛草地合并到农田中,从而使图斑满足阈限而被保留为农田,这显然是不合理的。因此,图斑的概括需要合理地解决图斑的合并问题。

图 10-3　合并的选择图

图 10-4　图斑的顺序合并

2. 图斑概括需考虑的问题

(1)遥感数据的特性,如传感器的空间分辨率常决定它能否满足专题地图比例尺的要求。

(2)根据专题地图的用途、区域特点和比例尺,确定专题图斑选取的尺寸(阈值)。

(3)根据专题知识的需要,确定舍去的图斑应如何合并,如何进行概括的表示。

3. 图斑概括的过程

图斑概括的过程如图 10-5 所示。

4. 概括的框架结构和实例

组织图斑进行概括的文本编辑器是基于知识的框架结构。通过计算机运算,已进行图斑概括的专题分类图便可以产生,如图 10-6 所示。

**(四)图斑边界的矢量化**

遥感影像经过概括后,虽然具备了专题图的内容和特征,但仍是以栅格形式记录的。因此,从栅格数据转换为矢量数据是遥感图像专题制图的重要步骤。

栅格边界转为矢量化可分四个过程:

(1)勾边。在一个图斑内部,像元的亮度值是相等的。两个不同的图斑之间,在边界上的亮度值是不等的。这就为提取边界创造了条件。

(2)细化。经过勾边处理的图像,在一些拐点,边界线的宽度可能为两个像元,细化的目的是用模板法对其进行整理,将不需要保留的点,令其等于背景值,由此形成单一像元的栅格边线。

(3)找节点。经细化后,边界像元成为纵横交错的网络,所以要寻找出节点,这是为下一步跟踪边界并转为矢量做准备。若边界点 $P$ 周围的 8 个邻点中 3 个以上为边界点,则 $P$ 点便是节点。因此,这些节点的坐标可被记录下来。

(4)转矢量。是指搜索边界,并将栅格格式的边界转为以矢量格式的过程。

图 10-7 是经过细化的栅格转化为矢量的图斑界线。图 10-8 是经过上述四个步骤,并将背景值合并后的矢量图形。

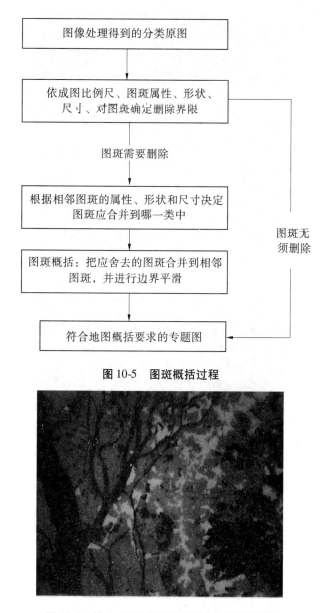

图 10-5　图斑概括过程

图 10-6　按 1∶10 万成图进行图斑概括的结果

## 单元三　GNSS 与地图

　　全球卫星导航系统(GNSS)作为一种新型的定位数据的采集和更新手段,具有高精度、高效益、全天候、低成本、高灵活性、实时性等优势,因此在地图制图中具有重要的应用价值。

　　GNSS 在地图中的应用常分为两种情况:一是直接用 GNSS 技术对地图的空间数据做实时更新与采集;二是把 GNSS 接收机的实时差分定位技术与电子地图相结合,组合成各种电子导航系统。另外,GNSS 还可以为地图中空间数据的采集提供辅助的定位数据,可大大提高成果数据的精度和应用范围,例如在航空摄影测量和遥感中应用 GNSS 技术。

图 10-7　经过细化的栅格转化为矢量的图斑界线

图 10-8　图像矢量化的结果

## 一、地图空间基础数据的采集

这种数据一般包括应用 GNSS 技术所建立的大地测量控制网和水准模型等数据。这些数据所体现的大地模型是地图所有空间数据赖以存在的空间基准,它一经建立就会保持相当长时间的稳定,可保持几十年甚至上百年。目前,应用 GNSS 系统的静态或快速静态观测模式,可建立各种等级的测量控制网。GNSS 技术的应用,使各等级的测量控制网的布设在精度、速度和成本等方面得到了极大的改善。

## 二、地形数据的局部修测

地形数据是地图数据的基础部分,这些数据在总体上是比较稳定的,整体数据的更新时间比较长,但局部的修测和补充往往比较频繁,否则数据的现势性和应用价值就会降低。利用 GNSS 来进行这方面的工作,具有明显的优越性。传统的地形测量方法,必须遵循先逐级布设控制,然后进行碎部测量的操作程序,并且要按照所布设的图根点逐一设站,每站测量的地形范围都是有限的,所以工作效率和成图精度都受到了很大的限制。而利用 GNSS 的 RTK 定位技术进行野外作业时,流动站(工作站)与参考站之间的距离可达 10 ~ 20 km,所以流动站可在参考站周围 10 ~ 20 km 的范围内机动灵活地采集数据,不受视距长度和地形条件的限制,大大提高了工作效率。RTK 定位技术本身的精度可达到厘米级,由于没有其他的中间环节,所以成图的精度也是很高的,碎部点点位数据信息的采集精度将优于 0.1 m。

### 三、公路数据的采集与更新

在地图中,有关公路尤其是高等级公路的数据,包括公路横断面和纵断面以及中心线等数据。GNSS 技术非常适合于公路信息的采集工作。横断面数据的采集以利用 GNSS 的准动态观测模式为宜。横断面测量一般每隔一定的间隔采集一个数据面。公路纵断面数据信息的采集,可利用动态 GNSS 定位技术。采集公路纵断面数据信息时,一般沿公路的左边线、右边线和中心线连续地采集断面点的坐标信息。如果应用传统的采集方法,需沿着公路断面线每隔 20 m 采测一个点。与之相比,动态 GNSS 定位技术的一个明显的优势是它能以更高的采样密度采集断面点的平面坐标和高程信息,从而可以获得更为逼真的公路断面图。

### 四、边界数据的采集与更新

在各种境界测量中,GNSS 定位技术同样能显示其优越性。如在县界测量中,边界点有很多都位于很偏僻的地区,距离已知的控制点很远,但是边界点的分布都比较密集且呈线状分布,此时根据边长的长短情况,可灵活运用 GNSS 的静态和快速静态观测模式。一般先沿着边界的走向,利用静态观测模式每 20 km 左右布设一个控制点,然后以这些控制点为参考站,利用快速静态模式,对其周围方圆 20 km 范围内的边界点逐一测量,可极大地提高边界测量的精度和工作效率。

### 五、周期性数据的采集

周期性数据主要是指在地震和变形监测等领域采集的周期性数据,这些数据的特点是更新速度快而且新旧数据间要相互比较。在普通的形变监测中,因为基线长度比较短,所以一般采用快速静态观测模式。普通的快速静态测量的精度为 5 ~ 10 mm,这还不能满足形变监测的要求。为了满足形变监测 1 ~ 2 mm 的测量精度,必须采取一些特殊的措施,如强制归心、传感器定向和选择多卫星状态等。由于 GNSS 测量具有全天候的特点,使其在某些形变监测中,一旦汛期来临,监测的频率必然提高。但是,由于汛期的雨水不断,传统的光电测量难以进行,如果采用 GNSS 技术,只要不是雷雨天气,采取一些简单的防雨措施就可以全天候频繁地工作。

### 六、GNSS 为地图提供实时定位信息

由于 GNSS 可以提供实时的定位信息,因此当把 GNSS 与地图连接起来后,用户可以很快地在电子地图上找到自己的位置。因此,GNSS 在旅游、探险、航行、军事等领域均有广泛的应用,如用于车、船的定位和自动驾驶等。

# ■ 小　结

　　3S 技术是空间技术、传感器技术、卫星定位与导航技术和计算机技术、通信技术相结合，多学科高度集成的对空间信息进行采集、处理、管理、分析、表达、传播和应用的现代信息技术。首先，通过 ArcGIS 等常见 GIS 软件的介绍，让我们了解到了 GIS 同地图制图的关系，并全面阐述了 GIS 地图制图的概念和基本过程。其次，介绍了遥感影像地图的概念和编制过程，并讲述了遥感专题地图编制的方法。最后，通过实例介绍了 GNSS 在地图制图中的应用情况。

# ■ 复习思考题

　　1.什么是遥感影像地图？它的分类及主要特征是什么？
　　2.简述遥感专题地图制作的过程。
　　3.简述 GIS 制图的概念及制图的基本过程。
　　4.GIS 应用对地图的作用有哪些？
　　5.简述 GNSS 在地图中的应用，并举例说明。
　　6.简述计算机辅助遥感制图的基本过程和方法。

【技能训练】

# ■ 训练十二　遥感制图

## 一、实验目的

掌握利用遥感影像制作专题地图的方法。

## 二、实验任务

实验任务包括资料选择、遥感图像处理与解译、制作专题地图。

## 三、实验内容

　　随着计算机技术和遥感技术的发展，利用遥感图像编制专题地图已得到了广泛的应用，所编地图的内容日益丰富多彩，涉及的应用领域越来越多，形式也多种多样，并且随着多光谱信息和成像光谱技术的应用，专题地图的编制向着高精度和更大比例尺方向发展。

　　根据不同的编图目的、用途、资料收集情况、设备条件等，可以采用不同的地图编制方法，但编图的主要步骤是相同的。现以编制土地利用图为例进行说明，整个编图过程分为以下步骤。

### （一）地图的总体设计

地图总体设计的主要内容包括确定制图区域、确定地图比例尺、选定地图投影和分幅范围。

**(二)资料收集和分析**

选取较新的陆地卫星图像,收集各种有关的地图资料,特别是地形图,作为遥感图像解译的辅助资料。

**(三)初步判读**

在对资料进行分析的基础上,在室内卫星图像上进行初步判读,以了解制图区域土地利用的基本情况、主要的特征影像的可判读程度等。

**(四)土地利用分类系统的拟定**

分类系统的拟定,通常需由专业部门完成。分类系统既要反映出系统性,又要反映出科学性。最常见的分类系统是美国地质调查局制定的土地利用与土地覆盖分类系统。利用遥感数据编制我国土地利用图,一般采用我国农业区划委员会制定的土地利用现状调查技术规程中的分类系统,第一、二级分类系统是统一的,以便进行全国的对比,第二级分类系统必须与第一级的归属关系相协调。第三级则要反映地区的特色,不要求全国一致。

1.卫星影像的处理与识别分类

主要有图像的几何校正、图像的增强、图像的分类处理。

2.详细判读绘制草图

这一步主要采取目视判读与计算机分类相结合的方法,在野外调绘建立的各类别判读标志的基础上,从卫星影像上提取专题要素内容,并绘制出判读草图。判读困难的地物要到实地察看,判读草图的绘制,一并实现了内容提取、形状概括和图形表示。

3.野外校核与修改草图

解译草图完成后,必须到野外采用抽样的方法进行全面的校核验证。及时修改已发现或遗漏的问题。修改后定稿的判读草图即为判读稿图。专题要素图是由判读稿图与基础底图两者叠置后经局部套合,将专题内容从判读稿图上转绘到基础底图上而形成的。

4.专题要素图和地理基础底图的复合

在数字制图环境下,专题要素图与地理基础底图通常存在于不同的软件环境下,因此需要将二者导入到同一个文件中进行匹配与精确复合。

遥感专题制图从资料的选取分析识别分类到要素匹配成图,是一个完整的过程,可以认为专题制图是遥感应用中的重要内容。

# 参考文献

[1] 毛赞猷,等.新编地图学教程[M].3版.北京:高等教育出版社,2017.

[2] 王家耀,等.地图学原理与方法[M].2版.北京:科学出版社,2017.

[3] 廖克,等.现代地图学[M].北京:科学出版社,2003.

[4] 黄仁涛,等.专题地图编制[M].武汉:武汉大学出版社,2003.

[5] 王光霞,等.地图设计与编绘[M].北京:测绘出版社,2011.

[6] 祝国瑞,等.地图学[M].武汉:武汉大学出版社,2004.

[7] 王琴,等.地图制图[M].武汉:武汉大学出版社,2013.

[8] 祝国瑞,等.地图设计与编绘[M].2版.武汉:武汉大学出版社,2010.

[9] 王琪,等.地图概论[M].武汉:中国地质大学出版社,2015.